U0880285

职业院校教学用书（电子类专业）

数字电路

（第4版）

刘　勇　栾秋平　等编著

電子工業出版社
Publishing House of Electronics Industry
北京 • BEIJING

内 容 简 介

随着国家中长期教育发展规划的出台，根据职业教育的特点，结合近年来数字电子技术的飞速发展，组织具有丰富教学经验、长期从事一线教学的教师对原教材进行了修订，使其更加符合职业教育的规律，便于学生的学习与应用。

本教材共分为 10 章：数字电路基础、集成门电路、组合逻辑电路、 触发器、时序逻辑电路、脉冲波形的产生与变换电路、半导体存储器、数模与模数转换、可编程逻辑器件、实验与实训。

为进一步贯彻职业院校人才培养方针，突出实践操作技能，为后续课程的学习乃至就业打下良好的基础，在学习内容的组织与安排上，以学习数字集成电路的逻辑功能与外特性为主，突出学习的科学性、应用性、实践性，强调职业能力的培养。

本书可作为职业院校电子技术类专业的教材，也可作为从事电子技术类相关专业技术工作人员的学习用书。

为方便学习，本书配有电子教学参考资料包。

图书在版编目（CIP）数据

数字电路 / 刘勇等编著. —4 版. —北京: 电子工业出版社，2012.2
职业院校教学用书. 电子类专业
ISBN 978-7-121-15788-2

Ⅰ. ①数… Ⅱ. ①刘… Ⅲ. ①数字电路－中等专业学校－教材 Ⅳ. ①TN79

中国版本图书馆 CIP 数据核字（2012）第 012623 号

策划编辑：杨宏利
责任编辑：杨宏利
印　　刷：北京虎彩文化传播有限公司
装　　订：北京虎彩文化传播有限公司
出版发行：电子工业出版社
　　　　　北京市海淀区万寿路 173 信箱　邮编　100036
开　　本：787×1 092　1/16　印张：16.5　字数：422.4 千字
版　　次：2000 年 4 月第 1 版
　　　　　2012 年 2 月第 4 版
印　　次：2024 年 1 月第 18 次印刷
定　　价：29.00 元

凡所购买电子工业出版社图书有缺损问题，请向购买书店调换。若书店售缺，请与本社发行部联系，联系及邮购电话：（010）88254888，88258888。

质量投诉请发邮件至 zlts@phei.com.cn，盗版侵权举报请发邮件至 dbqq@phei.com.cn。

本书咨询联系方式：（010）88254592，bain@phei.com.cn。

前　　言

根据《国家中长期教育改革和发展规划纲要》的要求，结合职业院校教学的实际需要，在总结作者多年教学经验的基础上，编写了本教材。

电子技术是根据电子学的原理，运用电子器件设计和制造某种特定功能的电路以解决实际问题的科学，是对电子信号进行处理的技术。包括信息电子技术和电力电子技术两大分支。信息电子技术包括模拟电子技术和数字电子技术。与之对应，电子电路分为模拟电子线路和数字电路。模拟电子线路是用来处理模拟信号的电路，即处理时间上或数值上连续变化的物理量的电路；数字电路是处理数字信号的电路，即处理时间上和数值上离散变化的物理量的电路。

随着电子技术的飞速发展，数字电子技术已经广泛应用于日常生活的各个领域，具有如下特点：

1．数字电路主要采用二进制数，电路中只有 0 和 1 两种对立的状态存在，电路结构简单，分析方便，性能稳定，抗干扰能力强。

2．数字电路不但可以进行数字运算，还可以进行逻辑关系的运算与比较，随着数字电路位数的增加，运算精度相应提高。

3．数字电路主要分析电路输入输出信号之间的逻辑关系，与模拟电路主要分析电路输入信号的放大、变换有所不同，允许信号存在一定的误差范围。

根据实际教学的需要，本教材共分为 10 章。

第 1 章数字电路基础，主要介绍数字电路的基础知识，各种数制和码制及其转换方法，逻辑代数的基本概念、基本公式及法则，逻辑代数的各种表示方法及相互转换，逻辑函数的常用化简方法等。

第 2 章集成门电路，介绍数字电路的基本逻辑单元——门电路。了解评价门电路性能的常用参数；熟悉典型 TTL 门电路和 CMOS 门电路的工作原理和电气特性；了解 TTL 门电路与 CMOS 门电路的使用注意事项及两者之间的接口电路。

第 3 章组合逻辑电路，重点学习组合逻辑电路的分析与设计方法；掌握加法器、编码器、译码器、数据选择器与分配器等常用组合逻辑电路，了解组合逻辑电路的竞争冒险现象及其消除办法。

第 4 章触发器，主要学习触发器的基本特点及分类；掌握各种触发器的电路组成及工作原理；熟练掌握各种触发器的逻辑功能、表示方法及其触发方式；熟悉触发器的应用。

第 5 章时序逻辑电路，主要介绍时序逻辑电路基础知识；掌握时序逻辑电路的分析方法和设计方法；熟悉时序逻辑电路的主要应用。

第 6 章脉冲波形的产生与变换电路，介绍矩形脉冲信号的产生及变换电路；介绍多谐振荡器、单稳态触发器、施密特触发器；555 定时器电路及其构成的矩形脉冲产生、变换电路。

第 7 章半导体存储器，介绍半导体存储器的基本概念；只读存储器和程序存储器的特点及分类；存储器容量的扩展及用存储器实现组合逻辑函数等内容。

第 8 章数模与模数转换，学习数字信号和模拟信号相互转换的基本原理和常见转换电路。

第 9 章可编程逻辑器件，介绍了各种常见的可编程逻辑器件的结构和使用方法。

第 10 章实验与实训，供实际操作与技能训练时参考选用。

通过本书的学习，使读者对数字电路的基础知识有较为全面的了解，根据数字电子技术飞速发展的实际，结合职业院校教学特点，本书在编写过程中，考虑了教材的科学性、先进性、实用性，使读者通过系统学习，能够较为熟练地使用常用数字集成电路，并具备基本的实际操作能力。

本书由山东电子职业技术学院刘勇、栾秋萍共同编写，周新虹、沈洁、韩梅等参加编写，由刘勇统稿。限于作者水平，不当之处，请给予批评指正。

编　者

目　　录

第1章　数字电路基础

学习指导

本章主要介绍数字电路的基础知识，各种数制和码制及其转换方法，逻辑代数的基本概念、基本公式及法则，逻辑代数的各种表示方法及相互转换，逻辑函数的常用化简方法。

1.1　数制与码制

日常生产实践中，经常需要用数字量表示物理量的大小，一般一位数是不够用的，这就需要使用进位计数的方法组成多位数码。将构成多位数码中某一位的方法及高低位之间的进（借）位规则，称为进位计数制，简称数制。

数制有许多种，人们接触最多的计数方法是十进制。而数字电路中经常使用的是二进制、八进制和十六进制等。

1.1.1　十进制数

十进制是日常生活中最常用的进位数制，它采用了 0～9 共十个计数符号，将这些计数符号称为数码，数码的个数叫做基数。进位计数制将数码按一定规律排列起来，以表示数值。即在计数过程中，当某一位累计到基数时，便向高位进一，本位又从零开始计数。十进制的基数为 10，它的计数原则是：逢十进一、借一当十。

进位计数过程中，当数码处于不同位置时，表示的数值大小是不同的。位权（简称权）是指在每个数位上的数码符号所代表的数值等于该数位上的数码乘上一个固定的数值，这个固定的数值就是位权。例如，十进制数 $N = 7164.8$ 可以写做：

$$N = 7164.8 = 7\times10^3+1\times10^2+6\times10^1+4\times10^0+8\times10^{-1}$$

上式是十进制数的按权展开式。十进制数的权按 10 的幂次变化，幂次以小数点的位置为基准，左边为正，按 0、1、2、…的顺序递加；右边为负，按–1、–2、…的顺序递减。

任何一个十进制数 $N_D = a_{n-1}a_{n-2}\cdots a_2a_1a_0a_{-1}\cdots a_{-m}$ ，均可以按权展开写做：

$$N_D = a_{n-1}\cdots a_1a_0a_{-1}\cdots a_{-m} = a_{n-1}\times10^{n-1}+\cdots+a_1\times10^1+a_0\times10^0+a_{-1}\times10^{-1}+\cdots+a_{-m}\times10^{-m} = \sum_{-m}^{n-1}a_i\times10^i$$

a_i：第 i 位的值，取值范围为 0～9

n：整数部分位数

10^i：第 i 位的权

m：小数部分位数

D：十进制数，也可以直接用 10 表示

- 上式中，a_i为十进制数码中第 i 位的值，是 0～9 十个数码中的一个；
- 10^i为第 i 位的权；
- 10 为进位的基数，也是基本计数符号的个数；
- n、m 均为正整数，分别表示整数部分和小数部分的位数；
- 下标 D（Decimal:十进制的）表示十进制数，也可以用数字 10 表示。

例如：$987.65_D=987.65_{10}$。

数字系统中经常使用的是以 2 为基数的二进制，以 16 为基数的十六进制等。对于任意进制 J 的数均可以表示为：

$$N_J=\sum_{-m}^{n-1} a_i \times J_0^i$$

- 上式中，a_i为 J 进制数码中第 i 位的值；
- J^i为第 i 位的权；
- J 为基数；
- n、m 均为正整数，分别是整数部分和小数部分的位数。

1.1.2 二进制数

二进制数采用 0 和 1 两个数码，基数是 2。计数原则为：逢二进一，借一当二。任何一个二进制数均可以表示为：

$$N_B=\sum_{-m}^{n-1} a_i \times 2^i$$

其中：

- a_i 取 0 或 1；
- 下标 B（Binary：二进制的）表示二进制数，也可以用数字 2 表示。
- 将二进制数最左边的位叫最高有效位 MSB；最右边的位叫最低有效位 LSB。

例如：$101.01_B=101.01_2$。

1.1.3 八进制数（Octal Number）和十六进制数（Hexadecimal Number）

二进制计数制对于数字系统来说，处理起来非常方便，但书写与记忆相对较慢。为此，还经常采用八进制计数制和十六进制计数制。

八进制数使用 0～7 共八个不同的数码，基数是 8。计数规则为：逢八进一、借一当八。任何一个八进制数均可以表示为：

$$N_O=\sum_{-m}^{n-1} a_i \times 8^i$$

其中：

- a_i为八进制数码中第 i 位的值，它可以是 0～7 中的任何一个；
- 8^i为第 i 位的权；
- n、m 均为正整数，分别是整数部分和小数部分的位数；
- 下标 O（Octal：八进制的）表示八进制数，也可以用数字 8 表示。

例如：$765.04_O=765.04_8$

十六进制数使用 0～9 和 A、B、C、D、E、F 共十六个不同的数码、字母，其中 A～F 分别对应于十进制数的 10～15，基数为 16，计数规则为：逢十六进一、借一当十六。任何一个十六进制数均可以表示为：

$$N_H=\sum_{-m}^{n-1} a_i \times 16^i$$

其中：

➢ a_i 为十六进制数码中第 i 位的值，它可以是 0～9、A～F 中的任何一个；

➢ 16^i 为第 i 位的权；

➢ n、m 均为正整数，分别是整数部分和小数部分的位数。

下标 H（Hexadecimal：十六进制的）表示十六进制数，也可以用数字 16 表示。

例如：$98EF.AD5_H=98EF.AD5_{16}$。

【例 1.1】　将下列各进制的数分别按权展开。

（1）715.406_D　（2）110.0001_B　（3）645.17_O　（4）$92A.E4_H$

解：$715.406_D = 7\times10^2+1\times10^1+5\times10^0+4\times10^{-1}+0\times10^{-2}+6\times10^{-3}$

$110.0001_B = 1\times2^2+1\times2^1+0\times2^0+0\times2^{-1}+0\times2^{-2}+0\times2^{-3}+1\times2^{-4}$

$645.17_O = 6\times8^2+4\times8^1+5\times8^0+1\times8^{-1}+7\times8^{-2}$

$92A.E4_H =9\times16^2+2\times16^1+A\times16^0+E\times16^{-1}+4\times16^{-2}=9\times16^2+2\times16^1+10\times16^0+14\times16^{-1}+4\times16^{-2}$

1.1.4　进位计数制之间的转换

1．非十进制数转换成十进制数

将已知非十进制数按权展开并累加计算出结果即得到该数码的十进制形式。

【例 1.2】　将下列数码分别转换成十进制数。

（1）110.1011_B　（2）471.35_O　（3）$9B.CF_H$

解：$110.1011_B=1\times2^2+1\times2^1+0\times2^0+1\times2^{-1}+0\times2^{-2}+1\times2^{-3}+1\times2^{-4}= 6.6875_D$

$471.35_O = 4\times8^2+7\times8^1+1\times8^0+3\times8^{-1}+5\times8^{-2}=313.453125_D$

$9B.CF_H=9\times16^1+B\times16^0+C\times16^{-1}+F\times16^{-2}=9\times16^1+11\times16^0+12\times16^{-1}+15\times16^{-2}=155.8085937_D$

2．十进制数转换为二进制数

十进制数转换为二进制数，需对十进制数的整数部分和小数部分分别转换，最后将两部分转换结果相加得到最终的转换结果。

（1）整数部分的转换。

设十进制整数为 S_D，对应的二进制数为（$k_nk_{n-1}\cdots k_0$）$_B$，可得：

$S_D=(k_nk_{n-1}\cdots k_0)_B=k_n\times2^n+ k_{n-1}\times2^{n-1}+\cdots+k_1\times2^1+ k_0\times2^0=2(k_n\times2^{n-1}+ k_{n-1}\times2^{n-2}+\cdots+k_1) + k_0$

上式说明：

将 S_D 除以 2，得到商：$k_n\times2^{n-1}+ k_{n-1}\times2^{n-2}+\cdots+k_1$；余数为：$k_0$。

$k_n\times2^{n-1}+ k_{n-1}\times2^{n-2}+\cdots+k_1=2(k_n\times2^{n-2}+ k_{n-1}\times2^{n-3}+\cdots+k_2)+k_1$

将上式再除以 2，得到的余数为：k_1。

依次类推，将每次得到的商再除以 2，就可以获得二进制数的每一位了。

所以，整数部分的转换采用除 2 取余法。具体方法为：将十进制整数部分逐次除以 2，并记录每次相除所得的余数，直到商为 0 止。最后一次得到的余数为转换后二进制数的最高位，首次相除得到的余数为转换后二进制数的最低位。

【例 1.3】 将 169_D 和 36_D 分别转换为二进制数。

解：

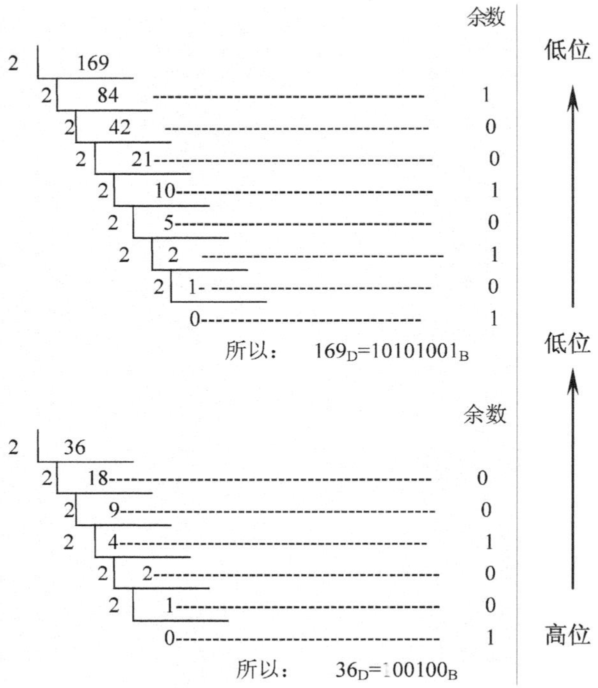

（2）小数部分的转换。

设十进制小数为 S_D，对应的二进制数为（$0.k_{-1}\cdots k_{-m}$）$_B$，可得，

$S_D=k_{-1}2^{-1}+k_{-2}2^{-2}+\cdots+k_{-m}2^{-m}$。将该式两边同时乘以 2，得，

$2S_D=k_{-1}+（k_{-2}2^{-1}+\cdots+k_{-m}2^{-m+1}）$。该式说明，$S_D$ 乘以 2 所得乘积的整数部分即为 k_{-1}。

乘积的小数部分再乘以 2 又可以得到，

$2(k_{-2}2^{-1}+\cdots+k_{-m}2^{-m+1})= k_{-2}+(k_{-3}2^{-1}+\cdots+k_{-m}2^{-m+2})$，即乘积的整数部分为 k_{-2}。

依次类推，每次乘以 2 后所得乘积的小数部分再乘以 2，便可求出二进制数的每一位。

所以，小数部分的转换采用乘 2 取整法。具体方法为：将十进制小数部分逐次乘以 2，每次相乘，若积的整数部分为 1（或 0），则转换后相应位的二进制数为 1（或 0），依次类推，直到十进制小数部分为 0 或达到所要求的精度为止。首次相乘得到的整数部分为转换后二进制小数的最高位，最后一次相乘得到的整数部分为转换后二进制小数的最低位。

【例 1.4】 将 0.875_D 和 0.645_D 转换为相应的二进制数（若小数部分不能精确转换，要求最多保留小数点后 4 位）。

解：

0.875			高位
× 2			↓
1.75	--------整数部分	1	
0.75	(取出整数部分，小数部分继续乘 2)		
× 2			
1.5	--------整数部分	1	
	(取出整数部分，小数部分继续乘 2)		
0.5			
× 2			低位
1.0	--------整数部分	1	
	(小数部分 0)		

所以：$0.875_D = 0.111_B$

0.645			高位
× 2			↓
1.29	--------整数部分	1	
	(取出整数部分，小数部分继续乘 2)		
0.29			
× 2			
0.58	--------整数部分	0	
× 2			
1.16	--------整数部分	1	
	(取出整数部分，小数部分继续乘 2)		
0.16			
× 2			
0.32	--------整数部分	0	
			低位

所以：$0645_D \approx 0.1010_B$

【例 1.5】 将 169.875_D 和 36.625_D 转换为二进制数。要求同【例 1.4】。

解： 这两个十进制数均包含整数部分和小数部分。采用除 2 取余法和乘 2 取整法分别对整数和小数部分进行转换。根据【例 1.3】和【例 1.4】的转换结果，得：

$$169.875_D=169+0.875=10101001+0.111=10101001.111_B$$

$$36.625_D=36+0.625\approx 100100+0.1010=100100.1010_B$$

通过以上例题可知，二进制数转换为十进制数时，可以进行精确的转换；十进制数转换为二进制数时，有时只能达到一定的转换精度。

依次类推，十进制数转换为其他进制数的方法与十进制数转换为二进制数的方法类似，整数部分采用除基（数）取余法进行转换，小数部分采用乘基（数）取整法进行转换。

3．二进制数与八、十六进制数之间的转换

由于二进制数和八进制数、十六进制数的基数分别是 $2(2^1)$、$8(2^3)$、$16(2^4)$，它们之间的相互转换比较简单。

（1）二进制数和八进制数的转换。3 位二进制数可以表示 1 位八进制数，所以：

将二进制数转换为八进制数时，只需将二进制数的整数部分从右向左、每 3 位一组，最后不足 3 位时左面用零补齐；小数部分从左向右、每三位一组，最后不足 3 位时右面用零补齐。最后将每组 3 位二进制数对应的八进制数写出即可。

将八进制数转换为二进制数时，只需将每位八进制数用对应的 3 位二进制数写出即可。

【例 1.6】 完成下面不同数制之间的转换。

（1）$1010101.1011011_B=?_O$

（2）$315.47_O=?_B$

解： 按照二进制数和八进制数的转换方法，

001	010	101	.	101	101	100
↓	↓	↓		↓	↓	↓
1	2	5	.	5	5	4

所以：$1010101.1011011_B=125.554_O$

3	1	5	.	4	7
↓	↓	↓		↓	↓
011	001	101	.	100	111

所以：$315.47_O=11001101.100111_B$

（2）二进制数和十六进制数的转换。两者之间的转换与二进制数和八进制数之间的转换类似，区别是 4 位二进制数对应一位十六进制数。

【例 1.7】 完成下面二进制数和十六进制数之间的转换。

（1）$11010100101.10011_B=?_H$

（2）$B58.ED_H=?_B$

解： 按照转换方法，11010100101.10011_B 与对应的十六进制数之间的关系为：

0110	1010	0101	.	1001	1000
↓	↓	↓		↓	↓
6	A	5	.	9	8

所以：$11010100101.10011_B = 6A5.98_H$

按照转换方法，$B58.ED_H$ 与对应的二进制数之间的关系为：

B	5	8	.	E	D
↓	↓	↓		↓	↓
1011	0101	1000	.	1110	1101

所以：$B58.ED_H =101101011000.11101101_B$

表 1.1 为各种常用进位计数制之间的对应关系表。

表 1.1　常用进位计数制之间的对应关系表

十进制数	二进制数	八进制数	十六进制数
0	0	0	0
1	1	1	1
2	10	2	2
3	11	3	3
4	100	4	4
5	101	5	5
6	110	6	6
7	111	7	7
8	1000	10	8
9	1001	11	9
10	1010	12	A
11	1011	13	B
12	1100	14	C
13	1101	15	D
14	1110	16	E
15	1111	17	F
16	10000	20	10

1.1.5　BCD 码与可靠性代码

数字电路中的信息用 0 和 1 表示。当 0 和 1 表示二进制数的两个数码时，它们按二进制计数规律排列表示数值的大小；另外 0 和 1 还可按照一定规律排列以表示特定的信息。这时 0 和 1 不再有数值大小的概念，而是代表不同事物的代号，将其称为代码。一定的代码有一定的规则，这些规则称为码制。

n 位二进制数可以组合成 2^n 组不同的代码，若需编码的信息有 N 个，则需要二进制数码的位数 n 与 N 应满足：

$$2^n \geqslant N$$

将十进制数的基数 0～9 用二进制代码表示，称之为二–十进制编码，即 BCD 编码。BCD 码由 4 位二进制代码组成，由于 4 位二进制数可以组成 16 组代码，而对十进制数进行编码只需使用 10 组代码，还有 6 组代码没有用到。因此对于各种 BCD 码均有 6 种 4 位二进制的编码不会出现，将其称为伪码。二–十进制编码的方案有很多种，常用的包括 8421 码、2421 码、5421 码、余 3 码等。前三种属于有权编码（代码的各位均有确定权值），也称为恒权代码。后一种属于无权编码（代码的各位没有确定权值）。

有权 BCD 码中，十进制数$(N)_D$与二–十进制编码 $(a_3a_2a_1a_0)_{BCD}$之间的关系为：

$$(N)_D=w_3a_3+w_2a_2+w_1a_1+w_0a_0$$

w_3～w_0 为二–十进制编码各位的权重。

无权码不能用上式表示其编码关系。

1．8421 码

8421 码是最常用的一种有权 BCD 码，其权值由高到低分别为 $8(2^3)$、$4(2^2)$、$2(2^1)$、

$1(2^0)$。表示的十进制数为：

$$(N)_D=8a_3+4a_2+2a_1+1a_0$$

8421 码中不允许出现 1010～1111 六种编码状态。

【例 1.8】 将 53_D 和 19.28_D 分别用 8421BCD 码表示。

解： $53_D=0101\ 0011_{8421BCD}$

$19.28_D=0001\ 1001.0010\ 1000_{8421BCD}$

【例 1.9】 将 $0111\ 0100\ 0010_{8421BCD}$、$0011\ 0111.0101\ 0100_{8421BCD}$ 用十进制数表示。

解： $0111\ 0100\ 0010_{8421BCD}=742_D$

$0011\ 0111.0101\ 0100_{8421BCD}=37.54_D$

2. 2421 码

2421 码也是有权码，其权值由高到低分别为 2、4、2、1，表示的十进制数为：

$$(N)_D=2a_3+4a_2+2a_1+1a_0$$

2421 码具有对 9 的自补特性，是一种对 9 的自补代码。例如，十进制数 4 的 2421 码为 0100，4 对 9 的补数是 9−4=5，而 5 的 2421 码为 1011，两者互为反码。

除以上两种码以外，有权码还包括 5421 码、5211 码、7321 码等，如表 1.2 所示为常见有权 BCD 码。

表 1.2 常见有权 BCD 码

十进制数	8421 码	2421 码	5421 码	7321 码	5211 码
	$8a_3+4a_2+2a_1+1a_0$	$2a_3+4a_2+2a_1+1a_0$	$5a_3+4a_2+2a_1+1a_0$	$7a_3+3a_2+2a_1+1a_0$	$5a_3+2a_2+1a_1+1a_0$
0	0000	0000	0000	0000	0000
1	0001	0001	0001	0001	0001
2	0010	0010	0010	0010	0100
3	0011	0011	0011	0011	0101
4	0100	0100	0100	0101	0111
5	0101	1011	1000	0110	1000
6	0110	1100	1001	0111	1001
7	0111	1101	1010	1000	1100
8	1000	1110	1011	1001	1101
9	1001	1111	1100	1010	1111
10	0001，0000	0001，0000	0001，0000	0001，0000	0001，0000

3. 余 3 码

余 3 码是一种无权码，它是在相应 8421 码的基础上加 0011 得到的，因此叫做余 3 码。也是一种对 9 的自补代码。

4. 余 3 循环码

余 3 循环码也是一种无权码，特点是两组相邻代码之间只有一位不同。

常见无权 BCD 码如表 1.3 所示。

表 1.3　常见无权 BCD 码

十进制数	余 3 码	余 3 循环码	十进制数	余 3 码	余 3 循环码
0	0011	0010	5	1000	1100
1	0100	0110	6	1001	1101
2	0101	0111	7	1010	1111
3	0110	0101	8	1011	1110
4	0111	0100	9	1100	1010

应注意 BCD 码和二进制数的区别。两者在形式上有相似之处，但它们是完全不同的概念。例如，十进制数 32 转换为二进制数时：

$$32_D=100000_B$$

用 8421BCD 码表示时，其结果为：

$$32_D=0011\ 0010_{8421BCD}$$

5. 格雷码与奇偶校验码

为减少数码在传输过程中可能发生的错误，并便于发现和纠正已经出现的错误，需要采用可靠性编码。常用可靠性编码包括格雷码、奇偶校验码等。

格雷码是一种无权码，也称做反射循环码。特点是两个相邻码组之间只有一位不同，可以降低误码率，提高可靠性。常见格雷码如表 1.4 所示。

表 1.4　常见格雷码

十进制数	典型格雷码	步进格雷码	十进制数	典型格雷码	步进格雷码
0	00000	00000	5	00111	11111
1	00001	00001	6	00101	11110
2	00011	00011	7	00100	11100
3	00010	00111	8	01100	11000
4	00110	01111	9	01101	10000

二进制信息在传输过程中，由于衰减、噪声干扰等原因，有时会发生错误传输，即将 1 当做 0 传输、0 当做 1 传输。差错控制编码是为了检测、纠正这些误码，实现信息的无差错传输而采取的一种技术手段。差错控制编码分为检错码、纠错码。检错码可对传输码字是否存在误码进行检测，但不能确定接收码字中存在的误码位置，无法纠正误码。纠错码可以发现接收码字中存在的误码，并纠正该误码，实现信息的正确接收。

奇偶校验码是具有检错能力的一种编码。它由两部分组成：一是信息码，即需传送的信息；二是一位校验码。校验位的取值（0 或 1）将使包括信息码和校验码在内的整个代码所包含 1 的个数为奇数或偶数：1 的个数为奇数，称为奇校验码；1 的个数为偶数，称为偶校验码。表 1.5 所示是 8421 码的奇偶校验码。

表 1.5　8421 码的奇偶校验码

十进制数	8421 奇校验码		8421 偶校验码	
	校验位	8421 码	校验位	8421 码
0	1	0000	0	0000
1	0	0001	1	0001
2	0	0010	1	0010
3	1	0011	0	0011
4	0	0100	1	0100
5	1	0101	0	0101
6	1	0110	0	0110
7	0	0111	1	0111
8	0	1000	1	1000
9	1	1001	0	1001

奇偶校验码具有检验一位代码出错的能力，应用广泛。

1.1.6　ASCII 码

编码可以表示数值，也可以表示其他符号。ASCII 码是美国信息交换标准代码的简称，采用 7 位二进制编码格式、共有 128 种不同编码，分别表示十进制字符、英文字母、基本运算字符、控制符、其他符号，如表 1.6 所示。

表中，具有 96 个图形字符，其中包含：26 个英文大写、小写字母；10 个数字符号；34 个专用符号。此外还有 32 个控制字符。合计 128 个字符。

计算机键盘一般采用 ASCII 码。例如，按下 A 键，键盘送出 1000001。

表 1.6　ASCII 码编码表

（编码按照 $A_6A_5A_4A_3A_2A_1A_0$ 的顺序）

$A_3A_2A_1A_0$ \ $A_6A_5A_4$	000	001	010	011	100	101	110	111
0000	NUL (空白)	DLE （数据链路换码）	SP （空格）	0	@	P	`	p
0001	SOH (标题开始)	DC1 （设备控制 1）	!	1	A	Q	a	q
0010	STX (正文开始)	DC2 （设备控制 2）	"	2	B	R	b	r
0011	ETX （正文结束）	DC3 （设备控制 3）	#	3	C	S	c	s
0100	EOT （传输结束）	DC4 （设备控制 4）	$	4	D	T	d	t
0101	ENQ （询问）	NAK （否认）	%	5	E	U	e	u
0110	ACK （确认）	SYN （同步空传）	&	6	F	V	f	v
0111	BEL （响铃）	ETB （块结束）	'	7	G	W	g	w

续表

$A_6A_5A_4$ / $A_3A_2A_1A_0$	000	001	010	011	100	101	110	111
1000	BS（退格）	CAN（取消）	(	8	H	X	h	x
1001	HT（水平制表）	EM（纸尽）	)	9	I	Y	i	y
1010	LF（换行）	SUB（替换）	*	:	J	Z	j	z
1011	VT（垂直制表）	ESC（脱离）	+	;	K	[	k	{
1100	FF（走纸）	FS（文件分离符）	,	<	L	\	l	|
1101	CR（回车）	GS（字组分离符）	–	=	M	]	m	}
1110	SO（移出）	RS（记录分离符）	.	>	N	^	n	~
1111	SI（移入）	US（单元分离符）	/	?	O	_	o	DEL（删除）

1.1.7　算术运算

二进制数有些时候可以用来表示数量的大小，它们之间是可以进行数值运算的，二进制数基本的算术运算规律如下：

$$0+0=0 \qquad 0\times0=0$$
$$0+1=1+0=1 \qquad 0\times1=1\times0=0$$
$$1+1=10 \qquad 1\times1=1$$

对于二进制数的加、减、乘算术运算举例如下：

$$\begin{array}{r} 1001 \\ +\ 0101 \\ \hline 1110 \end{array} \qquad \begin{array}{r} 1001 \\ -\ 0101 \\ \hline 0100 \end{array} \qquad \begin{array}{r} 1001 \\ \times\ 0101 \\ \hline 1001 \\ 0000 \\ 1001 \\ 0000 \\ \hline 0101101 \end{array}$$

前面讨论的二进制数等不同进制的数，是无符号的数。数字电路中，对于带符号的数，表示方法主要包括两部分：一是符号的表示法，二是数值的表示法。

如下：

符号	数值

在所有数值位的前面，设置一个符号位：0 表示该二进制数为正数；1 表示该二进制数为负数。

带符号二进制数有三种表示方法：原码表示法、反码表示法、补码表示法。

1. 原码表示法

这是一种简单的带符号数的表示方法，基本格式为“符号位+二进制数值位”。

【例 1.10】　计算$+13_D$和-13_D的 8 位二进制原码。

解： $+13_D=+1101_D=+0001101_B=00001101_{原码}$

$-13_D=-1101_D=-0001101_B=10001101_{原码}$

2. 反码表示法

带符号数反码表示法的符号位表示与原码相同，数值位表示方法如下。

正数：数值位表示与原码表示法相同，是该二进制数的绝对值；

负数：将二进制数绝对值的各位取反得到数值位。

【例 1.11】 计算$+13_D$和-13_D的 8 位二进制反码。

解：$+13_D=+1101_D=+0001101_B=00001101_{反码}$

$-13_D=-1101_D=-0001101_B=11110010_{反码}$

3. 补码表示法

带符号数补码表示法的符号位表示与原码、反码相同，数值位表示方法如下。

正数：数值位表示与原码、反码表示法相同，是该二进制数的绝对值；

负数：将二进制数绝对值各位取反后加 1 得到数值位，即在反码基础上加 1。

【例 1.12】 计算$+13_D$和-13_D的 8 位二进制补码。

解：$+13_D=+1101_D=+0001101_B=00001101_{补码}$

$-13_D=-1101_D=-0001101_B=11110011_{补码}$

【例 1.13】 计算 0.01101_B、-0.01101_B的 8 位二进制原码、反码、补码。

解：$0.01101_B=0.0110100_{原码}=0.0110100_{反码}=0.0110100_{补码}$

$-0.01101_B=1.0110100_{原码}=1.1001011_{反码}=1.1001100_{补码}$

带符号二进制数的原码、反码、补码表示法归纳为：

正数的原码、反码、补码相同，其符号位为 0，数值位是该符号数的二进制绝对值；

负数的原码、反码、补码，其符号位为 1，原码的数值位就是该符号数的二进制绝对值，反码的数值位是原码数值位的逐位取反，补码数值位是反码数值位的末位加 1。

带符号十进制数与对应 8 位原码、反码、补码的对照表如下。

n 位二进制原码取值范围：$-(2^{n-1}-1)\sim+(2^{n-1}-1)$

n 位二进制反码取值范围：$-(2^{n-1}-1)\sim+(2^{n-1}-1)$

n 位二进制补码取值范围：$-2^{n-1}\sim+(2^{n-1}-1)$

表 1.7 8 位原码、反码、补码取值对照表

十进制数	原码	反码	补码
+128	无法表示	无法表示	无法表示
+127	01111111	01111111	01111111
+126	01111110	01111110	01111110
…	…	…	…
+2	00000010	00000010	00000010
+1	00000001	00000001	00000001
+0	00000000	00000000	00000000
−0	10000000	11111111	无法表示
−1	10000001	11111110	11111111
−2	10000010	11111101	11111110
…	…	…	…
−126	11111110	10000001	10000010
−127	11111111	10000000	10000001
−128	无法表示	无法表示	10000000

4. 带符号数的补码运算

二进制数的原码表示法概念简单，但运算规则复杂，导致实现电路相对复杂，所以原码表示法在计算机系统中很少使用，二进制数的补码表示法将带符号二进制数的加减运算统一为补码的加法运算，运算结果也用补码表示，非常简单。

【例 1.14】 利用 8 位二进制补码计算 89_D-71_D，结果仍用十进制数表示。

解： $89_D-71_D=89_D+(-71_D)=01011001_{补}+10100111_{补}=[1]00010010_{补}=00010010_{原}=+18_D$

```
              01011001
        +     10111001
        ----------------
自动丢失 ──→ 1  00010010
```

说明：采用补码加法运算时，运算结果仍为补码。8 位字长运算器，仅保留 8 位运算结果，最高位向上进位 1 自动丢失。当结果的补码形式符号位为 0 时，结果为正，否则结果为负。

【例 1.15】 利用 8 位二进制补码计算 71_D-89_D，结果仍用十进制数表示。

解： $71_D-89_D=71_D+(-89_D)=01000111_{补}+10100111_{补}=11101110_{补}=10010010_{原}=-18_D$

```
      01000111
   +  10100111
   ------------
      11101110
```

两个符号不同的补码数相加总能得到正确的结果，两个同符号的补码数相加，则可能产生溢出。

【例 1.16】 利用 8 位二进制补码计算 -71_D-89_D，结果仍用十进制数表示。

解： $-71_D-89_D=-71_D+(-89_D)=10111001_{补}+10100111_{补}=[1]01100000_{补}=01100000_{原}=+96_D$

```
              10111001
        +     10100111
        ----------------
溢出错误 ──→ 1  01100000
```

两个负数之和仍为负数，符号位应为 1。从结果的符号位可见，运算结果是错误的，这是由于运算结果超出了 8 位二进制补码的取值范围，运算结果发生了溢出。

1.2 逻辑代数基础

逻辑代数也称为布尔代数，是由英国数学家乔治·布尔于 1849 年首先提出并用于描述客观事物逻辑关系的数学方法，后来将逻辑代数应用于继电器开关电路的分析与设计上，形成了二值开关代数。开关代数是 1938 年由克劳德·香农提出的，是布尔代数在开关电路上的具体应用。从此布尔代数广泛的应用于数字逻辑电路及数字系统中，成为逻辑电路分析和设计的有力工具。

逻辑代数与普通代数都是由字母表示变量，用代数式描述客观事物之间的关系。但两者概念不同，逻辑代数是描述客观事物逻辑关系的一种数学方法，是分析与设计数字系统的数学基础。逻辑函数表达式中逻辑变量的取值和逻辑函数值只有两个值：0 和 1。这两个值没有大小的意义，仅表示一个事物相互对立的两个方面，如开关的通与断、灯的亮与灭等。因此逻辑代数有其自身的规律和法则，以区别于普通代数。

逻辑代数有三种基本的运算——与、或、非。

1.2.1 基本逻辑运算

1. 与运算

以图 1.1（a）为例，电源、灯 F 与开关 A、B 构成回路。只有在 A、B 均接通的情况下，灯 F 才会亮；否则灯 F 不亮。开关 A、B 的状态与灯 F 的状态构成的因果关系，可以用图 1.1（b）表示。

开关 A、B 的状态作为因，灯 F 的状态作为果，该图表示的因果关系就是逻辑与的关系：只有当决定事件发生的条件均具备时，事件才发生；否则事件不发生。

用 1、0 分别表示开关的通、断和灯的亮、灭；用字母 A、B 及 F 表示开关（因）和灯（果）的状态，见图 1.1（c）。

用字母和符号 1、0 表示事件条件与结果全部可能情况的过程，称为状态赋值。

由字母和符号 1、0 组成、经过赋值的表格，称做真值表。

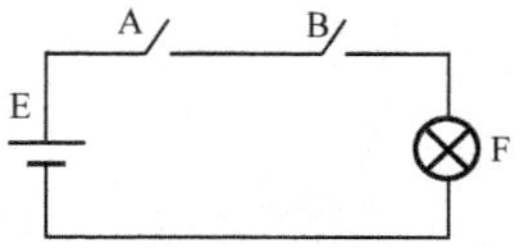

（a）电路图

开关A	开关B	灯F
断	断	灭
断	通	灭
通	断	灭
通	通	亮

（b）状态关系

A	B	F
0	0	0
0	1	0
1	0	0
1	1	1

（c）用 1、0 表示状态

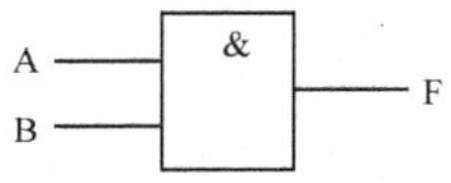

（d）图形符号

图 1.1 逻辑与

表示各种逻辑运算关系的图形符号，称做逻辑运算图形符号，简称逻辑符号。与逻辑图形符号见图 1.1（d）所示。

用逻辑代数表示式表示一定的逻辑关系，称做逻辑方程或逻辑函数表达式，简称为表达式。

与逻辑表达式为：$F = A \bullet B$

其中“•”是“与”的意思，上式也可以简写为 F=AB。逻辑与也称做逻辑乘。

对于图 1.1 描述的 F 与 AB 之间与的关系，可表示为：

$$F=AB=\begin{cases}0\cdot 0=0\\0\cdot 1=0\\1\cdot 0=0\\1\cdot 1=1\end{cases}$$

（有 0 出 0，全 1 为 1）

2. 或运算

以图 1.2（a）为例，开关 A、B 与灯 F 之间的关系见图 1.2（b）。由图可知，只要决定事件发生的条件具备一个或一个以上时，事件就发生；只有当决定事件发生的所有条件均不具备时，事件才不会发生。这种因果之间的关系就是逻辑或的关系。或逻辑的真值表如图 1.2（c）所示，图形符号如图 1.2（d）所示。

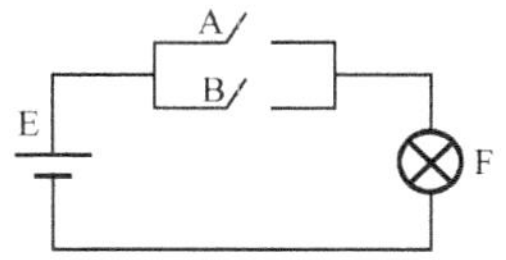

（a）电路图

开关A	开关B	灯F
断	断	灭
断	通	亮
通	断	亮
通	通	亮

（b）状态关系

A	B	F
0	0	0
0	1	1
1	0	1
1	1	1

（c）用 1、0 表示状态

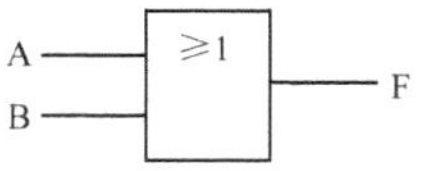

（d）图形符号

图 1.2　逻辑或

或逻辑表达式为：F=A+B

其中“+”是“或”的意思。逻辑或也称做逻辑加。对于图 1.2 描述的 F 与 AB 之间或的关系，可表示为：

$$F=A+B=\begin{cases}0+0=0\\0+1=1\\1+0=1\\1+1=1\end{cases}$$

（全 0 出 0，有 1 出 1）

3．非运算

以图 1.3（a）为例，开关 A 通与断和灯 F 亮与灭的关系见图 1.3（b）。对于该图：条件具备时，事件不发生；条件不具备时，事件发生。这种因果之间的关系就是逻辑非的关系。非逻辑的真值表如图 1.3（c）所示，图形符号如图 1.3（d）所示。

非逻辑表达式为：　　　　　$F=\overline{A}$

其中“–”是“非”的意思。逻辑非也称做逻辑反。非运算也称做求反运算。

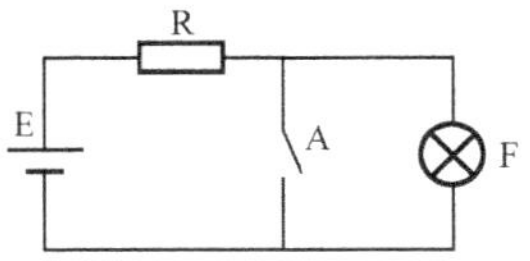

（a）电路图

开关A	灯F
断	亮
通	灭

（b）状态关系

A	F
0	1
1	0

（c）用 1、0 表示状态

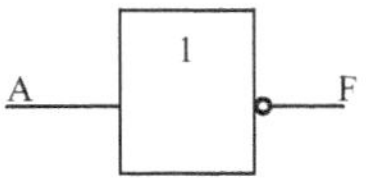

（d）图形符号

图 1.3　逻辑非

图 1.3 描述的 F 与 A 之间非的关系，可表示为：

$$F=\overline{A}=\begin{cases}\overline{0}=1\\\overline{1}=0\end{cases}$$

（有 0 出 1，有 1 出 0）

4．复合逻辑运算

复合逻辑关系是由与、或、非三种基本逻辑关系组合而成的逻辑关系。常见的复合逻辑运算主要包括与非、或非、与或非、异或、同或等。

（1）与非逻辑。与非逻辑是由与、非两种基本逻辑关系按照先与后非的顺序复合而成的。以两个输入与非逻辑为例，其逻辑表达式为：

$$F=\overline{A\cdot B}$$
（全 1 出 0）

（2）或非逻辑。或非逻辑是由或、非两种基本逻辑关系按照先或后非的顺序复合而成的。以两输入或非逻辑为例，其逻辑表达式为：

$$F=\overline{A+B}$$
（全 0 出 1）

（3）与或非逻辑。与或非逻辑是由与、或、非三种基本逻辑关系按照先与后或再非的顺序复合而成的。有四个基本输入端的与或非逻辑表达式为：

$$F=\overline{AB+CD}$$

（4）异或运算。以两个输入异或运算为例，当两个输入不同时，输出为 1；两个输入相同时，输出为 0。异或逻辑表达式为：

$$F=A\oplus B=A\overline{B}+\overline{A}B$$

其中，“⊕”是异或逻辑的运算符号，读做“异或”。

（5）同或运算。以两个输入同或运算为例，当两个输入不同时，输出为 0；两个输入相同时，输出为 1。同或逻辑表达式为：

$$F=A\odot B=AB+\overline{A}\,\overline{B}$$

其中，“⊙”是同或逻辑的运算符号，读做“同或”。

异或、同或逻辑真值表如表 1.8 所示。

表 1.8　异或、同或逻辑真值表

A	B	$F=A\oplus B=A\overline{B}+\overline{A}B$	$F=A\odot B=AB+\overline{AB}$
0	0	0	1
0	1	1	0
1	0	1	0
1	1	0	1

通过比较异或、同或逻辑的真值表可以发现，在相同的输入下，二者的值正好相反，即二者互为非逻辑关系。即：

$$A\oplus B=\overline{A\odot B}\quad;\quad A\odot B=\overline{A\oplus B}$$

因此，同或也经常称做异或非。

以上五种复合逻辑的图形符号如图 1.4 所示。

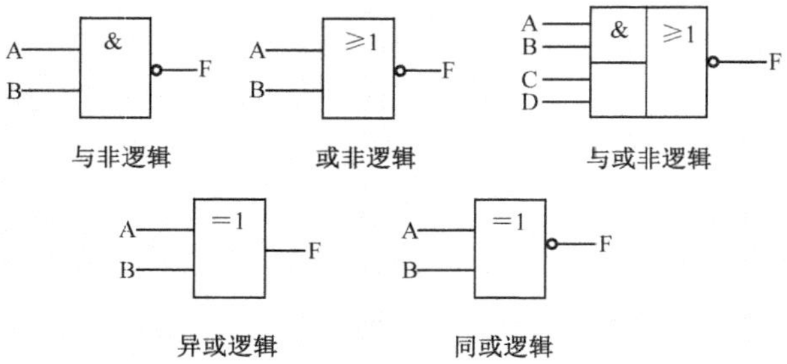

图 1.4　常用复合逻辑运算逻辑符号

1.2.2　逻辑函数概述

数字电路中实现各种逻辑运算的电子电路，称做逻辑门电路。例如，实现与逻辑运算的门电路称做与门，实现与非逻辑运算的门电路称做与非门等。以上介绍的各种逻辑运算的图形符号，同时也作为相应门电路的图形符号。

用 A_1，A_2，…，A_n 表示数字电路的输入信号，称做输入逻辑变量；F 表示电路的输出信号，称做输出逻辑变量。当输入逻辑变量 A_1，A_2，…，A_n 的值确定以后，输出逻辑变量 F 的值就唯一的确定下来，称输出逻辑变量 F 是输入逻辑变量 A_1，A_2，…，A_n 的逻辑函数，并表示为：

$$F = f(A_1，A_2，…，A_n)$$

将变量 A 作为原变量，则 $\overline{A}$ 称做反变量；函数 F 作为原函数，则 $\overline{F}$ 称做反函数，即 A 与 $\overline{A}$ 互为反变量；F 与 $\overline{F}$ 互为反变量。

逻辑函数常用的描述方法包括逻辑函数表达式、逻辑函数真值表、逻辑图、卡诺图、波形图。

（1）逻辑函数表达式：描述输入逻辑变量和输出逻辑变量之间逻辑函数关系的代数式。常用的有两种形式：与-或表达式和或-与表达式。

① 与-或表达式。逻辑函数表达式包含若干与项，每个与项中的变量分别以原变量或反变量的形式出现，各个与项以或的形式连接，构成函数的与-或表达式，如：

$$F(A,B,C)=AB+AC+BC$$

② 或-与表达式。逻辑函数表达式包含若干或项，每个或项中的变量分别以原变量或反变量的形式出现，各个或项以与的形式连接，构成函数的或-与表达式，如：

$$F(A,B,C)=(A+B+C)(B+C)(\overline{A}+C)$$

有时也可以使用逻辑函数表达式的混合形式，如：

$$F(A,B,C,D)=(A+BC)D+\overline{A}(B+CD)+ACD$$

（2）逻辑函数真值表：描述输入逻辑变量及输出逻辑变量取值的，由字母和符号 1、0 组成且经过赋值的表格，简称为真值表。逻辑函数的真值表具有唯一性。

（3）逻辑图：实现逻辑函数的电原理图。主要由逻辑门电路图形符号和连线构成。

（4）波形图：根据输入逻辑变量 0、1 的取值和输入、输出逻辑变量之间的函数关系，确定输出逻辑变量变化规律的图形。

卡诺图的描述方法将在本章进行详细介绍。

描述逻辑函数的各种方法之间可以相互转换，即根据逻辑函数的一种描述形式，均可以推出该逻辑函数的其他描述形式。

【例 1.17】　做出逻辑函数 $F=AB+\overline{B}C$ 的真值表，画出相应逻辑图。

解： 函数 $F=AB+\overline{B}C$ 的真值表如表 1.9 所示。其逻辑图如图 1.5 所示。

表 1.9　【例 1.17】真值表

输入逻辑变量			输出逻辑变量
A	B	C	F
0	0	0	0
0	0	1	1
0	1	0	0

续表

输入逻辑变量			输出逻辑变量
0	1	1	0
1	0	0	0
1	0	1	1
1	1	0	1
1	1	1	1

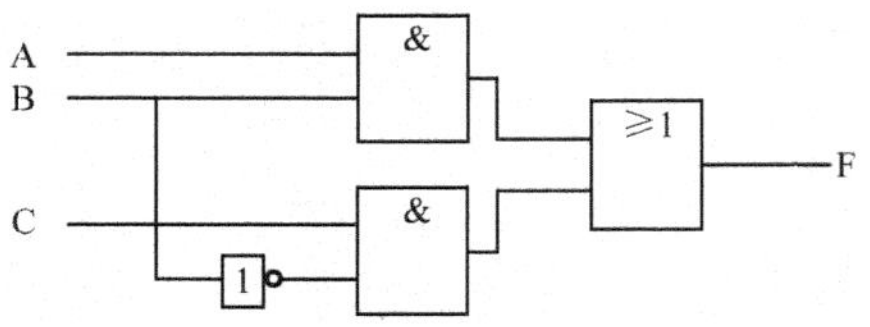

图 1.5 【例 1.17】逻辑图

【例 1.18】 逻辑函数 F 的真值表如表 1.10 所示，根据真值表写出函数 F 的表达式，画出逻辑图。

表 1.10 【例 1.18】真值表

输入逻辑变量		输出逻辑变量
A	B	F
0	0	1
0	1	0
1	0	0
1	1	1

解： 该例题要求根据函数真值表求出函数表达式。根据真值表推导逻辑函数表达式的方法是将真值表中函数值 F（输出逻辑变量）为 1 的行对应的输入逻辑变量组合取出，变量值为 1 的输入变量以原变量形式出现，变量值为 0 的输入变量以反变量形式出现；同一组合中的输入变量（一行）构成一个与项，再将符合条件的与项相或，便得到逻辑函数的与—或表达式。对于该例：

$$F=AB+\overline{A}\ \overline{B}$$

逻辑图如图 1.6 所示。

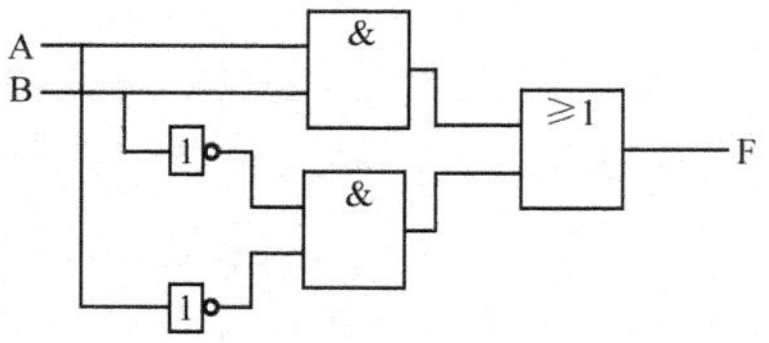

图 1.6 【例 1.18】逻辑图

【例 1.19】 逻辑函数 F 的逻辑图如图 1.7 所示，写出 F 的表达式，并列出真值表。

解： 根据逻辑图可以由前向后或由后向前逐级写出输出逻辑函数表达式，则可得相应的逻辑函数表达式为：

$$F=ABC+\overline{A}\ \overline{B}\ \overline{C}$$

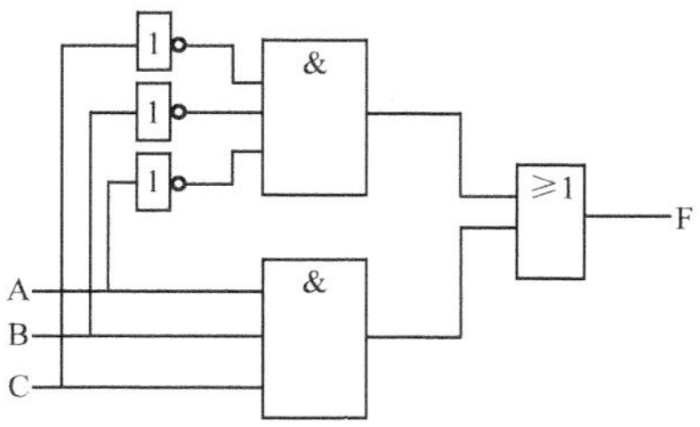

图 1.7　【例 1.19】逻辑图

真值表如表 1.11 所示。

表 1.11　【例 1.19】真值表

输入逻辑变量			输出逻辑变量
A	B	C	F
0	0	0	1
0	0	1	0
0	1	0	0
0	1	1	0
1	0	0	0
1	0	1	0
1	1	0	0
1	1	1	1

【例 1.20】　逻辑函数的逻辑图及输入变量的波形如图 1.8 所示，试画出输出变量 F 的波形图。

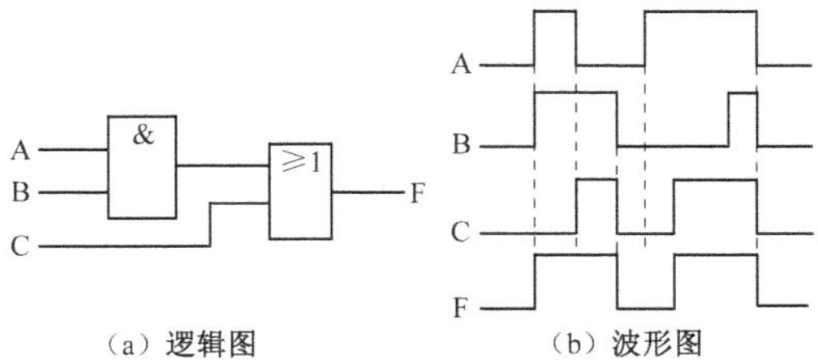

图 1.8　【例 1.20】图

解：根据图 1.8，确定输出与输入的逻辑关系为：

$$F=AB+C$$

根据此逻辑关系及输入变量波形，画出输出变量波形如图 1.8 所示。

【例 1.21】　逻辑函数输入变量 A、B 及输出变量 F 的波形如图 1.9 所示，试确定输出变量 F 与 A、B 的关系。

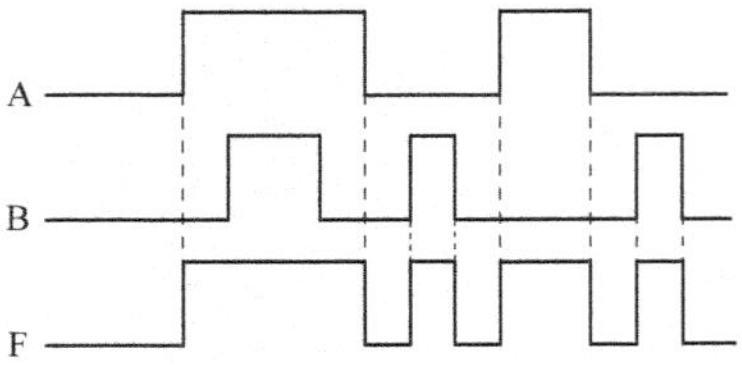

图 1.9 【例 1.21】图

解：根据图 1.9 描述的逻辑关系，确定 F 与 A、B 的真值表如下。

表 1.12 【例 1.21】真值表

输入逻辑变量		输出逻辑变量
A	B	F
0	0	0
0	1	1
1	0	1
1	1	1

由真值表可知：输出 F 与输入 A、B 是或的关系。

1.2.3 逻辑代数基本定律与规则

1. 逻辑代数基本定律

逻辑代数的基本定律见表 1.13。

表 1.13 逻辑代数基本定律

定律名称	定律内容	
0—1 律	$A \cdot 0=0$	$A+1=1$
自等律	$A \cdot 1=A$	$A+0=A$
重叠律	$A \cdot A=A$	$A+A=A$
互补律	$A \cdot \overline{A}=0$	$A+\overline{A}=1$
交换律	$A \cdot B=B \cdot A$	$A+B=B+A$
结合律	$A \cdot (B \cdot C)=(A \cdot B) \cdot C$	$A+(B+C)=(A+B)+C$
分配律	$A \cdot (B+C)=AB+AC$	$A+B \cdot C=(A+B)(A+C)$
吸收律	$A(A+B)=A$	$A+AB=A$
反演律	$\overline{AB}=\overline{A}+\overline{B}$	$\overline{A+B}=\overline{A}\,\overline{B}$
还原律	$\overline{\overline{A}}=A$	

反演律也称为摩根定律，是逻辑变换中经常使用的定律之一，该定律还可以推广为多变量的普遍形式：

$$\overline{ABCD\cdots}=\overline{A}+\overline{B}+\overline{C}+\overline{D}+\cdots$$

$$\overline{A+B+C+D+\cdots}=\overline{A}\,\overline{B}\,\overline{C}\,\overline{D}\cdots$$

它说明了如何利用非运算实现与、或运算之间的变换，应熟练掌握。

2. 逻辑代数常用公式

逻辑代数常用公式如表 1.14 所示。

表 1.14 逻辑代数常用公式

公式 1	$AB+A\bar{B}=A$	$(A+B)(A+\bar{B})=A$
公式 2	$A+\bar{A}B=A+B$	$A(\bar{A}+B)=AB$
公式 3	$AB+\bar{A}C=(A+C)(\bar{A}+B)$	$(A+B)(\bar{A}+C)=AC+\bar{A}B$
公式 4	$AB+\bar{A}C+BC=AB+\bar{A}C$	$(A+B)(\bar{A}+C)(B+C)=(A+B)(\bar{A}+C)$
	$AB+\bar{A}C+BCDE=AB+\bar{A}C$	
公式 5	$\overline{\bar{A}B+A\bar{B}}=AB+\overline{AB}$	
公式 6	$A\overline{AB}=A\bar{B}$	$\overline{AAB}=\bar{A}$

公式 4 中的与项 BC、BCDE、或项（B+C）称为冗余项。冗余项是指逻辑代数表达式中，对表达式的结果不产生影响的项，但表达式中适当增加冗余项，对克服电路可能存在的竞争冒险现象有积极作用。

3. 逻辑代数基本法则

逻辑代数中有三个重要法则，即代入法则、反演法则、对偶法则。

（1）代入法则。在任何一个逻辑等式中，如果将等式两边所有出现某一变量的地方，代之以一个逻辑函数，则此等式仍然成立。

【例 1.22】 已知等式 $A+\bar{A}B=A+B$ 成立，将函数 $F(C,D)=C+D$ 代替原等式中的变量 B，证明等式仍然成立。

证明： 将 $F(C,D)=C+D$ 代入原等式，可得：

∵ 等式左边$=A+\bar{A}B=A+\bar{A}(C+D)=A+\bar{A}C+\bar{A}D=F_1$

等式右边$=A+B=A+C+D=F_2$

根据以上两式，能否确定 $F_1=F_2$？

因此需要首先明确逻辑函数“相等”的概念。

设逻辑函数 F、G 均为逻辑变量 A_1，A_2，…，A_n 的函数，对于变量任一组取值的组合，F 和 G 的值均相等，称逻辑函数 F 和 G 相等。

对于 F_1 和 F_2，可以采用列真值表的方法，判断两个函数是否相等，见表 1.15。

表 1.15 代入法则的证明

输入变量				输出变量	
A	B	C	D	F_1	F_2
0	0	0	0	0	0
0	0	0	1	1	1
0	0	1	0	1	1
0	0	1	1	1	1
0	1	0	0	0	0
0	1	0	1	1	1

续表

输入变量				输出变量	
0	1	1	0	1	1
0	1	1	1	1	1
1	0	0	0	1	1
1	0	0	1	1	1
1	0	1	0	1	1
1	0	1	1	1	1
1	1	0	0	1	1
1	1	0	1	1	1
1	1	1	0	1	1
1	1	1	1	1	1

由此可知，$F_1=F_2$。

∴　等式成立。

（2）反演法则。根据已知函数求其反函数的过程称为反演。

对于已知逻辑函数 F，求其反函数$\overline{F}$时，只需将 F 中所有的原变量变为反变量，反变量变为原变量；“ • ”变为“+”，“+”变为“ • ”；0 变为 1，1 变为 0，就得到$\overline{F}$。这就是反演法则。

在求反函数的过程中应注意：一是保证原函数运算顺序不变，运算的优先顺序依次为：括号内的逻辑运算、逻辑与、逻辑或；二是非单个变量上的非号应保持不变。

【例 1.23】　利用反演法则，求逻辑函数 F 的反函数。

（1）$F_1=A(B+C)+CD$

（2）$F_2=\overline{\overline{A\overline{B}+\overline{D}}+C}+\overline{C}$

解： 利用反演法则可求出函数 F 的反函数。

（1）$F_1=A(B+C)+CD$

$\overline{F_1}=(\overline{A}+\overline{BC})(\overline{C}+\overline{D})$

（2）$F_2=\overline{\overline{A\overline{B}+\overline{D}}+C}+\overline{C}$

$\overline{F_2}=\overline{\overline{(\overline{A}+B)D}\,\overline{C}}\,C$

（3）对偶法则。对于已知逻辑函数 F，将 F 中的“ • ”变为“+”，“+”变为“ • ”；0 变为 1，1 变为 0；变量保持不变，得到一个新的逻辑函数 F′，称其为函数 F 的对偶函数(或对偶式)。也可以说函数 F 和 F′互为对偶式。

若两个逻辑函数相等，则它们各自的对偶函数也相等。这就是对偶法则。

同样，在求已知函数对偶式的过程中，同样应注意保持原函数的运算顺序不变；非单个变量上的非号应保持不变。

【例 1.24】　利用对偶法则，求逻辑函数 F 的对偶函数。

（1）$F_1=A(B+C)+CD$

（2）$F_2=\overline{\overline{A\overline{B}+\overline{D}}+C}+\overline{C}$

解：（1）$F_1=A(B+C)+CD$

$F_1' = (A+BC)(C+D)$

（2）$F_2 = \overline{\overline{A\overline{B}+\overline{D}}+C}+\overline{C}$

$F_2' = \overline{\overline{(A+\overline{B})\overline{D}}C}\,\overline{C}$

对于部分逻辑函数表达式，可以采用证明两个逻辑函数各自对偶式相等的方法，来证明两个逻辑函数的相等。如表 1.14 所示右列的公式等号左右两边的式子分别是左列公式等号左右两边式子的对偶式，因此只要能证明左列的公式成立，则右侧的公式也相应成立。

1.2.4 逻辑函数标准表达式

逻辑函数的表达式除了与-或表达式和或—与表达式外，常用的表示形式还有“与非-与非”式、“或非-或非”式、“与-或-非”式等。例如：

“与非-与非”式，例如，$F = \overline{\overline{AB}\cdot\overline{CD}}$；

“或非-或非”式，例如，$F = \overline{\overline{A+B}+\overline{C+D}}$；

“与-或-非”式，例如，$F = \overline{AB+CD}$

分析问题时，应根据具体要求，选择适当的函数表示形式。

逻辑函数标准表达式的出现，可以解决由于逻辑函数存在不同的表示形式给分析和解决实际问题带来的困难。

1. 最小项之和表达式——标准“与-或”表达式

逻辑函数的最小项，是指包含函数中所有变量的一个与项，其中每个变量仅以原变量或反变量的形式出现一次，也称做标准与项。

一个逻辑函数用最小项之和的形式表示，称为函数的最小项之和表达式，即标准与-或表达式。例如，$F(A,B,C)=ABC+\overline{A}BC+AB\overline{C}+\overline{ABC}$ 是三变量函数 F 的最小项之和表达式，而 $Y(A,B,C)=ABC+AC+\overline{A}B$ 不是三变量函数 Y 的最小项之和表达式。

n 个输入变量的逻辑函数，有 2^n 个最小项。三变量逻辑函数 F(A,B,C)的 8 个最小项见表 1.16。

在一个逻辑函数的标准表达式中，可能包含所有的最小项，也可能只包含部分最小项。为方便表示，一般用 m_i 表示第 i 个最小项：在输入变量顺序确定后，将某一最小项中的原变量记为 1，反变量记为 0，由此形成一个二进制数，此二进制数对应的十进制数即为 i。

表 1.16 三变量逻辑函数的最小项

序号	输入变量 A B C	对应的最小项	最小项编号
0	0 0 0	$\overline{A}\,\overline{B}\,\overline{C}$	m_0
1	0 0 1	$\overline{A}\,\overline{B}C$	m_1
2	0 1 0	$\overline{A}B\overline{C}$	m_2
3	0 1 1	$\overline{A}BC$	m_3
4	1 0 0	ABC	m_4
5	1 0 1	$A\overline{B}C$	m_5
6	1 1 0	$AB\overline{C}$	m_6
7	1 1 1	ABC	m_7

上表中，最小项 ABC 对应的变量取值为 111，即十进制数 7，所以该最小项记做 m_7。

关于逻辑函数的最小项，应注意：

① 逻辑函数变量数不同，其最小项包含的变量数目就不同，不说明变量数目的最小项没有意义；如对于三变量逻辑函数，$\overline{ABC}$ 是一个最小项，而对于四变量的逻辑函数，$\overline{ABC}$ 就不是最小项。

② 对应逻辑函数中的一个最小项，只有一组变量取值使其为 1；不同的最小项，使函数值为 1 的变量取值不同。

③ 一个逻辑函数任意两个最小项的与为零。

④ n 变量的全部 2^n 个最小项的或为 1。

逻辑函数最小项之和表达式具有唯一性，任何逻辑函数的表达式都可以写成最小项之和表达式的形式。

【例 1.25】 三变量逻辑函数 F(A,B,C)的真值表如表 1.17 所示，试根据真值表写出该逻辑函数的最小项之和表达式。

表 1.17 【例 1.25】真值表

输入逻辑变量			输出逻辑变量
A	B	C	F
0	0	0	1
0	0	1	1
0	1	0	0
0	1	1	1
1	0	0	0
1	0	1	1
1	1	0	0
1	1	1	0

解：构成一个逻辑函数最小项的变量取值组合，对应的函数值为 1。

由上表可知：当 ABC 取值为 000、001、011、101 时，F 为 1。所以，该函数最小项之和表达式为：

$$F=\overline{A}\overline{B}\overline{C}+\overline{A}\overline{B}C+\overline{A}BC+ABC=m_0+m_1+m_3+m_5=\sum m(0,1,3,5)$$

【例 1.26】 已知 $F(A,B,C)=\sum m(0,2,4,5,7)$，试列出其真值表。

解：$F(A,B,C)=\sum m(0,2,4,5,7)=m_0+m_2+m_4+m_5+m_7=\overline{A}\overline{B}\overline{C}+\overline{A}B\overline{C}+A\overline{B}\overline{C}+A\overline{B}C+ABC$

以上最小项对应的变量取值组合依次为：000、010、100、101、111；列出真值表，如表 1.18 所示。

表 1.18 【例 1.26】真值表

输入逻辑变量			输出逻辑变量
A	B	C	F
0	0	0	1
0	0	1	0
0	1	0	1
0	1	1	0

续表

输入逻辑变量			输出逻辑变量
1	0	0	1
1	0	1	1
1	1	0	0
1	1	1	1

根据函数 F 的真值表，可以推得反函数 $\overline{F}$ 的最小项表达式。对于上例：

若 $F(A,B,C)=\sum m(0,2,4,5,7)$

则 $\overline{F}(A,B,C)=\sum m(1,3,6)$

另外，还可以使用“配项法”求出函数最小项之和的标准形式。

【例 1.27】　三变量逻辑函数 $F(A,B,C)=A+\overline{B}C$，写出其最小项之和的标准形式。

解： $F(A,B,C)=A+\overline{B}C=A(\overline{B}+B)(\overline{C}+C)+(\overline{A}+A)\overline{B}C=(A\overline{B}+AB)(\overline{C}+C)+(\overline{A}+A)\overline{B}C$

$=A\overline{B}\,\overline{C}+A\overline{B}C+AB\overline{C}+ABC+\overline{A}\,\overline{B}C+A\overline{B}C=\overline{A}\,\overline{B}C+A\overline{B}\,\overline{C}+A\overline{B}C+AB\overline{C}+ABC$

$=\sum m(1,4,5,6,7)$

求函数的最小项之和表达式时，首先将函数变换成与-或表达形式，然后使用“配项法”，即若某一与项缺少一变量 x，则在该与项中填加$(x+\overline{x})$项，再利用上述方法展开、合并即可。

2．最大项之积表达式——标准“或-与”表达式

逻辑函数的最大项，是包含该函数中所有变量的一个或项，其中每个变量仅以原变量或反变量的形式出现一次，也称做标准或项。

逻辑函数可以用最大项之积的形式表示，称为函数的最大项之积表达式，即标准或-与表达式。如：$F(A,B,C)=(A+B+C)(\overline{A}+\overline{B}+\overline{C})$是三变量逻辑函数 F 的最大项之积表达式，而 $Y(A,B,C)=(A+B+C)(\overline{A}+C)(A+B)$不是三变量逻辑函数 Y 的最大项之积表达式。$n$ 变量逻辑函数，存在 2^n 个最大项。

一个函数的最大项之积表达式，可能包含该函数所有的最大项，也可能包含部分最大项。为方便表示，用 M_i 表示最大项：在输入变量顺序确定后，将某一最大项中的原变量记为 0，反变量记为 1，由此形成一个二进制数，此二进制数对应的十进制数即为 i。三变量逻辑函数包含的最大项如表 1.19 所示。

表 1.19　三变量逻辑函数包含的最大项

序号	输入变量 A　B　C	对应的最大项	最大项编号
0	0　0　0	$A+B+C$	M_0
1	0　0　1	$A+B+\overline{C}$	M_1
2	0　1　0	$A+\overline{B}+C$	M_2
3	0　1　1	$A+\overline{B}+\overline{C}$	M_3
4	1　0　0	$\overline{A}+B+C$	M_4
5	1　0　1	$\overline{A}+B+\overline{C}$	M_5
6	1　1　0	$\overline{A}+\overline{B}+C$	M_6
7	1　1　1	$\overline{A}+\overline{B}+\overline{C}$	M_7

例如，三变量逻辑函数的最大项$\overline{A}+\overline{B}+C$对应的变量取值为 110，即十进制数 6，所以该最大项记做M_6。

在知道一个逻辑函数最大项编号的情况下，可以方便地写出其逻辑变量表达式。

关于逻辑函数的最大项，应注意：

① 逻辑函数变量数不同，最大项包含变量数目不同，不说明变量数目的最大项没有意义。

② 一个逻辑函数中的任意一个最大项，只有一组变量取值使其为 0。

③ 一个函数任意两个最大项的或为 1。

④ n 变量的全部 2^n 个最大项的与为 0。

【例 1.28】 三变量逻辑函数 F(A,B,C)的真值表如表 1.18 所示，试求出其最大项之和的标准形式。

解： 构成函数最大项的变量取值组合，对应的函数值为 0。由表 1.18 知：当 ABC 取值为 001、011、110 时，F 为 0。所以，该函数最大项之积表达式为：

$$F=(A+B+\overline{C})(A+\overline{B}+\overline{C})(\overline{A}+\overline{B}+C)$$
$$=M_1\cdot M_3\cdot M_6$$
$$=\prod M(1,3,6)$$

由于逻辑函数的真值表具有唯一性，所以【例 1.26】和【例 1.28】描述的是同一逻辑函数。所以，一个逻辑函数同时存在最小项之和表达式与最大项之积表达式两种标准表达形式。它们同时表示一个逻辑函数。可以证明，对同一函数：

$$\overline{m_0}=M_0,\quad \overline{m_1}=M_1,\quad \cdots,\quad \overline{m_i}=M_i$$

即同一下标的最大项和最小项是互补的。由于函数值非 0 即 1，所以根据函数的一种标准形式，很容易推得另一种标准形式。如已知 $F(A,B,C)=m_0+m_1+m_3+m_5+m_7=\sum m(0,1,3,5,7)$，则可以直接写出 $F(A,B,C)=\sum m(0,1,3,5,7)=\prod M(2,4,6)$。

【例 1.29】 写出逻辑函数 $F(A,B,C,D)=A\overline{B}\overline{C}D+\overline{A}CD+AC$ 的两种标准表示形式。

解： 首先求出函数的最小项之和表示形式。

$$F(A,B,C,D)=A\overline{B}\overline{C}D+\overline{A}CD+AC=A\overline{B}\overline{C}D+\overline{A}CD(B+\overline{B})+AC(B+\overline{B})(D+\overline{D})$$
$$=A\overline{B}\overline{C}D+\overline{A}BCD+\overline{A}\overline{B}CD+ABC(D+\overline{D})+A\overline{B}C(D+\overline{D})$$
$$=A\overline{B}\overline{C}D+\overline{A}BCD+\overline{A}\overline{B}CD+ABCD+ABC\overline{D}+A\overline{B}CD+A\overline{B}C\overline{D}$$
$$=\overline{A}\overline{B}CD+\overline{A}BCD+A\overline{B}\overline{C}D+A\overline{B}C\overline{D}+A\overline{B}CD+ABC\overline{D}+ABCD$$
$$=\sum m(3,7,9,10,11,14,15)$$

根据函数的最小项之和表示形式可以直接写出函数的最大项之积表达形式。

$$F(A,B,C,D)=\sum m(3,7,9,10,11,14,15)=\prod M(0,1,2,4,5,6,8,12,13)$$
$$=(A+B+C+D)(A+B+C+\overline{D})(A+B+\overline{C}+D)(A+\overline{B}+C+D)(A+\overline{B}+C+\overline{D})$$
$$(A+\overline{B}+\overline{C}+D)(\overline{A}+B+C+D)(\overline{A}+\overline{B}+C+D)(\overline{A}+\overline{B}+C+\overline{D})$$

1.2.5　逻辑函数的化简

为使用最简单的电路实现逻辑函数，需对得到的逻辑函数表达式进行化简，以求出最简单的表达式。一个逻辑函数可以有多种表达式，因而对应的实现电路也各不相同。完成同样的逻辑功能，电路越简单越好：即在电路正常工作的前提下，逻辑函数表达式中包含的项数最少；同时每项中包含的变量数最少，简单的电路成本低、功耗小、电路可靠性高。例如

$F_1(A,B,C,D)=A\overline{B}\overline{C}+\overline{A}\overline{B}+\overline{A}D+C+BD$；$F_2(A,B,C,D)=\overline{B}+C+D$

列出 F_1、F_2 的真值表，可知两者表示的是同一个逻辑函数，显然 F_2 比 F_1 简单的多。

逻辑函数的化简有多种方法，常用的有基于表达式的公式化简法；基于图形的卡诺图化简法等。其中卡诺图化简法较常适用于 3 个或 4 个变量的情况下使用。

1．公式化简法

公式化简法是使用逻辑代数的基本定律和常用公式对函数进行化简的方法。公式化简法没有固定的步骤，常用的方法包括以下几种：

（1）并项法。应用 $AB+A\overline{B}=A$，将两项合并为一项，消去相应变量 B 、$\overline{B}$ 。根据代入法则，以上变量 A、B 均可以扩展为任意复杂逻辑表达式。如：

$$F_1=ABC+AB\overline{C}+A\overline{B}=AB(C+\overline{C})+A\overline{B}=AB+A\overline{B}=A(B+\overline{B})=A$$

$$F_2=A\overline{B}+ACD+\overline{A}\overline{B}+\overline{A}CD=A(\overline{B}+CD)+\overline{A}(\overline{B}+CD)=\overline{B}+CD$$

（2）配项法。应用 $A+\overline{A}=1$，将 $A+\overline{A}$ 与某乘积项相乘，而后展开、合并化简，如：

$$F=AB+\overline{A}\overline{C}+B\overline{C}=AB+\overline{A}\overline{C}+B\overline{C}(A+\overline{A})=AB+\overline{A}\overline{C}+AB\overline{C}+\overline{A}B\overline{C}$$
$$=AB(1+\overline{C})+\overline{A}\overline{C}(1+B)=AB+\overline{A}\overline{C}$$

有时，也可以利用添加冗余项的方法化简。如：

$$F=AB+\overline{A}C+BCD=AB+\overline{A}C+BC+BCD=AB+\overline{A}C+BC=AB+\overline{A}C$$

（3）加项法。应用 A＋A＝A，在逻辑函数表达式中加相同的项，再进行合并化简，如：

$$F=ABC+\overline{A}BC+A\overline{B}C=ABC+\overline{A}BC+A\overline{B}C+ABC=BC(A+\overline{A})+AC(\overline{B}+B)=BC+AC$$

（4）吸收法。应用 A＋AB＝A，消去多余因子，如：

$$F_1=\overline{B}C+A\overline{B}C(D+E)=\overline{B}C[1+A(D+E)]=\overline{B}C$$

$$F_2=AB+AB\overline{C}+ABD+AB(\overline{C}+\overline{D})=AB[1+\overline{C}+D+(\overline{C}+\overline{D})]=AB$$

【例 1.30】　用公式法化简：$F=AD+A\overline{D}+AB+\overline{A}C+BD+ACEF+\overline{B}EF+DEFG$

解： $F=AD+A\overline{D}+AB+\overline{A}C+BD+ACEF+\overline{B}EF+DEFG$

（由并项法，$AD+A\overline{D}=A$，简化得）

$F=A+AB+\overline{A}C+BD+ACEF+\overline{B}EF+DEFG$

（由吸收法，A＋AB＝A，及 A＋ACEF＝A，简化得）

$F=A+\overline{A}C+BD+\overline{B}EF+DEFG$

（由吸收律，$A+\overline{A}C=A+C$，简化得）

$F=A+C+BD+\overline{B}EF+DEFG$

式中后三项利用配项法（添加冗余项），

$$
\begin{aligned}
&BD+\bar{B}EF+DEFG\\
&=(BD+\bar{B}EF+DEF)+DEFG\\
&=BD+\bar{B}EF
\end{aligned}
$$

所以，化简得：

$$F=A+C+BD+\bar{B}EF$$

【例 1.31】 用公式法化简 $F=(\overline{A\bar{B}+\bar{A}B}C+A\bar{B}C)(AD+BC)$

解：

$$
\begin{aligned}
F&=(\overline{A\bar{B}+\bar{A}B}C+A\bar{B}C)(AD+BC)=[(AB+\bar{A}\bar{B})C+A\bar{B}C](AD+BC)\\
&=[ABC+\bar{A}\bar{B}C+A\bar{B}C](AD+BC)=(AC+\bar{A}\bar{B}C)(AD+BC)\\
&=(AC+\bar{B}C)(AD+BC)=ACD+ABC+A\bar{B}CD=ACD+ABC
\end{aligned}
$$

对函数的或–与表达式，除应用以上方法对函数进行变换化简外，也可以首先将函数的或–与式转换成与–或对偶式，对其进行化简后，再求一次对偶，得到化简后的原函数。

【例 1.32】 化简函数 $F=(\bar{A}+\bar{B})(\bar{A}+\bar{C}+D)(A+\bar{C})(B+\bar{C})$

解：∵ $F=(\bar{A}+\bar{B})(\bar{A}+\bar{C}+D)(A+\bar{C})(B+\bar{C})$

$$
\begin{aligned}
\therefore\quad F'&=\bar{A}\bar{B}+\bar{A}\bar{C}D+A\bar{C}+B\bar{C}=\bar{A}\bar{B}+\bar{C}(\bar{A}D+A)+B\bar{C}\\
&=\bar{A}\bar{B}+\bar{C}(D+A)+B\bar{C}=\bar{A}\bar{B}+A\bar{C}+\bar{C}D+B\bar{C}\\
&=\bar{A}\bar{B}+B\bar{C}+\bar{A}\bar{C}+A\bar{C}+\bar{C}D=\bar{A}\bar{B}+B\bar{C}+\bar{C}+\bar{C}D\\
&=\bar{A}\bar{B}+\bar{C}
\end{aligned}
$$

$\therefore\quad F=(F')'=(\bar{A}+\bar{B})\bar{C}$

公式法化简逻辑函数，需熟练掌握逻辑代数的基本定律和常用公式。当逻辑函数表达式比较复杂时，过程复杂且不易判断结果是否正确。因此公式化简法只能对简单的逻辑函数进行化简，作为逻辑函数化简的辅助手段之一。

2. 卡诺图化简法

卡诺图化简法是由美国工程师卡诺提出的一种逻辑函数化简方法。利用卡诺图化简逻辑函数，是将具有相邻性的最小项（或最大项）合并，从而消去一个或多个变量，使逻辑函数表达形式最简。卡诺图化简法简便直观，规律性强，可方便地得到函数最简表达式，应用广泛。当逻辑函数的变量数不超过 5 个时，卡诺图化简法是化简逻辑函数的有效工具。

（1）卡诺图。卡诺图是逻辑函数的一种图形表示形式，用方格表示输入变量取值和相应的函数值。输入变量的取值按循环码方式排列，使卡诺图中任意两个相邻方格对应的最小项（或最大项）只有一个变量不同。由于 n 变量逻辑函数有 2^n 个最小项，因此 n 变量逻辑函数的卡诺图有 2^n 个方格，每个方格代表一个相应的最小项（或最大项）。

2、3、4 变量卡诺图结构如图 1.10 所示。

做空白卡诺图时，应注意：

① 对应每一个最小项（或最大项），相应的方格序号习惯上将行变量作为高位组，列变量作为低位组。

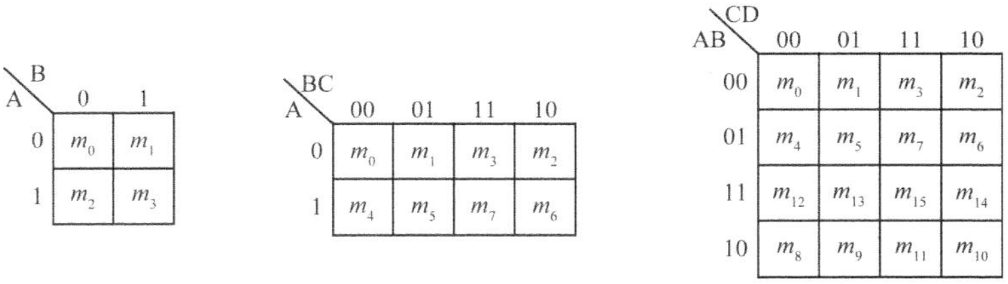

图 1.10　卡诺图的结构

② 行、列变量的取值顺序按照循环码的编码顺序排列；即二变量按照 00、01、11、10 的顺序排列，三变量按照 000、001、011、010、110、111、101、100 的顺序排列；以保证相邻（行或列）两个码仅有一个变量不同，这是卡诺图方格的相邻性。

③ 卡诺图方格的相邻性除几何相邻（位置相邻）外，相邻还包含一种对称（镜像）相邻：即以方格矩阵的水平或垂直中心线为轴，彼此对称的方格也是相邻的。

（2）卡诺图表示逻辑函数。

① 标准形式逻辑函数的填入。函数的最小项，其变量取值使函数值为 1。所以对已知函数的最小项之和表达式填入卡诺图时，在构成函数最小项的相应方格中填 1，其余方格填 0 即可。

对于函数的最大项之积表达式，由于函数值为 0 的那些最小项的下标与函数最大项下标相同，所以可按最大项下标向相应卡诺图方格中填 0，其余方格填 1 即可。

② 函数非标准式的填入。对于与—或式，将每个与项中的原变量对应卡诺图中该变量取值为 1，反变量对应取值为 0，找出卡诺图上交叉的方格，填 1；其余方格填 0。

对于或-与式，可以首先利用反演法则求出其反函数的与-或式，反函数值为 0(1)的方格在原函数卡诺图中填入 1（0）。

举例如图 1.11 所示。

（3）卡诺图法化简逻辑函数。卡诺图中任意两个相邻的最小项(或最大项)可以合并为一个与项（或一个或项），并消去其中取值不同的变量；卡诺图中 4 个相邻项可以合并为一项，并消去其中 2 个取值不同的变量；卡诺图中 8 个相邻项可以合并为一项，并消去其中 3 个取值不同的变量；依次类推。即卡诺图中 2^n 个相邻的最小项（或最大项）项可以合并为一项，并消去 n 个取值不同的变量，只剩下公共因子。

卡诺图法化简逻辑函数的具体步骤为：

① 根据逻辑函数表达式填充卡诺图；

② 找出可以合并的最小项（或最大项）——圈围卡诺圈；

③ 根据圈围结果，按照要求求出逻辑函数的最简“与-或”（或“或-与”）表达式。

以得到逻辑函数的最简与或式为例，说明对卡诺圈进行圈围时应注意的问题：

① 填“1”的格允许被一个以上的圈圈围；

② 填“1”格不能漏圈；

③ 形成圈的个数要尽量少；

④ 形成圈的面积尽量大，但必须为 2^n 个符合条件的相邻方格；

⑤ 每个圈中应至少包括一个未被圈围过的“1”方格。否则这个圈是多余的。

A \ BC	00	01	11	10
0	0	1	1	1
1	0	1	1	0

$F(A,B,C)=ABC+\bar{A}B+\bar{B}C$

A \ BC	00	01	11	10
0	0	0	0	1
1	1	0	1	1

$F(A,B,C)=(A+B+\bar{C})(A+B)(A+\bar{C})(B+\bar{C})$

AB \ CD	00	01	11	10
00	0	0	0	1
01	0	0	1	1
11	0	0	1	1
10	1	1	1	1

$F(A,B,C,D)=A\bar{B}\bar{C}+AC+\bar{A}BC+\bar{B}C\bar{D}$

（a）函数与或式的填入

AB \ CD	00	01	11	10
00	0	1	0	1
01	1	1	0	1
11	1	0	0	0
10	0	1	1	1

$F(A,B,C,D)=(B+C+D)(A+\bar{C}+\bar{D})(\bar{A}+\bar{B}+\bar{C})(\bar{A}+\bar{B}+\bar{D})$

（b）函数或与式的填入

A \ CD	00	01	11	10
0	1	0	1	0
1	1	0	1	0

$F(A,B,C)=\sum m(0,3,4,7)$

A \ CD	00	01	11	10
0	0	1	1	0
1	1	1	1	0

$F(A,B,C)=\prod M(0,2,6)$

AB \ CD	00	01	11	10
00	0	1	1	0
01	0	0	1	0
11	0	0	0	0
10	0	0	1	0

$F(A,B,C,D)=\sum m(1,3,7,11)$

（c）函数标准与或式的填入

AB \ CD	00	01	11	10
00	0	1	0	1
01	1	1	1	0
11	1	1	0	1
10	1	0	1	1

$F(A,B,C,D)=\prod M(0,3,6,9,15)$

（d）函数标准或与式的填入

图 1.11　卡诺图表示逻辑函数

卡诺图中圈“1”是进行最小项的合并，每个圈中的最小项合并为一个“与”项，所有卡诺圈对应的“与”项之或即为函数的最简“与-或”式。

根据卡诺圈获得“与”项的规则为：该圈所对应的某个自变量取值为“1”时，该自变量在“与”项中以原变量形式出现；自变量取值为“0”时，该自变量在“与”项中以反变量形式出现。

卡诺图中圈“0”是进行最大项的合并，每个圈中的最大项合并为一个“或”项，所有卡诺圈对应的“或”项之与就是函数的最简“或-与”式。根据卡诺圈获得“或”项的规则为：该圈对应的某个自变量取值为“0”时，该自变量在“或”项中取原变量形式；自变量取值为“1”时，该自变量在“或”项中取反变量形式。

卡诺图方格合并举例见图 1.12。

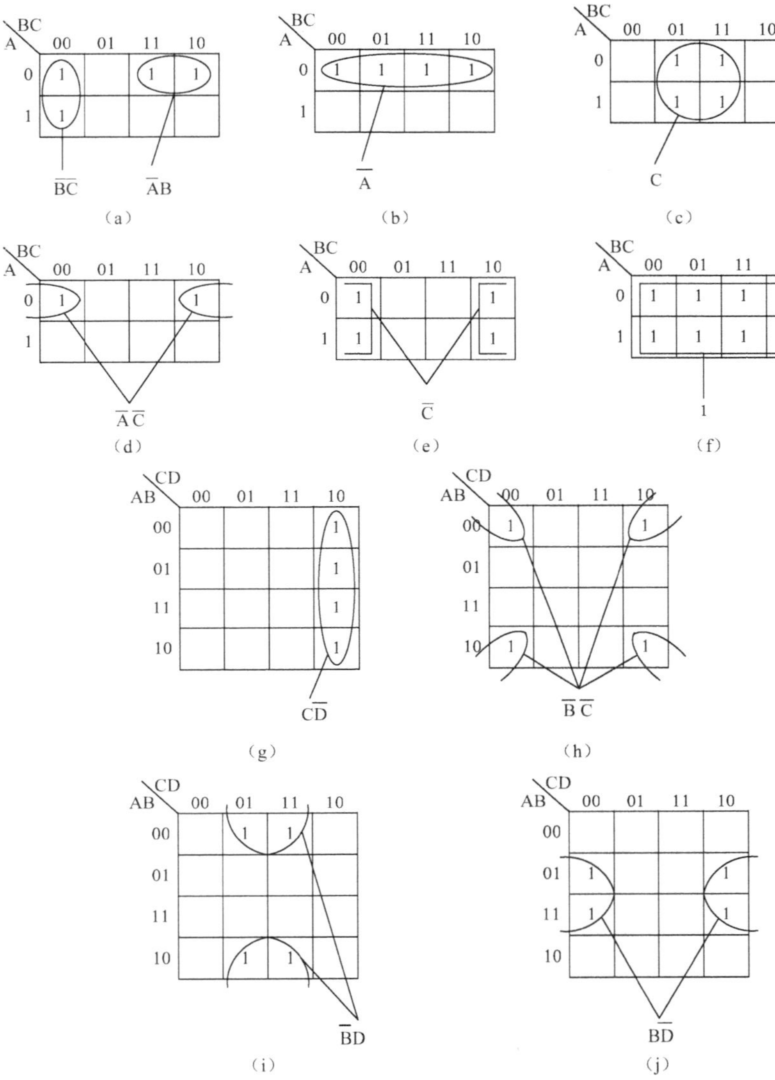

图 1.12　卡诺图方格合并举例

【例 1.33】　用卡诺图法化简逻辑函数 $F(A,B,C)=\overline{A}\,\overline{B}+A\overline{B}C+ABC$。

解： 作出三变量函数的卡诺图，并根据具体函数填入，如图 1.13 所示。按照化简规则，对填"1"的方格进行圈圈，得到化简结果为：

$$F(A,B,C)=\overline{A}\,\overline{B}+AC$$

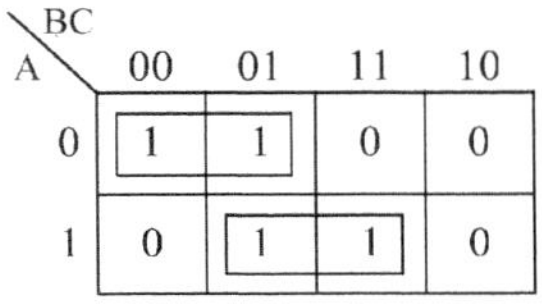

图 1.13　【例 1.33】卡诺图

【例 1.34】 利用卡诺图法化简函数 $F(A,B,C)=\sum m(1,2,3,4,5,6)$。

解：逻辑函数 F 的卡诺图如图 1.14（a）所示。

图中的卡诺圈有两种圈法，如图 1.14（b）、（c）所示。

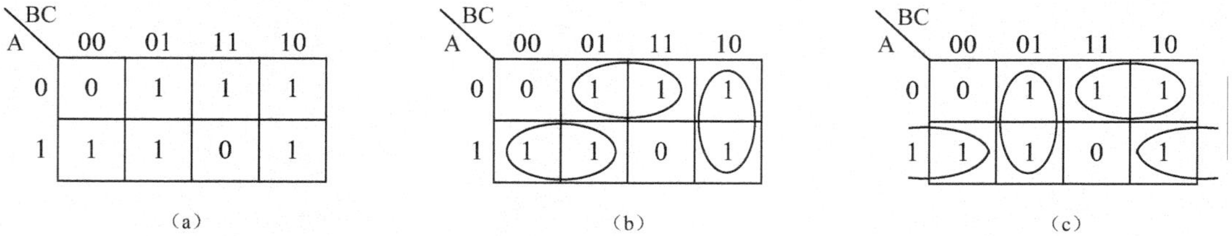

图 1.14 【例 1.34】卡诺图

对两种圈法分别进行化简，可得：

$$F=A\overline{B}+\overline{A}C+B\overline{C}$$
$$F=A\overline{C}+\overline{B}C+\overline{A}B$$

以上两个结果，均为函数的最简“与−或”形式。此例说明，对函数进行化简，圈围的卡诺圈不同，结果不同。即函数表达式形式不具备唯一性。

【例 1.35】 用卡诺图法化简逻辑函数 $F(A,B,C)=(\overline{A}+\overline{B}+\overline{C})(A+B)(A+\overline{C})(B+\overline{C})$。

解：作出三变量函数的卡诺图，并根据具体函数填入，如图 1.15 所示。

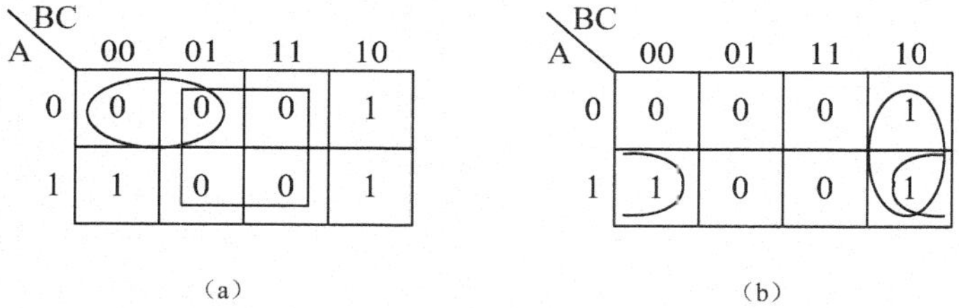

图 1.15 【例 1.35】卡诺图

对于该例函数的或与式，若采用圈 0 法，则得到函数最简的或与式；采用圈 1 法，则得到最简的与或式。

$$F=\overline{C}(A+B)=A\overline{C}+B\overline{C}$$

【例 1.36】 用卡诺图法化简逻辑函数 $F(A,B,C)=\prod M(1,4,5,7)$。

解：作出三变量函数的卡诺图，并根据具体函数填入，如图 1.16 所示。

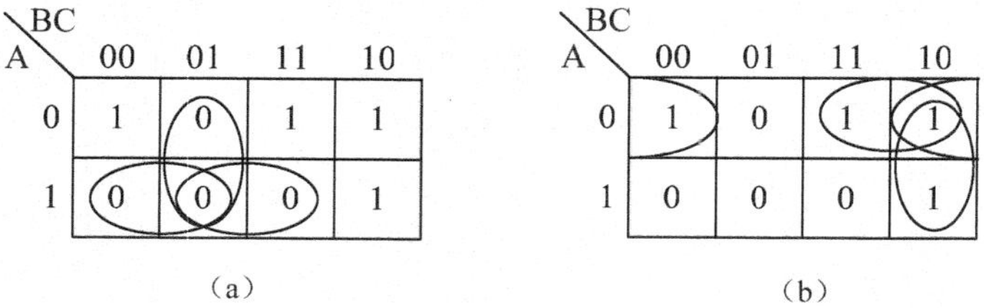

图 1.16 【例 1.36】卡诺图

参考上例分析方法，可得：

$$F=(\bar{A}+B)(\bar{A}+\bar{C})(B+\bar{C})=\bar{A}\bar{C}+\bar{A}B+B\bar{C}$$

【例 1.37】 用卡诺图法化简逻辑函数 $F=ABC+ABD+\bar{C}\bar{D}+\bar{A}C\bar{D}+A\bar{C}D$

解：逻辑函数 F 的卡诺图如图 1.17（a）所示。

分别按圈“1”法和圈“0”法圈围卡诺圈，如图 1.17（b）、（c）所示。

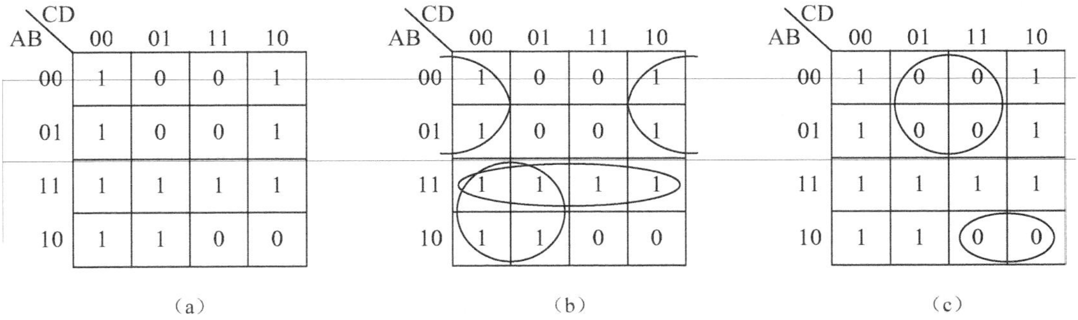

图 1.17　【例 1.37】卡诺图

对两种圈法分别进行化简，可得：

$$F=\bar{A}\bar{D}+AB+A\bar{C}$$

$$F=(A+\bar{D})(\bar{A}+B+\bar{C})$$

【例 1.38】 用卡诺图法化简逻辑函数 $F(A,B,C,D)=\sum m(0,2,4,6,8,10)$。

解：逻辑函数 F 的卡诺图如图 1.18 所示。按圈 1 法圈围卡诺图并进行化简。

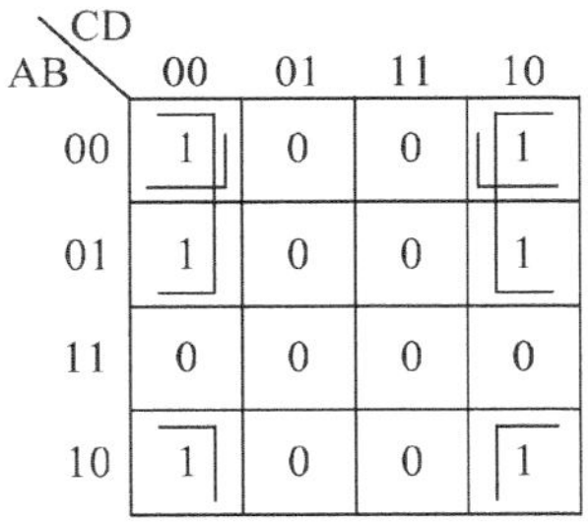

图 1.18　【例 1.38】卡诺图

得：$F=\bar{A}\bar{D}+\bar{B}\bar{D}$

【例 1.39】 用卡诺图法化简逻辑函数 $F(A,B,C,D)=\prod M(1,2,3,7,10,11,14)$。

解：逻辑函数 F 的卡诺图如图 1.19 所示。分别使用圈 1 法和圈 0 法圈围卡诺圈并进行化简。

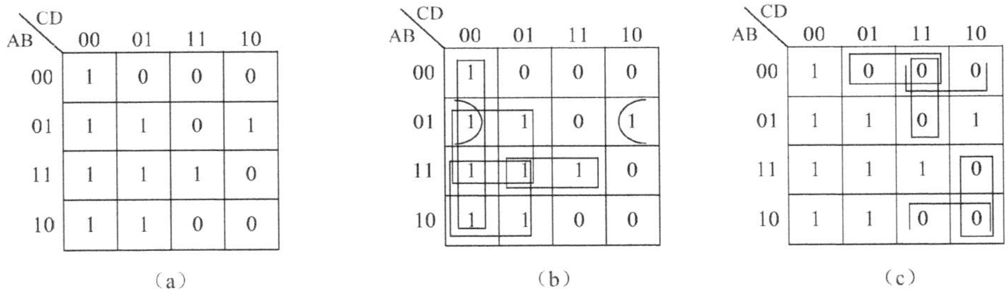

图 1.19　【例 1.39】卡诺图

可得：

$$F=\overline{C}\,\overline{D}+B\overline{C}+A\overline{C}+\overline{A}B\overline{D}+ABD=(A+B+\overline{D})(A+\overline{C}+\overline{D})(\overline{A}+\overline{C}+D)(B+\overline{C})$$

3．具有无关项的逻辑函数化简

在一些逻辑函数中，变量的取值组合不是任意的，需要加上一定的限制条件，将其称为约束，这样一组变量称为具有约束的变量。如对于 8421BCD 码，1010～1111 六种变量的取值组合就不会出现。这种不会出现的变量取值组合对应的最小项称为约束项。

使用约束条件描述约束，通常用一个使函数所有约束项之和恒等于 0 的表达式表示约束条件。

另外一种情况，对于输入变量的某些取值组合，函数值为 1 或 0 均可，不影响电路的功能，将其对应的最小项称为任意项。

通常将约束项和任意项统称为逻辑函数的无关项。无关是指这些最小项对函数的最终结果无关紧要。无关项在真值表和卡诺图中用×(或 d)表示。约束条件在表达式中可用$\sum m_{\times}$(或$\sum m_d$)表示。由于无关项是不影响函数结果的变量取值组合对应的最小项，所以它们的输出为 0 或 1 对结果不产生影响。从化简结果更加简单的角度出发，将其在卡诺图中的对应方格灵活的看作 1 或者 0，会给化简带来方便。

含无关项逻辑函数的常用表示方法如下：

（1）最小项表达式

$$F=\sum m(\quad)+\sum m_{\times}(\quad)$$

或

$$\begin{cases}F=\sum m(\quad)\\ \sum m_{\times}(\quad)=0\end{cases}$$

（2）最大项表达式

$$F=\Pi M(\quad)\cdot\Pi M_{\times}(\quad)$$

或

$$\begin{cases}F=\Pi M(\quad)\\ \Pi M_{\times}(\quad)=1\end{cases}$$

（3）其他约束条件形式

约束条件还可以用函数表达式的形式表示。如：

$$\begin{cases}F=\sum m(0,3,4)\\ \text{约束条件 } AB+AC=0\end{cases}$$

【例 1.40】 利用卡诺图法化简函数 $F(A,B,C,D)=\sum m(5,6,7,8,9)+\sum m_{\times}(10,11,12,13,14,15)$。

解：由已知函数函数表达式填入卡诺图，如图 1.20（a）所示。

不考虑无关项（即将其对应的最小项看做 0）时，卡诺图的圈围见图 1.20（b）所示；若将无关项看做 1 参与化简，则化简结果更加简单，如图 1.20（c）所示。两种情况下的化简结果分别为：

$$F(A,B,C,D)=\overline{A}BD+\overline{A}BC+A\overline{B}\,\overline{C}$$

$$F(A,B,C,D)=A+BD+BC$$

很明显，将无关项看做 1 时，将使化简结果更加简单。

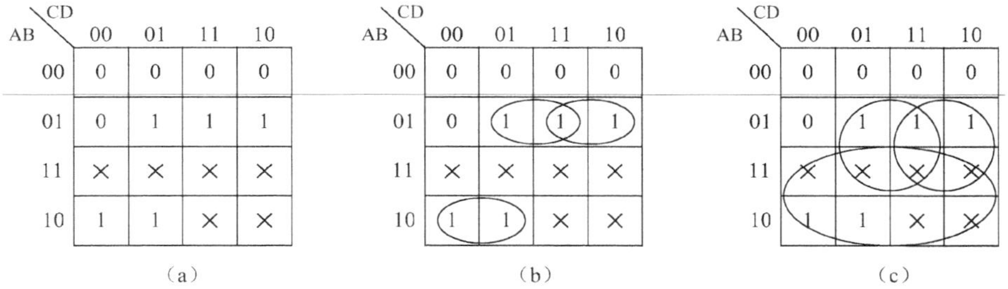

图 1.20　【例 1.40】卡诺图

利用无关项化简函数时应注意：填 1 的方格必须参与化简，而填×的方格则应根据使化简结果是否更加简单来决定该项是否参与化简。

【例 1.41】 利用卡诺图法化简函数 $F(A,B,C,D)=\sum m(3,6,8,10,13)+\sum m_{\times}(0,2,5,7,12,15)$。

解： 由已知函数函数表达式填入卡诺图，如图 1.21（a）所示。

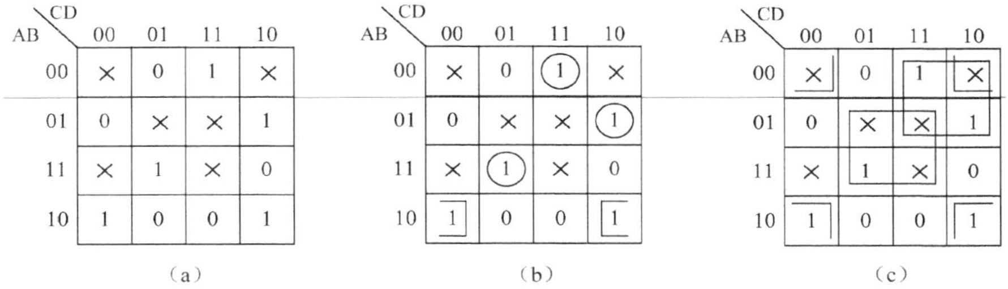

图 1.21　【例 1.41】卡诺图

根据卡诺图，得到未利用无关项、利用部分无关项的情况下，函数的化简结果如下。

$$F=\overline{A}\overline{B}CD+\overline{A}BC\overline{D}+AB\overline{C}D+A\overline{B}\overline{D}$$

$$F=BD+\overline{A}C+\overline{B}\overline{D}$$

【例 1.42】 利用卡诺图法化简函数 $\begin{cases}F(A,B,C,D)=\overline{A}\overline{B}\overline{C}+\overline{A}B\overline{D}+\overline{A}CD+ABC\\ \text{约束条件}A\overline{B}+A\overline{C}=0\end{cases}$

解： 对于该例的约束条件，可以将表达式变换后，确定无关项。

$$A\overline{B}+A\overline{C}=A\overline{B}(\overline{C}+C)(\overline{D}+D)+A\overline{C}(\overline{B}+B)(\overline{D}+D)$$

$$=A\overline{B}\overline{C}\overline{D}+A\overline{B}\overline{C}D+A\overline{B}C\overline{D}+A\overline{B}CD+AB\overline{C}\overline{D}+AB\overline{C}D$$

$$=\sum m(,8,10,11,12,13)$$

做出该逻辑函数的卡诺图，如图 1.22 所示。

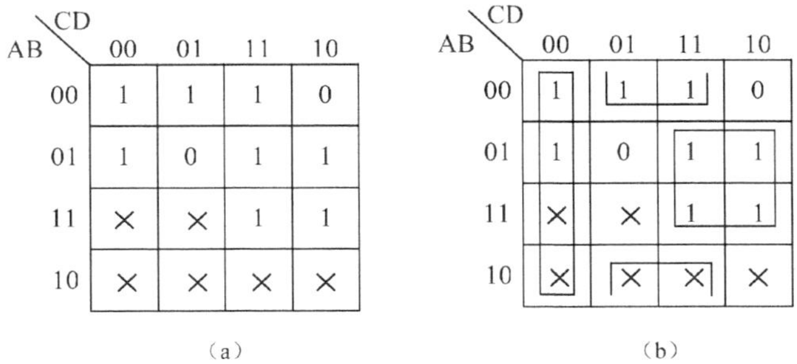

图 1.22　【例 1.42】卡诺图

得：$F=\overline{C}\overline{D}+\overline{B}D+BC$

除此之外，化简逻辑函数还可以使用列表法，即 Q-M 法。这种方法通过对函数内部各项逐次比较，舍弃多余项得到函数最简表达式。该方法适用于多个变量函数的化简，一般由计算机完成。

本章小结

1．数制是进位计数制的简称。日常生活中经常使用的是十进制数，数字技术中经常使用的是二进制数、八进制数和十六进制数等。应重点掌握十进制数与二进制数之间的转换方法；二进制代码除表示数据外，还可以表示符号与文字信息等。BCD 代码用 4 位二进制代码表示一位十进制数，8421 码是常用的 BCD 码之一，是一种有权码。

2．逻辑代数是数字电路的数学基础、是分析与设计数字电路的重要工具。对于介绍的有关逻辑代数的基础知识应熟练掌握；同时注意它与普通代数的区别。

3．逻辑函数常用的描述方法有逻辑函数表达式、逻辑函数真值表、逻辑图、卡诺图、波形图、文字说明等，对于以上几种描述方法，应掌握各种描述方法之间的转换。

4．化简逻辑函数常用的有公式法和卡诺图法。公式法化简需熟练掌握逻辑代数的公式、定理、规则，并有一定的运算技巧。卡诺图法对化简五变量以下的逻辑函数非常方便；具有无关项的逻辑函数经常遇到，应掌握这类函数的化简方法。

习题 1

1.1　将下列各数按权展开。

19_D　　246.37_D　　111001_B　　11001.0011_B

25_O　　16.54_O　　$3AF_H$　　$7CE.B_H$

1.2　按要求对下列各数进行转换。（若不能精确转换，保留小数点后 6 位）

$89_D=(\ \ )_B$　　$45.24_D=(\ \ )_B$　　$100011.11_B=(\ \ )_D$　　$100_D=(\ \ )_O$　　$74.3_O=(\ \ )_D$

$43.5_O=(\ \ )_B$　　$110101.11_B=(\ \ )_H$　　$37.5_O=(\ \ )_H$

$FD_H=(\ \ )_B$　　$110101.110101_B=(\ \ )_O$　　$71.45_O=(\ \ )_H$

$010110000111_{8421}=(\ \ )_O$

1.3　根据以下函数 F 的真值表，求出函数 F 的表达式，并画出实现电路。

表 1.20　题 1.3 表一

输入变量		输出变量
A	B	F
0	0	0
0	1	1
1	0	1
1	1	0

表 1.21　题 1.3 表二

输入变量			输出变量	输入变量			输出变量
A	B	C	F	A	B	C	F
0	0	0	1	1	0	0	0
0	0	1	0	1	0	1	0
0	1	0	0	1	1	0	0
0	1	1	0	1	1	1	1

1.4　求出以下逻辑函数的对偶式。

$F_1=A\overline{B+\overline{D}}+(AC+BD)E$

$F_2=AB+AD+CD\overline{\overline{A}B}$

$F_3=(A+B+C)\overline{ABC}$

$F_4=\overline{\overline{\overline{\overline{A+B}+C}+D}+E}$

1.5　求出以下逻辑函数的反演式。

$F_1=\overline{A\oplus D\overline{\overline{B}+C}}$

$F_{21}=(A\oplus B)C+(B\oplus \overline{C})D$

$F_{31}=AB+(\overline{A}+B)(C+D+E)$

$F_{41}=\overline{\overline{\overline{\overline{AB}C}D}E}$

1.6　证明以下逻辑等式成立。

$A\oplus\overline{B}=\overline{A\oplus B}=A\oplus B\oplus 1$

$A(B\oplus C)=(AB)\oplus(AC)$

$(A+B)(\overline{A}+C)(B+C)=(A+B)(\overline{A}+C)$

$\overline{A\oplus BB\oplus CC\oplus D}=\overline{\overline{A}B+\overline{B}C+\overline{C}D+\overline{D}A}$

1.7　若 A+B=A+C，则 B=C 是否一定成立？若 AB=AC，则 B=C 是否一定成立？

1.8　求出以下函数最小项之和的标准形式。

$F=A+A\overline{B}$

$F=AB+AC+BC$

$F=A+B+CD$

$F=A\overline{BC}D+BCD+A\overline{D}$

$F=AB+\overline{\overline{BC}(\overline{C}+\overline{D})}$

$F=(A+C)(B+D)(B+\overline{C})$

1.9　利用公式法化简以下函数。

$F=\overline{AB}+AC+\overline{B}C$

$F=A\overline{BC}+\overline{A}B\overline{C}+AB\overline{C}$

$F=ABC+\overline{A}B+\overline{B}C$

$F=ABC+ABD+\overline{C}\,\overline{D}+A\overline{B}C+\overline{A}C\overline{D}+A\overline{C}D$

$F=(AB+\overline{A}\,\overline{C}\,\overline{D}+\overline{B}CD)\overline{BC+\overline{C}D}+\overline{A}BCD$

$F=\sum m(0,1,2,4,6,8,9,12,13,14,15)$

1.10　利用卡诺图法化简以下函数。

$F=ABC+\overline{A}B+\overline{B}C$

$F=\overline{AB}+A\overline{B}C+ABC$

$F=\overline{AB}C+AD+B\overline{D}+C\overline{D}+A\overline{C}+\overline{AD}$

$F=\overline{ABD}+A\overline{B}C+B\overline{C}D+\overline{A}CD+ABCD+\overline{BCD}$

$F=(A+B+\overline{C})(A+B)(A+\overline{C})(B+\overline{C})$

$F=(\overline{A}+\overline{B})(\overline{A}+\overline{C}+D)(B+C+\overline{D})(\overline{B}+\overline{C}+D)(C+D)$

$F=\sum m(0,2,4,5,6)$

$F=\sum m(0,1,2,3,4,5,8,10,11,12)$

$F=\prod M(1,2,3,7,10,11,14)$

$F=AB\overline{C}+\overline{A}BD$　　约束条件：$A\overline{B}+AC=0$

$F=\sum m(2,3,4,6,8)$　　约束条件：$AB+AC=0$

$F=\sum m(1,2,4,12,14)+\sum m\times(5,6,7,8,9,10)$

第 2 章　集成门电路

学习指导

本章介绍数字电路的基本逻辑单元——门电路。熟悉评价门电路性能的常用参数；对于典型 TTL 门电路和 CMOS 门电路，熟悉它们的工作原理和电气特性；熟悉 TTL 门电路与 CMOS 门电路的使用注意事项，以及两者之间的接口电路。

2.1　概述

数字电路中用高、低电平表示二值逻辑的 1 和 0。获得高、低电平的基本方法如图 2.1 所示。当开关 S 断开时，输出 v_o 为高电平；当开关 S 闭合时，输出 v_o 为低电平。开关 S 是用半导体二极管或三极管组成的，只要能通过输入信号 v_i 控制二极管或三极管工作在截止和导通两个状态，就可以起到图中开关 S 的作用。

如果以输出的高电平表示逻辑 1，以低电平表示逻辑 0，则称这种表示方法为正逻辑；反之，若以输出的高电平表示 0，而以低电平表示 1，则称这种表示方法为负逻辑。无特别说明，本书都采用正逻辑。高电平是一种状态，而低电平是另一种状态，它们表示的是一定的电压范围。例如在后面讲到的 TTL 电路中，通常规定高电平的额定值为 3V，但从 2V 到 5V 都属于高电平范畴；低电平的额定值为 0.3V，但从 0V 到 0.8V 都属于低电平范畴。

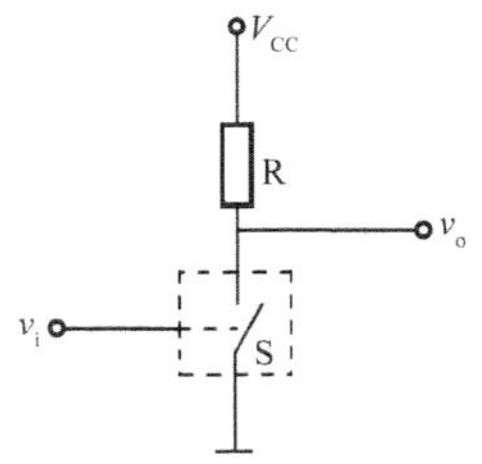

图 2.1　获得高、低电平的原理电路

逻辑门电路是指能够实现各种基本逻辑关系的电路，简称“门电路”或逻辑元件。各种逻辑门均可用半导体器件来实现。最基本的门电路是与门、或门和非门。利用与、或、非门就可以构成各种逻辑门。

按照电路组成的不同，门电路分为分立元件门电路和集成门电路。分立元件门电路是由二极管、三极管等分立元器件为主组成的电路，特点是抗干扰能力弱、带负载能力低、体积大、可靠性差，目前已很少使用。

集成电路（Integrated Circuit）将构成电路的所有的元件和连线都制作在同一块半导体基片上。它具有体积小、质量轻、抗干扰能力和带负载能力强等优点，因而迅速取代了分立元件电路。集成电路分模拟和数字两大类。

在数字集成逻辑电路中，常以“门”为最小单位，可按其“集成度”（一定大小的芯片上所含门的数量多少）分成如下几种。

小规模集成电路（Small Scale Integrating, SSI），一块芯片上含1～50个门。

中规模集成电路（Medium Scale Integrating, MSI），一块芯片上含50～100个门。

大规模集成电路（Large Scale Integrating, LSI），一块芯片上含100～10 000个门。

超大规模集成电路（Very Large Scale Integrating, VLSI），一块芯片上含10^4～10^6个门。

根据制造工艺的不同，集成电路又分为双极型和单极型两大类。如果集成逻辑门是以双极型晶体管（电子和空穴两种载流子均参与导电）为基础的，则称为双极型集成逻辑门电路。它的主要类型有晶体管-晶体管逻辑门（Transisitor-Transistor Logic, TTL），高阈值逻辑门（High Threshold Logic, HTL），射极耦合逻辑门（Emitter Coupled Logic, ECL），集成注入逻辑门（Integrated Injection Logic, I^2L）。其中TTL电路是目前双极型数字集成电路中用得最多的一种。

如果集成逻辑门是以单极型晶体管（只有一种极性的载流子：电子或空穴）为基础的，则称为单极型集成逻辑门电路。目前应用得最广泛的是金属-氧化物-半导体场效应管逻辑电路（Metal Oxide Semiconductor, MOS）。

经常使用以下参数来衡量门电路的性能。

① 传输延迟时间。信号从门电路的输入端传送到输出端需要的时间，称为门电路的传输延迟时间。门电路的工作速度用传输延迟时间衡量，传输延迟时间越小，门电路的工作速度就越高。

② 功耗。门电路的电源电压与电源供给电路平均电流的乘积称为功耗。门电路种类不同，功耗不同。功耗随着门电路工作速度的增加而增加。

③ 逻辑电平。指对应于逻辑状态1和0的电平值。包括输入高、低电平V_{IH}、V_{IL}，输出高、低电平V_{OH}、V_{OL}。为保证电路正常工作，在一个系统中应采用一种门电路。当使用逻辑电平不同的门电路连接时，应考虑在其中增加接口电路。

④ 阈值电压。电路从一种逻辑状态变化到另一种逻辑状态时的输入电压称为门电路的阈值电压。它近似为输入高、低电平的中点电压值，也称为门限电压或门槛电压。

⑤ 噪声容限。指电路输入电压能够承受噪声干扰的最大值。在此干扰电压作用下，输入信号仍在正常逻辑电平范围内。用输入电平与阈值电压的差衡量噪声容限。包括高电平噪声容限和低电平噪声容限，该值越大（同时希望高、低电平噪声容限相等），电路抗干扰能力越强。除以上直流噪声容限外，还有交流噪声容限。它衡量当电路输入端出现窄脉冲或瞬间电压脉冲时，电路的抗干扰能力。门电路在一定噪声环境中可靠工作是非常重要的。噪声容限反映了电路的抗干扰能力，而电路是否容易受到干扰则和电路的输入阻抗有关。

⑥ 扇入，扇出。扇入指一个门电路具有的独立输入端个数。扇出指一个门电路能够驱动同系列门的数量，用N_O表示。

⑦ 工作温度范围。指数字集成电路能够保持正常工作的温度范围，它随电路种类的不同而有所区别。

2.2 TTL与非门电路

2.2.1 TTL与非门的工作原理

典型TTL与非门电路如图2.2所示。

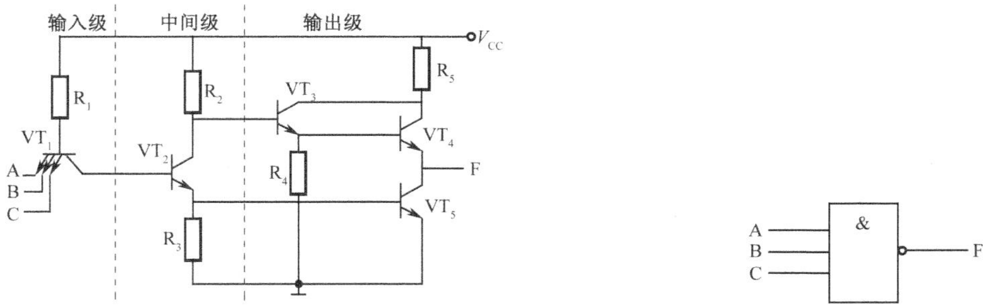

（a）内部电路　　（b）逻辑符号

图 2.2　典型 TTL 与非门电路

电路由三部分组成：

① 多发射极晶体管 VT_1 和电阻 R_1 组成输入级。多发射极晶体管 VT_1 等效电路如图 2.3 所示。它实现与逻辑关系。

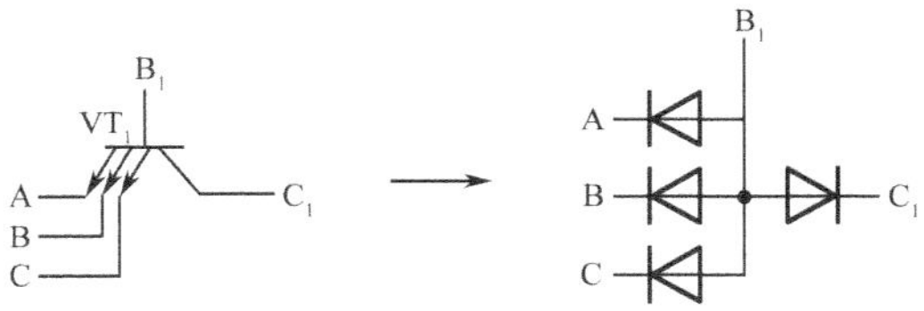

图 2.3　多发射极晶体管 VT_1 等效电路

② VT_2 和 R_2、R_3 组成中间级。分别在 VT_2 集电极和发射极获得两个相位相反的信号，驱动下一级电路。

③ VT_3、VT_4、VT_5 和 R_4、R_5 组成输出级。VT_3、VT_4 组成射随器电路，同时与 VT_5 组成推挽电路，提高电路带负载能力。

当电路输入全部为高电平时，输出为低电平，称电路处于开启状态；输入中有一个或一个以上为低电平时，电路输出为高电平，称电路处于关闭状态。输入输出间的逻辑关系为：

$$F=\overline{ABC}$$

不同的情况下，电路中各管工作状态见表 2.1。

表 2.1　典型 TTL 与非门电路各管工作状态

输入电平	输出电平	电路状态	VT_1	VT_2	VT_3	VT_4	VT_5
全为高电平	低电平	开启状态	倒置运用	饱和	微通	截止	饱和
有一个或以上为低电平	高电平	关闭状态	深饱和	截止	微饱和	导通	截止

注：倒置运用状态指晶体管发射结反偏，集电结正偏的状态。此时晶体管电流放大系数为 0.05 左右。

2.2.2　TTL 与非门的电气特性

1．电压传输特性

典型 TTL 与非门电路的输出电压 v_o 随输入电压 v_i 变化的关系曲线称为电压传输特性曲

线。图 2.4 所示为测量电路及相应的电压传输特性曲线。

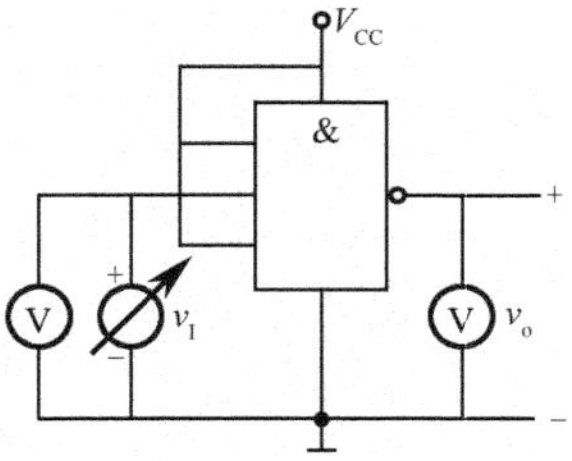

（a）测量电路

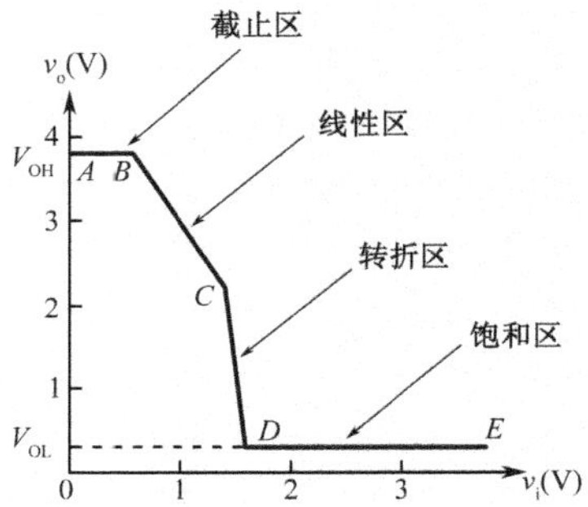

（b）电压传输特性曲线

图 2.4　测量电路及相应的电压传输特性曲线

电压传输特性曲线分为 *AB*、*BC*、*CD*、*DE* 四段。

AB 段，称为传输特性曲线的截止区。此时，$v_i \leqslant 0.6V$，输出电压 v_o 保持高电平 V_{OH}，v_o 不随 v_i 变化。

BC 段，称为传输特性曲线的线性区。此时，$0.6V \leqslant v_i \leqslant 1.3V$，$v_o$ 随 v_i 增加而线性减小。

CD 段，称为传输特性曲线的转折区。v_i 在 1.4V 左右变化，随 v_i 的微小增加，v_o 迅速下降至低电平 V_{OL}。

DE 段，称为传输特性曲线的饱和区。$v_i > 1.4V$，v_o 保持低电平 V_{OL}，不随 v_i 变化。

电压传输特性曲线反映以下参数：

① 输出高、低电平 V_{OH}、V_{OL}。分别对应于电压传输特性曲线截止区与饱和区的输出电压值。

② 输入高、低电平 V_{IH}、V_{IL}。分别对应于电压传输特性曲线上使输出电压为低、高电平时的输入电压。V_{IH} 与输入逻辑 1 对应，V_{IL} 与输入逻辑 0 对应。

③ 关门电平 V_{OFF}、开门电平 V_{ON}。在保证输出为额定高电平的条件下，允许的最大输入低电平称为关门电平 V_{OFF}；在保证输出为额定低电平的条件下，允许的最小输入高电平称为开门电平 V_{ON}。要保证输出高电平，应使 $v_i \leqslant V_{OFF}$；要保证输出低电平，应使 $v_i > V_{ON}$。

④ 输入信号噪声容限。在保证电路能够正常工作的前提下，允许输入电平有一定的波动范围。输入信号噪声容限指输入信号的允许波动范围。包括输入信号高电平噪声容限 V_{NH} 和低电平噪声容限 V_{NL}。

门电路工作时，前一级门（称为驱动门）的输出往往作为后一级（称为负载门）的输入，根据图 2.5 所示驱动与负载电平之间的关系，可方便地求出噪声容限 V_{NH}、V_{NL}。

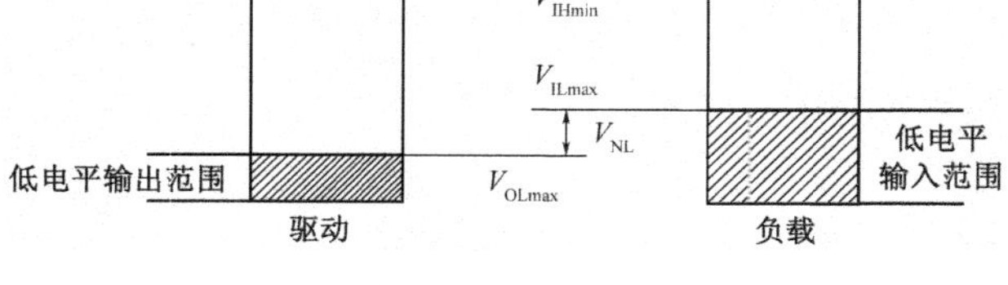

图 2.5　输入信号噪声容限示意图

74 系列门电路标准参数为：V_{OHmin}=2.4V，V_{OLmax}=0.4V，V_{IHmin}=2V，V_{ILmax}=0.8V。

相应噪声容限为 $V_{NH}=V_{OHmin}-V_{IHmin}$=0.4V，$V_{NL}=V_{ILmax}-V_{OLmax}$=0.4V。即 $V_{NH}=V_{NL}$。

⑤ 阈值电压 V_{TH}。指电压传输特性曲线上转折区对应的输入电压，是输出高、低电平的分界线。一般用转折区中点对应的输入电压表示 V_{TH}。

2. 输入特性

门电路输入电流随输入电压的变化关系称为门电路的输入特性，其特性曲线如图 2.6 所示。其中，v_i=0 时的输入电流 I_{IL} 称为输入短路电流，用 I_{IS} 表示；输入高电平时的输入电流 I_{IH} 称为输入漏电流。

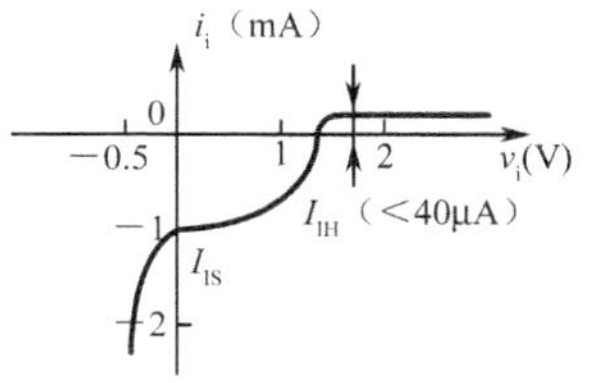

图 2.6 TTL 与非门输入特性

3. 输入负载特性

门电路输入电压 v_i 随输入端对地外接电阻 R_i 变化的关系曲线，称为输入负载特性。

由图 2.7 知，输入电流在电阻 R_i 上产生压降形成 v_i，图 2.7（b）反映了 v_i 随 R_i 变化的规律：

$$v_i = \frac{R_i}{R_i + R_1}(V_{CC} - V_{BE1})$$

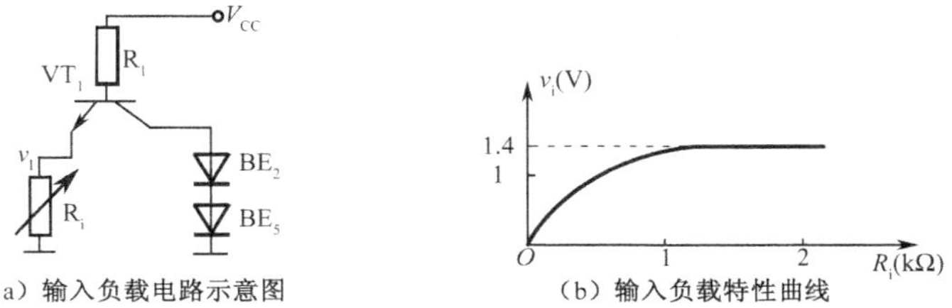

（a）输入负载电路示意图　（b）输入负载特性曲线

图 2.7 TTL 与非门输入负载特性

在 R_I 较小的情况下，v_i 随 R_i 的增大而几乎同步变化；当 v_i 上升到一定数值（约 1.4V），由于 VT_2、VT_5 的发射结同时导通，VT_1 基极电位将被钳位而不再发生变化。此时 v_i 将不再随 R_i 的增大而变化，两者的上述变化规律将不再成立。

4. 输出负载特性

TTL 与非门电路输出电压 v_o 与输出电流 i_o 之间的关系称为输出特性。根据门电路输出高、低电平时，TTL 门电路的带负载能力，分为以下两种情况。

① 输出低电平电流 I_{OL}。I_{OL} 是门电路输出低电平时流入门电路输出端的电流，如图 2.8（a）所示。典型值 I_{OLmax}=8.0mA。I_{OLmax} 是当门电路输出低电平时允许负载灌入门电路输出端电流的上限值，称其为门电路带灌电流负载的能力。

I_{OLmax} 的测试方法是：在电路输出端接若干个同类 TTL 门做负载，或在输出端与电源之间接一电阻 R_L 模拟灌电流负载，在输入全部为高电平时逐渐增大负载，记录 V_{OL} 上升到 V_{OLmax} 时的 I_{OL} 值，如图 2.8（a）所示。

② 输出高电平电流 I_{OH}。I_{OH} 是门电路输出高电平时流出门电路输出端的电流，如图 2.8（b）所示。典型值 I_{OHmax}=−0.4mA。I_{OHmax} 是当门电路输出高电平时允许负载拉出门电路输出端电流的上限值，称其为门电路带拉电流负载的能力。

I_{OHmax}的测试方法是：在电路输出端接若干个同类 TTL 门做负载，或在输出端与地之间接一电阻 R_L 模拟拉电流负载，在输入有低电平时逐渐增大负载，记录 V_{OH} 下降到 V_{OHmin} 时的 I_{OH} 值，如图 2.8（b）所示。

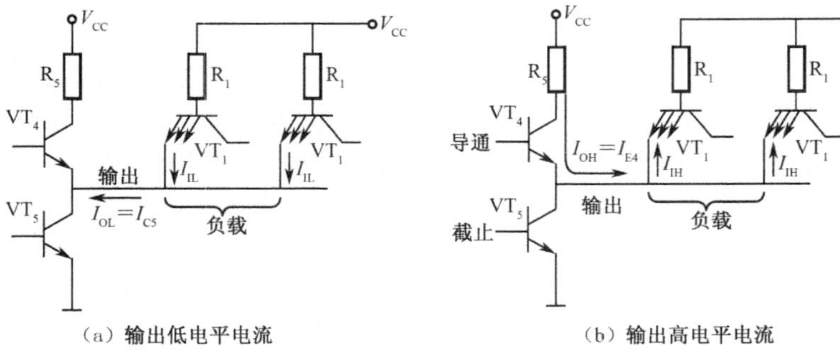

图 2.8　TTL 与非门带负载能力

5．功耗

TTL 门电路正常工作时，下面两个参数决定芯片的功耗 P_{CC}。

① 输出低电平电源电流 I_{CCL}。I_{CCL} 是门电路输出低电平时的电源电流，参考值 I_{CCL}=4.4mA。此时电路功耗为：

$$P_{CCL}=V_{CC}\cdot I_{CCL}=5\text{V}\times4.4\text{mA}=22\text{mW}$$

② 输出高电平电源电流 I_{CCH}。I_{CCH} 是门电路输出高电平时的电源电流。参考值 I_{CCH}=1.6mA，此时电路功耗为：

$$P_{CCH}=V_{CC}\cdot I_{CCH}=5\text{V}\times1.6\text{mA}=8\text{mW}$$

I_{CCL} 和 I_{CCH} 是静态工作条件下的参数。在动态工作条件下，电源电流 I_{CC} 比 I_{CCL} 和 I_{CCH} 大，而且频率越高，I_{CC} 越大。

另外，TTL 与非门在输出由低电平向高电平转换的过程中，会出现一个 VT_1～VT_5 同时导通的瞬间，电源电流出现很大的瞬时尖峰电流（或称浪涌电流），幅度可达 4～5mA，如图 2.9 所示。它一方面使电源平均功耗增大；另一方面，对电路形成噪声源。所以，电路在工作（特别是高频工作）时，不能忽略动态尖峰电流的影响。

6．平均传输延迟时间 t_{pd}

由于三极管结构等方面的原因，其状态转换需要一定的时间。所以电路输入信号的变化需经过一定时间才能够在电路输出端表现出来，这种现象称为传输延迟，这段时间称为传输延迟时间。传输延迟时间用平均传输延迟时间 t_{pd} 表示，它定义为导通延迟时间 t_{PHL} 与截止延迟时间 t_{PLH} 的平均值，即 $t_{pd}=\frac{1}{2}(t_{PHL}+t_{PLH})$。一般，$t_{PHL}<t_{PLH}$，如图 2.10 所示。

功耗 P_{CC} 与平均传输延迟时间 t_{pd} 是一对矛盾：减小 t_{pd} 会引起 P_{CC} 的增大。因此，单纯用 t_{pd} 或 P_{CC} 衡量数字集成电路的性能都是片面的，常用“功耗延迟积”即“$P_{CC}\cdot t_{pd}$”衡量数字集成电路的性能。该乘积越小越好。$P_{CC}\cdot t_{pd}$ 也被称为“功耗速度积”。

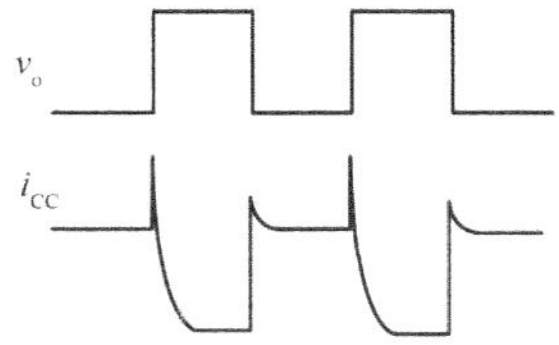

图 2.9　电源动态尖峰电流

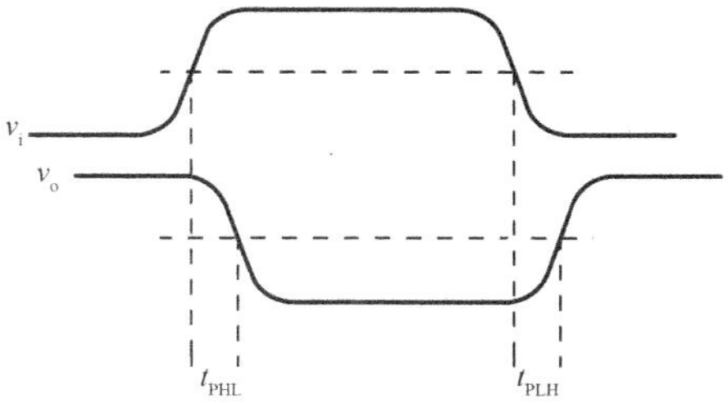

图 2.10　传输延迟时间的计算

2.2.3　TTL 与非门产品介绍

将若干个门电路，经集成工艺制作在同一芯片上，加上封装，引出引脚，便可构成 TTL 集成门电路组件。根据其内部包含门电路的个数、同一门输入端个数、电路的工作速度、功耗等，又可分为多种型号。我国 TTL 门电路产品型号命名和国际通用的美国得克萨斯（TEXAS）仪器公司所规定的电路品种、电参数、封装等方面一致，以便于互换。TTL 器件型号由五部分组成，其符号和意义如表 2.2 所示。部分常用中小规模 TTL 门电路的型号及功能如表 2.3 所示。

表 2.2　TTL 器件型号组成的符号及意义

第 1 部分		第 2 部分		第 3 分		第 4 部分		第 5 部分	
型号前级		工作温度符号范围		器件系列		器件品种		封装形式	
符号	意义	符号	意义	符号	意义	符号	意义	符号	意义
CT	中国制造的 TTL 类	54	−55～+125℃		标准	阿拉伯数字	器件功能	W	陶瓷扁平
				H	高速			B	塑封扁平
				S	肖特基			F	全密封扁平
				LS	低功耗肖特基			D	陶瓷双列直插
SN	美国 TEXAS 公司	74	0～+70℃	AS	先进肖特基			P	塑料双列直插
				ALS	先进低功耗肖特基			J	黑陶瓷双列直插
				FAS	快捷肖特基				

表 2.3　常用 TTL 门电路型号

型号	逻辑功能
74LS00	四—2 输入与非门
74LS10	三—3 输入与非门
74LS20	二—4 输入与非门
74LS30	8 输入与非门

图 2.11 所示为四—2 输入与非门电路 74LS00（该集成电路内部包含四个与非门电路，每个与非门有 2 个输入端）的外引线功能图和逻辑符号。其相关工作参数如表 2.4～表 2.6 所示。

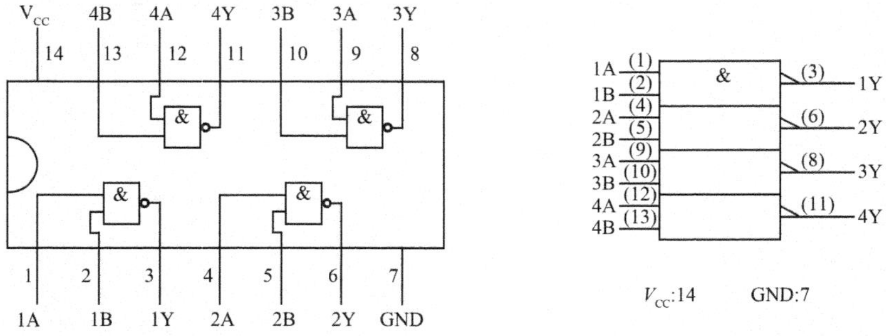

（a）外引线功能图　　（b）逻辑符号

图 2.11　四—2 输入与非门电路 74LS00

表 2.4　SN54/74LS00 额定工作范围

符　号	参数		最小值	典型值	最大值	单　位
V_{CC}	电源电压	54，74	4.5，4.75	5.0，5.0	5.5，5.25	V
T_A	工作环境温度	54，74	−55，0	25，25	125，70	℃
I_{OH}	输出高电平电流	54，74			−0.4	mA
I_{OL}	输出低电平电流	54，74			4.0，8.0	mA

表 2.5　工作温度范围内的直流特性（除非另有说明）

符号	参数		极限值			单位	测试条件	
			最小	典型	最大			
V_{IH}	输入高电平电压		2.0			V	所有输入均为额定高电平	
V_{IL}	输入低电平电压	54			0.7	V	所有输入均为额定低电平	
		74			0.8			
V_{IK}	输入钳位电压			−0.65	−1.5	V	V_{CC}=最小值，I_{IN}=−18mA	
V_{OH}	输出高电平电压	54	2.5	3.5		V	V_{CC}=最小值，I_{OH}=最大值，V_{IN}=V_{IH}或V_{IL}（真值表值）	
		74	2.7	3.5				
V_{OL}	输出低电平电压	54,74		0.25	0.4	V	I_{OL}=4.0mA	V_{CC}=最小值，V_{IN}=V_{IH}或V_{IL}(真值表值)
		74		0.35	0.5	V	I_{OL}=8.0 mA	
I_{IH}	输入高电平电流				2.0	μA	V_{CC}=最小值 V_{IN}=2.7V	
					0.1	mA	V_{CC}=最大值 V_{IN}=7.0V	
I_{IL}	输入低电平电流				−0.4	mA	V_{CC}=最大值 V_{IN}=0.4V	
I_{OS}	输出短路电流		−20		−100	mA	V_{CC}=最大值	
I_{CC}	电源电流	输出高电平			1.6	mA	V_{CC}=最大值	
		输出低电平			4.4			

表 2.6　开关特性(T_A=25℃)

符号	参数	极限值			单位	测试条件
		最小	典型	最大		
T_{PLH}	截止延时，输入至输出		9.0	15	ns	V_{CC}=5.0V
T_{PHL}	导通延时，输入至输出		10	15	ns	C_L=15pF

2.2.4　其他功能 TTL 门电路

正常情况下 TTL 门电路的输出端不能并联使用。图 2.12 所示为两个 TTL 门电路输出端并联的情况。若门 A 为截止状态、输出高电平 3.6V；门 B 为导通状态、输出低电平 0.3V。门 A 和门 B 的输出端并联后，从电源 V_{CC} 经门 A 中导通管 VT_3、VT_4 和门 B 中导通管 VT_5 到地构成电流通路，将产生以下不良后果：

① 并联后的输出电平既非“1”(3.6V)，也非“0”(0.3V)，而是两者之间的某个不稳定值，导致逻辑混乱。

② 输出级电流远大于正常值，导致功耗剧增，使门电路烧毁。

将多个门电路的输出端并联起来得到的逻辑关系，称为线逻辑。以下两种 TTL 门电路，它们的输出端并联在一起，可以构成相应的线逻辑关系。

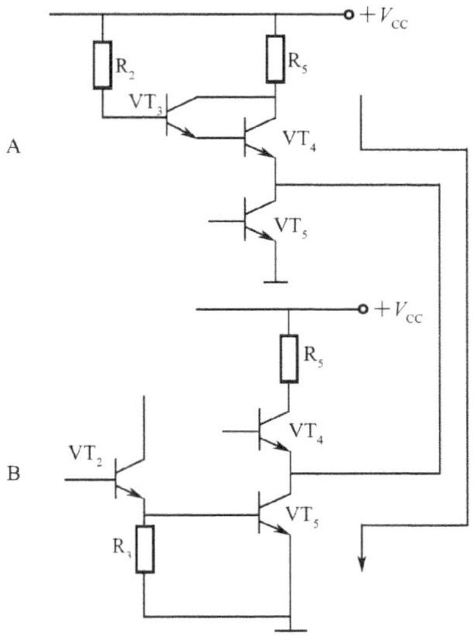

图 2.12　TTL 与非门电路输出端并联示意图

1．集电极开路门

集电极开路门（简称 OC 门），是一种能够实现线逻辑的电路。

OC 与非门电路在原 TTL 与非门电路的基础上，将其中的 VT_5 管集电极开路，并取消了集电极电阻之后构成。所以，使用 OC 门时，为保证电路正常工作，必须外接一个电阻 R_L 与电源 V_{CC} 相连，将 R_L 称为上拉电阻，如图 2.13 所示。此时，OC 门实现与非逻辑功能。

$$F=\overline{A\cdot B}$$

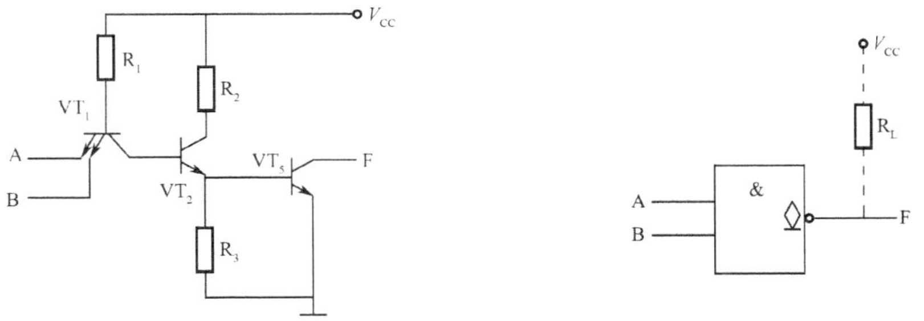

（a）内部电路　　（b）逻辑符号

图 2.13　OC 门电路

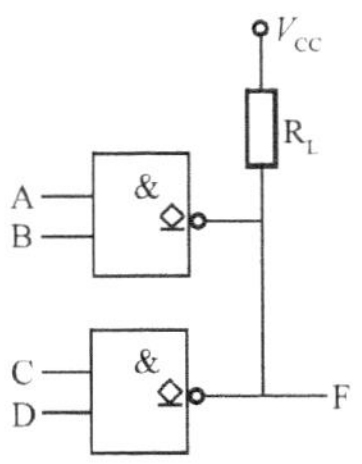

图 2.14　OC 门的线与

两个 OC 门电路并联在一起，可以完成“线与”逻辑功能，如图 2.14 所示。

由图知：输出 F 与输入 A、B、C、D 之间的逻辑关系为：

$$F=\overline{AB}\cdot\overline{CD}=\overline{AB+CD}$$

利用 OC 门电路，能够完成与或非的逻辑关系。为了保证 OC 门电路的正常工作，必须合理选择上拉电阻 R_L 的大小，可以通过实验的方法选择 R_L。

2. 三态门

三态门（简称 TS 或 3S 门），也叫 TSL 门，这种门电路除了输出高电平、低电平两种状态外，还增加了第三种输出状态：高阻状态，也称为禁止状态、开路状态。

图 2.15 所示为三态门电路，其中图 2.15（a）为内部电路，图 2.15（b）为逻辑符号。

电路中除正常的输入端 A、B，输出端 F 外，增加了控制端口 C。C=1 时，电路完成正常与非功能，$F=\overline{AB}$；C=0 时，输出端对地呈现高阻状态。将 C 称为控制端或使能端。这是一种控制端为高电平有效的电路。另外一种电路，当控制端 $\overline{C}=0$ 时，电路实现与非功能，$F=\overline{AB}$；当 $\overline{C}=1$ 时，输出端对地呈现高阻状态。逻辑符号如图 2.15（c）所示。

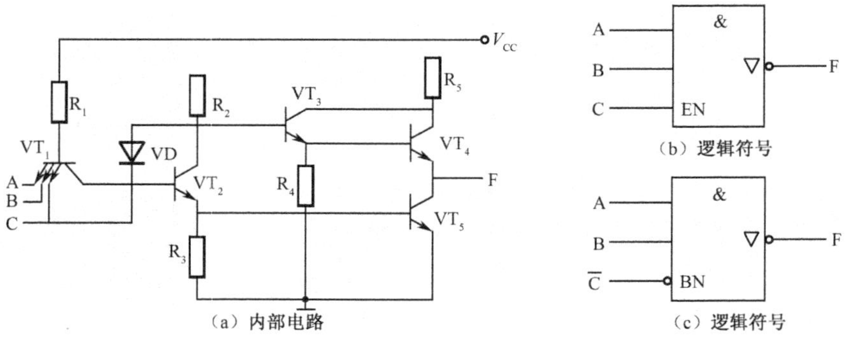

图 2.15　三态门电路

三态门的基本用途是在数字系统中构成总线。

① 单向总线。利用三态门电路可以实现同一条传输线上分时传递多个门电路信号，如图 2.16 所示。

电路工作时，各门电路控制端仅有一个处于有效状态，各门电路控制端轮流有效，这样将各门电路的输出信号轮流送至传输线上而不互相干扰。

② 双向总线。利用三态门还可以实现信号双向传输，如图 2.17 所示。

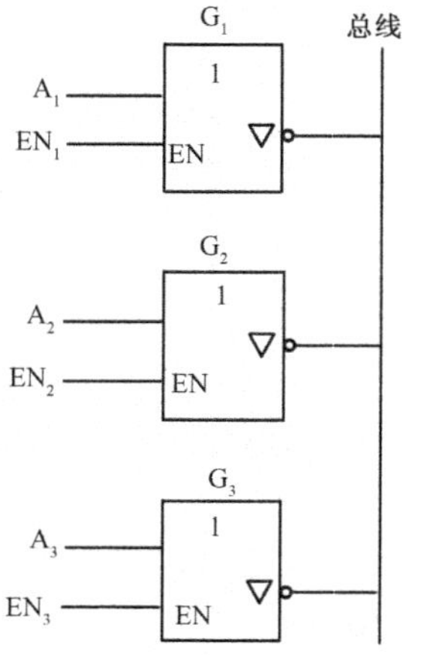

图 2.16　三态门构成单向总线

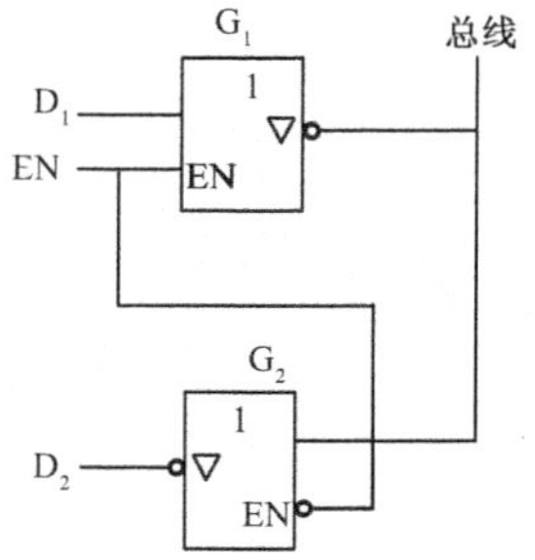

图 2.17　三态门构成双向总线

EN=1 时，门 G_1 正常工作，门 G_2 处于高阻状态，信号经门 G_1 送至传输线上；EN=0 时，门 G_2 正常工作，门 G_1 处于高阻状态，传输线上的信号经门 G_2 进行传递。

2.2.5　TTL 门电路使用注意事项

为正确使用 TTL 门电路，应注意以下问题。

1. 合理的电源电压及良好的接地

① TTL 电路对电源要求较高。电源电压上升，会导致门电路输出高电平 V_{OH} 升高，负载加重、功耗增大；电源电压降低，会使 V_{OH} 减小，高电平噪声容限减小。

一般对电源的变化范围应控制在 V_{CC}(5V)的 10%以内，即 5V±0.5V；对要求严格的电源，应控制在 V_{CC} 的 0.25%变化范围内。

② 注意消除动态尖峰电流的影响。TTL 与非门电路在输出由低电平向高电平转换的过程中，会出现尖峰电流，将导致电源平均功耗增大，并且会对电路形成噪声源。尖峰电流会干扰门电路的正常工作，严重时造成逻辑错误。降低尖峰电流应注意布线时尽量减小分布电容，并降低电源内阻。常用的办法是在电源与地之间接入 0.01μF～0.1μF 的高频滤波电容。对小规模集成电路，可在 5～10 块集成电路上外加一个滤波电容。同时，为保证系统正常工作，必须保证电路接地的良好性。

2. 正确进行电路外引线端的连接

① 正确连接电路的电源端和接地端，不能接反，否则将烧毁电路。

② 各输入端禁止直接与高于 5.5V 或低于−0.5V 的低内阻电源连接，否则会产生较大电流而烧毁电路。

③ 输出端不允许与低内阻电源直接相连，但可以通过电阻相连，以提高输出电平。

④ 输出端接有较大容性负载时，应串入电阻，防止电路在接通瞬间，产生较大冲击电流损坏电路。

⑤ 除具有 OC 结构和三态结构的电路之外，禁止电路输出端并联使用。

3. 多余输入端的处理

TTL 与门、与非门电路的多余输入端可以悬空处理，相当于接高电平输入，但这样容易使电路受到外界干扰而产生错误动作，所以对这类电路多余输入端往往采取接一个固定高电平，如接电源 V_{CC} 的处理方法。

或门、或非门 TTL 电路的多余输入端不能悬空，应采取直接接地的办法，以保证电路逻辑的正确性。

以上各种门电路多余的输入端也可以采取与其他输入端并联使用的办法，但这样对信号驱动电流的要求会相应增加。

对于与或非门存在的多余“与”组，应保证多余“与”组中至少有一个输入端接低电平。

门电路多余输入端的处理办法如图 2.18 所示。

另外，使用门电路时，还应注意功耗与散热的问题。正常情况下，门电路功耗不能超过其最大功耗，否则将出现热失控而导致逻辑错误，甚至使集成电路损坏。

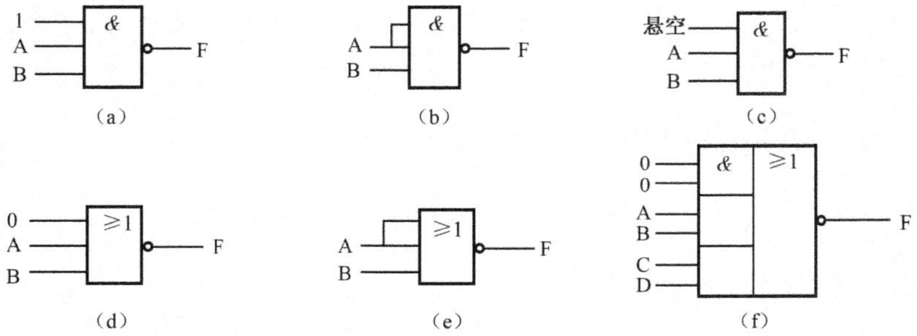

图 2.18　门电路多余输入端的处理

2.3　CMOS 门电路

2.3.1　CMOS 反相器

MOS 门电路有 P 沟道型（PMOS）、N 沟道型（NMOS）和互补型（CMOS）三种类型。PMOS 是 MOS 逻辑门中的早期产品，PMOS 逻辑门结构简单、易于制造、成本低，但其速度慢，且因使用负电源而不便于 TTL 电路连接。NMOS 和 CMOS 逻辑门的制造工艺虽然复杂一些，但速度比 PMOS 逻辑门快，且使用正电源，便于与 TTL 电路连接。特别是 CMOS 逻辑门，它是在 NMOS 的基础上发展起来的，电路采用 N 沟道增强型 MOS 管与 P 沟道增强型 MOS 管接成互补形式，具有结构简单、功耗小、品种繁多等优点，得到广泛的应用。与其他 MOS 逻辑门相比有如下特点。

① 静态功耗微小，每个门的功耗仅为 nW 数量级。

② 速度比 NMOS 更快，接近于 TTL 电路。

③ 传输特性陡峭，抗干扰能力强。

④ 电源利用率高。

⑤ 电源电压允许范围大（3～15V）。

⑥ 负载能力强，扇出系数大（＞50）。

1. CMOS 反相器

CMOS 门电路的基本单元是 CMOS 反相器，如图 2.19 所示。在改进的 CMOS 集成电路中，都以 CMOS 反相器作为输入、输出电路。因而掌握 CMOS 反相器的组成及特性具有普遍的意义。

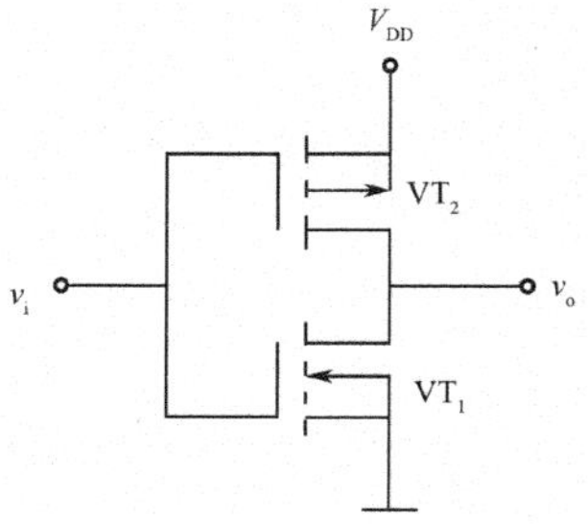

图 2.19　CMOS 反相器

电路由 MOS 管 VT_1、VT_2 组成。其中 VT_1 为增强型 NMOS 管；VT_2 为增强型 PMOS 管。VT_2 起负载作用，称为负载管；VT_1 称为驱动管。两管的栅极连在一起，作为电路的输入端；两管的漏极连在一起，作为电路的输出端。为保证电路的正常工作，应满足：

$$V_{DD} > \left|V_{GS(TH)P}\right| + V_{GS(TH)N}$$

其中：$V_{GS(TH)P}$为 PMOS 管开启电压，小于 0；$V_{GS(TH)N}$为 NMOS 管开启电压，大于 0。

输入电压 v_i 为低电平时，设 v_i=0V，则 $V_{GSN}=0V < V_{GS(TH)N}$，此时 VT_1 截止；$V_{GSP}=-V_{DD}<V_{GS(TH)P}$，$VT_2$ 导通。此时电路的输出电压 $v_o \approx V_{DD}$。

输入电压 v_i 为高电平时，设 $v_i=V_{DD}$，参考以上分析过程，可知 $v_o \approx 0V$。

通过以上分析过程可知：该电路输出与输入是反相的关系。

2. CMOS 反相器的电压传输特性

CMOS 门电路的输出电压 v_o 随输入电压 v_i 变化的关系曲线称为电压传输特性。CMOS 反相器的电压传输特性如图 2.20 所示。

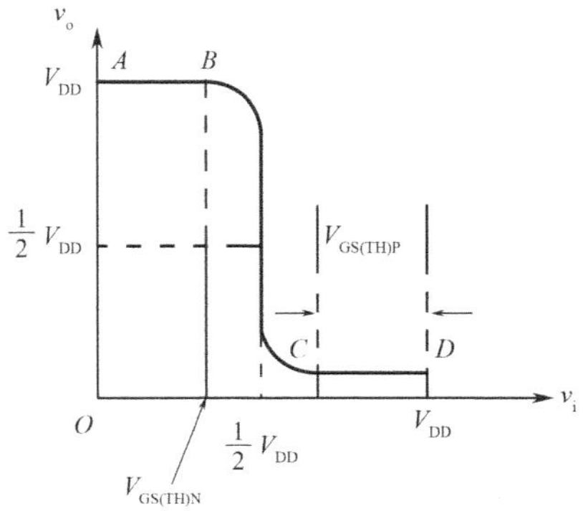

图 2.20　CMOS 反相器电压传输特性

当输入电压 v_i 很小，处于 $0 \leq v_i \leq V_{GS(TH)N}$；或输入电压 v_i 很大，处于 $v_i \geq V_{DD}-|V_{GS(TH)P}|$ 时，VT_1、VT_2 将有一个处于截止状态、一个处于导通状态。此时输出电压 v_o 为 V_{DD} 或 0，如图 2.20 中 *AB*、*CD* 段所示。

当输入电压 v_I 满足 $V_{GS(TH)N} \leq v_i \leq V_{DD}-|V_{GS(TH)P}|$ 时，VT_1、VT_2 同时导通，若两管参数对称，当 $v_i=\frac{1}{2}V_{DD}$ 时，$v_o=\frac{1}{2}V_{DD}$，即对应特性曲线中 *BC* 段的中点。所以该电路的阈值电压 V_{TH} 约为 $\frac{1}{2}V_{DD}$。

CMOS 反相器电路的开关特性接近理想开关，可使电路获得更大的输入噪声容限。

2.3.2　其他 CMOS 门电路

1. 与非门

两输入 CMOS 与非门电路如图 2.21 所示。两个 NMOS 管 VT_1、VT_2 串联，作为驱动管；两个 PMOS 管 VT_3、VT_4 并联，作为负载管。

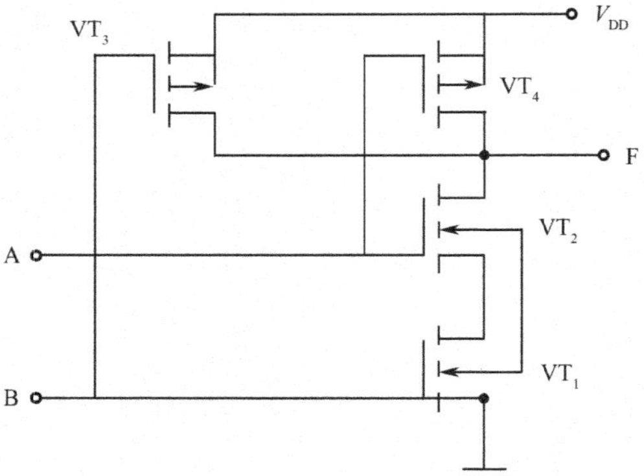

图 2.21 CMOS 与非门

A=B=0 时，VT_1、VT_2 截止，VT_3、VT_4 导通，F=1；

A=0、B=1 或 A=1、B=0 时，VT_1、VT_2 中有一个截止，VT_3、VT_4 中有一个导通，F=1；

A=B=1 时，VT_1、VT_2 导通，VT_3、VT_4 截止，F=0。

所以，该电路完成与非逻辑功能，即：

$$F=\overline{AB}$$

2. 或非门

两输入 CMOS 或非门电路如图 2.22 所示。两个 NMOS 管 VT_1、VT_2 并联，作为驱动管；两个 PMOS 管 VT_3、VT_4 串联，作为负载管。

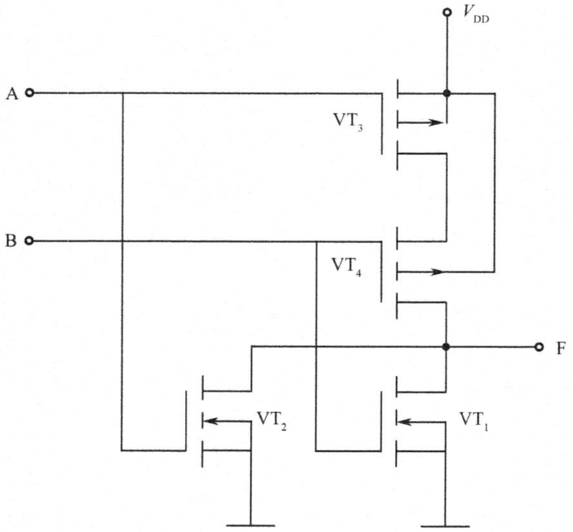

图 2.22 CMOS 或非门

A=B=0 时，VT_1、VT_2 截止，VT_3、VT_4 导通，F=1；

A=0、B=1 或 A=1、B=0 时，VT_1、VT_2 中有一个导通，VT_3、VT_4 中有一个截止，F=0；

A=B=1 时，VT_1、VT_2 导通，VT_3、VT_4 截止，F=0。

所以，该电路完成或非逻辑功能，即

$$F=\overline{A+B}$$

3. 传输门

CMOS 传输门是一种可控的双向模拟开关。其内部结构及逻辑符号如图 2.23 所示。

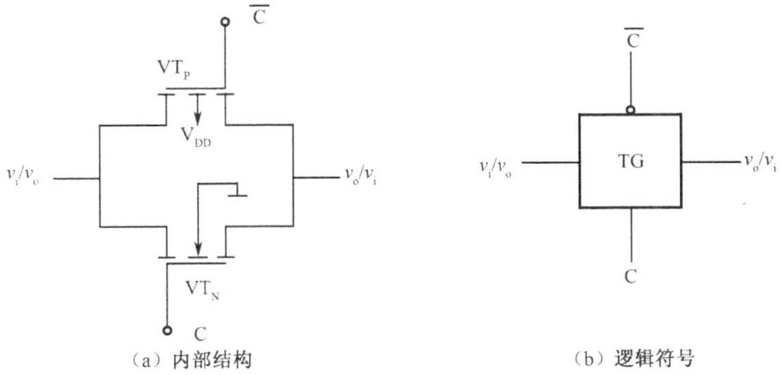

图 2.23 CMOS 传输门

CMOS 传输门由 PMOS 管和 NMOS 管并联互补构成。PMOS 管的源极与 NMOS 管的漏极相连，作为电路输入端；PMOS 管的漏极与 NMOS 管的源极相连，作为电路输出端。两管的栅极受一对互补信号 C 、$\overline{C}$ 的控制。由于 MOS 管源、漏极之间的对称性，信号可以进行双向传输。为保证电路正常工作，应满足：$V_{DD}>\left|V_{GS(TH)P}\right|+V_{GS(TH)N}$。

当控制端信号 C=1（$\overline{C}=0$）时，PMOS、NMOS 管两管中至少有一个处于导通状态，输入、输出之间呈现低阻状态（在数百欧姆以内，特别设计的芯片导通电阻在几欧姆以内），传输门导通，$v_o=v_i$。

当控制端信号 C=0（$\overline{C}=1$）时，PMOS、NMOS 管均处于截止状态，输入、输出之间呈现高阻状态，传输门断开，不能传递信号。

CMOS 传输门可以双向传输数字和模拟信号的特点使其在模拟电路和数字系统中都得到广泛的应用。

将 CMOS 传输门与非门电路组合，可以构成 CMOS 模拟开关，如图 2.24 所示。此时，仅需要一个控制信号即可控制开关的状态。

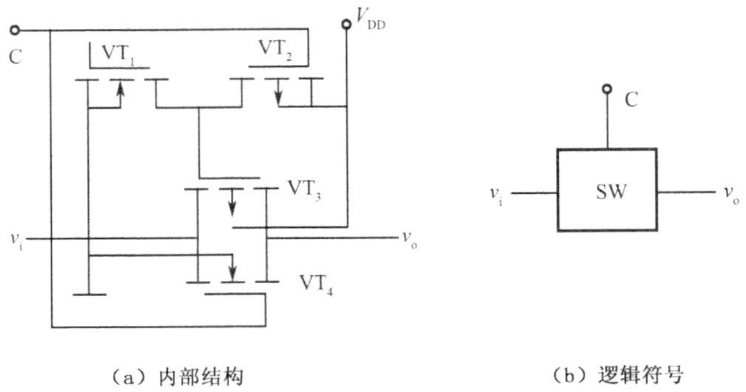

图 2.24 CMOS 模拟开关

4．OD 门

OD 门即 CMOS 漏极开路门。与 OC 门一样，正常工作时需外接上拉电阻，实现“线与”逻辑功能。主要用于输出缓冲/驱动器中，还可用于输出电平的转换。图 2.25 所示为双 2 输入与非缓冲器/驱动器 40107 的内部结构图。

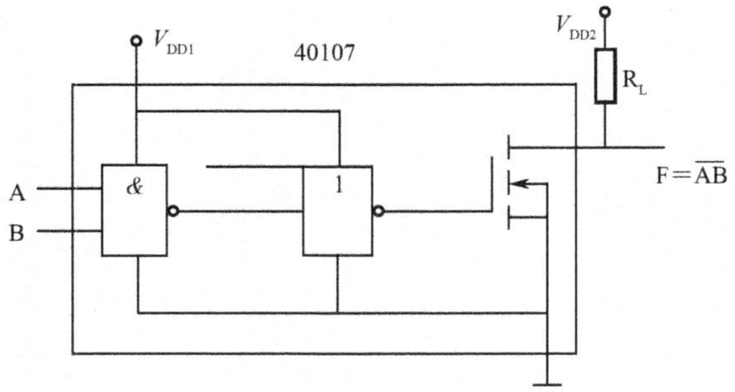

图 2.25　双 2 输入与非缓冲器/驱动器 40107

5．三态门

与 TTL 门电路类似，CMOS 门电路中也有三态门电路产品。图 2.26 所示为几种 CMOS 三态门的电路结构图。

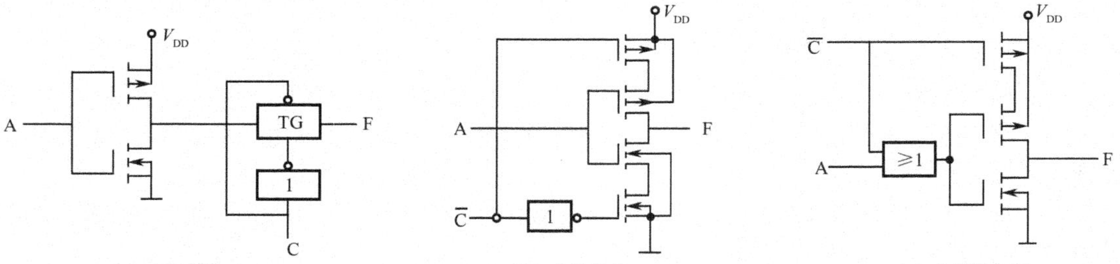

（a）电路结构一　（b）电路结构二　（c）电路结构三

图 2.26　CMOS 三态门

2.3.3　CMOS 门电路产品介绍

CMOS 逻辑门器件有三大系列：4000 系列、74C××系列和硅-氧化铝系列。前两个系列应用很广，而硅—氧化铝系列因价格昂贵目前尚未普及。74C××系列有：普通 74C××系列、高速 CMOS74HC×× / HCT××系列及先进的 CMOS74AC×× / ACT××系列。其中，74 HCT××和 74 ACT××系列可直接与 TTL 相兼容。它们的功能与引脚设置均与 TTL74 系列保持一致。

以 74HC 系列产品为例进行简要说明。74HC 系列是高速 CMOS 标准逻辑电路系列，包含 HC 型、HCT 型、HCU 型三类。美国 RCA 公司（美国无线电公司）规定的 74HC 系列推荐工作电气参数如表 2.7 所示。

表 2.7　74HC 系列推荐工作电气参数

参数		系列			备注
		HC	HCT	HCU	
电源电压 V_{CC}（V）		2～6	4.5～5.5	2～6	工作环境在 V_{CC}=5V±10%；温度-40～85℃时
输入电压/V	V_{IH}	≥0.7V_{CC}	≥2.0	≥0.7V_{CC}	
	V_{IL}	≤0.2V_{CC}	≤0.8	≤0.2V_{CC}	
输出电压/V	V_{OH}	≥V_{CC}-0.1（I_{OH}= -20μA）	≥V_{CC}-0.1（I_{OH}= -20μA）	≥V_{CC}-0.5（I_{OH}= -20μA）	
	V_{OH}	≥3.7（I_{OH}= -4mA）	≥3.7（I_{OH}= -4mA）	≥3.7（I_{OH}= -4mA）	
	V_{OL}	≤0.1（I_{OL}=20μA）	≤0.1（I_{OL}=20μA）	≤0.5（I_{OL}=20μA）	
	V_{OL}	≤0.4（I_{OL}=4mA）	≤0.4（I_{OL}=4mA）	≤0.4（I_{OL}=4mA）	

几种常见 CMOS 门电路的外功能引线图和逻辑符号如图 2.27～图 2.30 所示。

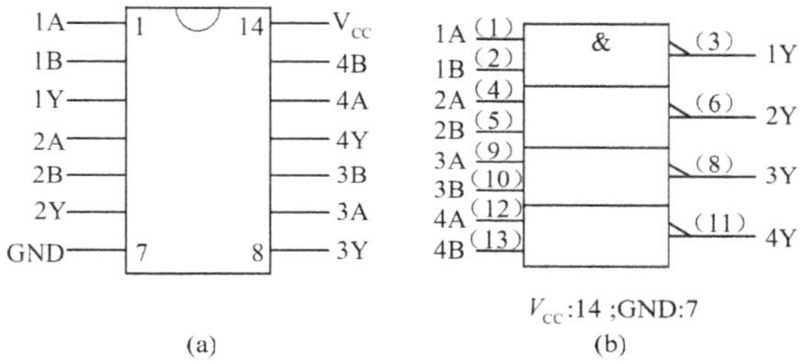

图 2.27　四 2 输入与非门 74HC00

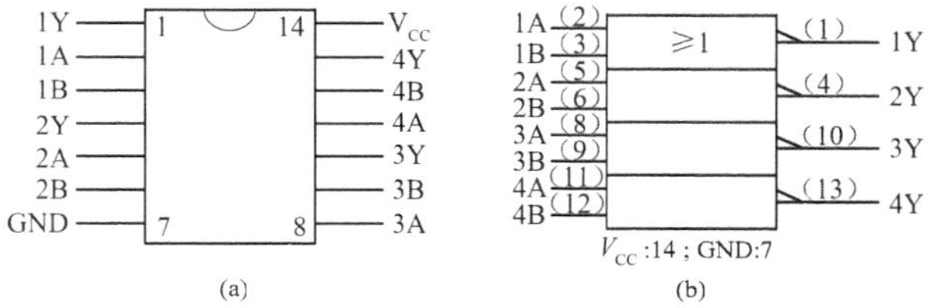

图 2.28　四 2 输入或非门 74HC02

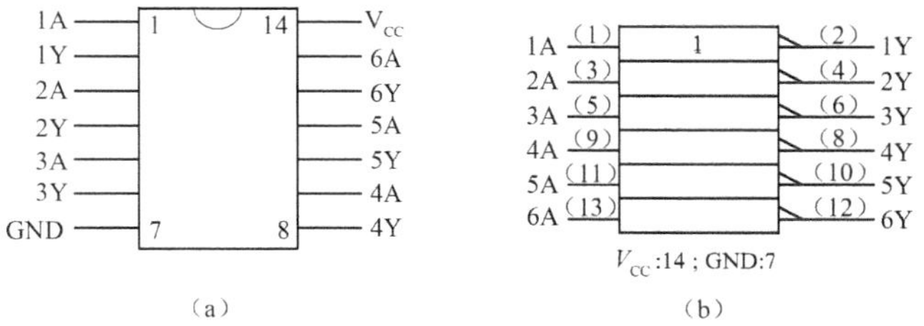

图 2.29　六反相器 74HC04

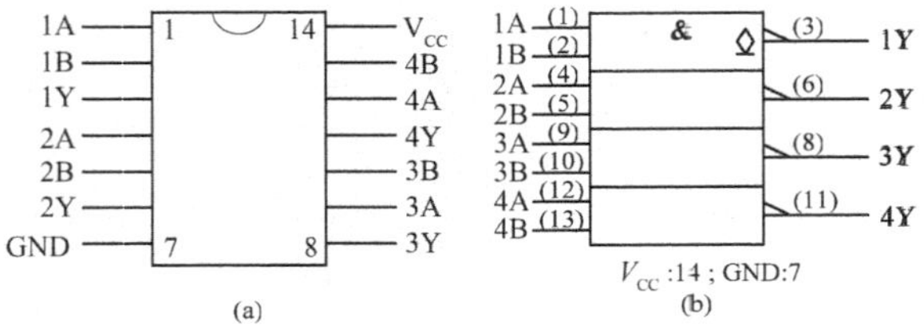

图 2.30　四 2 输入 OD 与非门 74HC03

2.3.4　CMOS 门电路使用注意事项

1. 基本操作规则

静电击穿是 CMOS 电路失效的原因之一，在实际使用时应遵守以下保护原则。

① 存储和运输时应使用金属屏蔽层作为包装材料；

② 进行手工焊接时，应保证设备接地良好；

③ 试电路时，应先接通线路板电源，后接通信号源电源；断电时应先断开信号源电源，后断开线路板电源；

④ 源接通期间不应把器件从测试座上插入或拔出。

2. 输入规则

① 输入信号电压控制在 V_{SS}～V_{DD} 之间；

② 输入端接低内阻信号源、接大电容或输入端连线较长时，应串接限流电阻；

③ 与 TTL 门电路不同，CMOS 门电路的多余输入端禁止悬空。多余与输入端接高电平或 V_{DD}；多余或输入端接低电平或 V_{SS}，也可通过电阻接地。

3. 输出规则

① 输出端的电平只能在 V_{SS}～V_{DD} 之间；

② 除 OD 门和三态门之外，其余 CMOS 门电路输出端禁止并联使用；

③ 输出端禁止直接与 V_{SS}、V_{DD} 连接；

④ 为增加 CMOS 门电路的驱动能力，同一芯片的几个电路可以并联一起使用，以增加驱动能力，不在同一芯片上不允许这样使用。

4. 电源规则

① CMOS 门电路电源极性切勿接反，防止电路的永久损坏；

② 电源电压不能超过极限电压范围，随电源电压增大，电路抗干扰能力增强，功耗增大。

2.4　接口电路

在使用数字电路时，一般考虑同一系列的集成电路。CMOS 电路虽然有很多优点，但在大电流、超高速和噪声环境较恶劣的场所使用时，必须和双极型电路相配用。由于它们之间的输入、输出电平、负载能力等方面存在一定的差别，为保证电路正常工作，需使用接口电路。

接口电路是驱动门与负载门之间的连接电路，作用是配合驱动门和负载门，使驱动门的输出能够满足负载门输入的要求，即达到负载门要求的驱动能力。这里以 TTL 与 CMOS 之间的接口电路为例进行介绍。

对驱动门和负载门，应满足表 2.8 所示的要求。

表 2.8 驱动门输出与负载门输入之间应满足的关系

驱动门		负载门
输出低电平的最大值 V_{OLmax}	小于	输入低电平的最大值 V_{ILmax}
输出高电平的最小值 V_{OHmin}	大于	输入高电平的最小值 V_{IHmin}
输出低电平时电流的最小值 I_{OLmin}	大于	n×输入低电平时电流的最大值 I_{ILmax}
输出高电平时电流的最小值 I_{OHmin}	大于	n×输入高电平时电流的最大值 I_{IHmax}

n 为负载门输入电流的个数。

几种常见 TTL 与 CMOS 门电路的输入、输出参数如表 2.9 所示。

表 2.9 常见 TTL、CMOS 门电路输入、输出参数

电路种类 / 参数	TTL 74 系列	TTL 74LS 系列	CMOS 4000 系列	高速 CMOS 74HC 系列	高速 CMOS 74HCT 系列
V_{OHmin}(V)	2.4	2.7	4.6	4.4	4.4
V_{OLmax}(V)	0.4	0.5	0.05	0.1	0.1
V_{IHmin}(V)	2	2	3.5	3.5	2
V_{ILmax}(V)	0.8	0.8	1.5	1	0.8
I_{OHmax}(mA)	−0.4	−0.4	−0.51	−4	−4
I_{OLmax}(mA)	16	8	0.51	4	4
I_{IHmax}(μA)	40	20	0.1	0.1	0.1
I_{ILmax}(mA)	−1.6	−0.4	-0.1×10^{-3}	-0.1×10^{-3}	-0.1×10^{-3}

2.4.1 TTL 驱动 CMOS

TTL 门电路驱动 CMOS 门电路，主要是提高 TTL 电路输出高电平的值，使之满足 CMOS 电路对 V_{IH} 的要求。可以采取以下措施：

（1）在 TTL 与 CMOS 之间附加上拉电阻 R，在 R 的阻值不是非常大的情况下，将起到提升 TTL 输出高电平的作用，如图 2.31 所示。

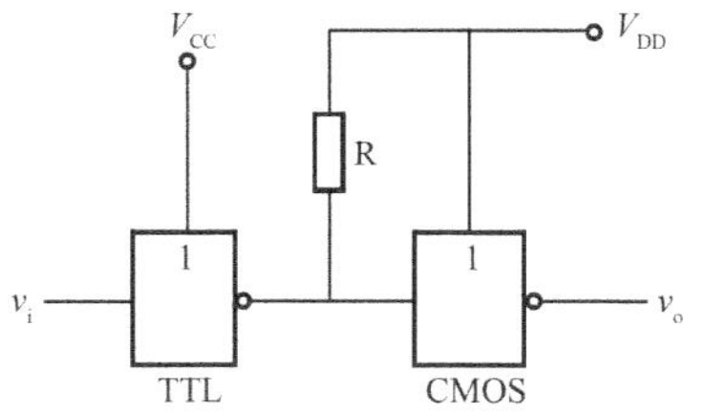

图 2.31 接入电阻 R 提升 TTL 输出高电平

（2）由于 CMOS 门电路电源电压范围较宽，当其电压值较高时，CMOS 门电路对输入高电平的要求将超过 TTL 门电路输出能够达到的范围。此时，应使用 OC 门作为驱动门电路，如图 2.32 所示。

（3）使用带电平偏移的 CMOS 接口电路，如 40109。它具有两个电源输入端，它的输出电平能够满足 CMOS 对输入电平的要求，如图 2.33 所示。

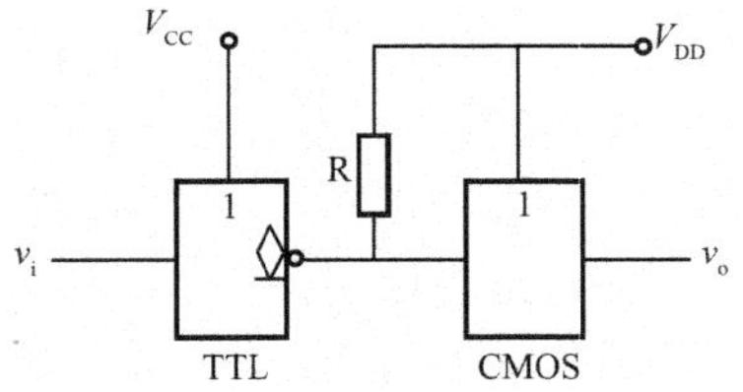

图 2.32　OC 门作驱动门

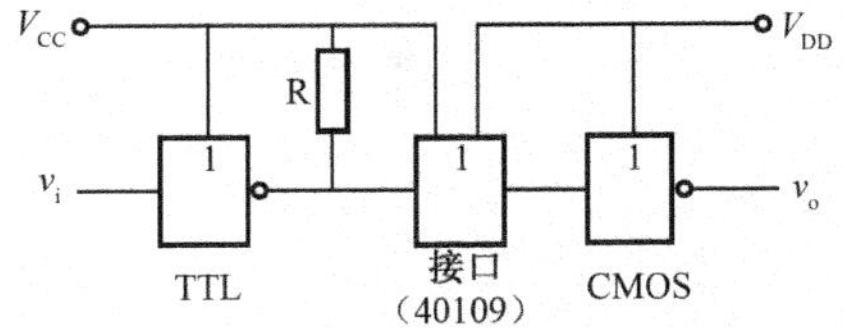

图 2.33　带电平偏移的 CMOS 接口

2.4.2　CMOS 驱动 TTL

由于 CMOS 门电路不能产生较大电流，也不允许大电流灌入，为满足驱动门与负载门之间对电流的不同要求，需增强 CMOS 门电路输出低电平时带灌电流负载的能力，通常采用以下措施。

（1）将同一芯片上的 CMOS 门电路并联使用，提高带负载能力，举例如图 2.34 所示。

（2）在 CMOS 门电路后增加一级驱动器电路，如同相输出驱动器 4010、OD 门 40107 等，以提高带负载能力，如图 2.35 所示。

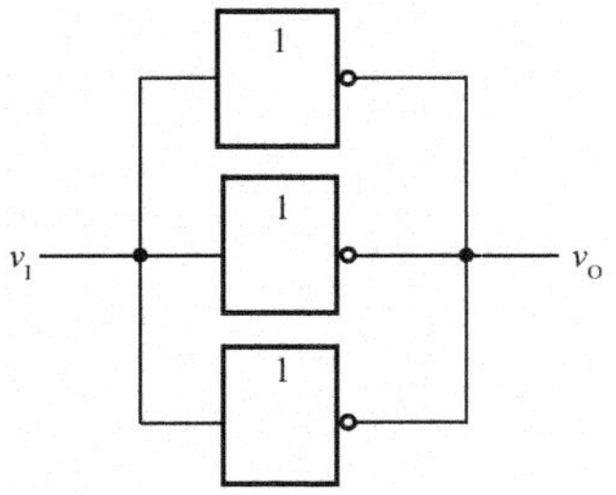

图 2.34　CMOS 门电路并联提高带负载能力

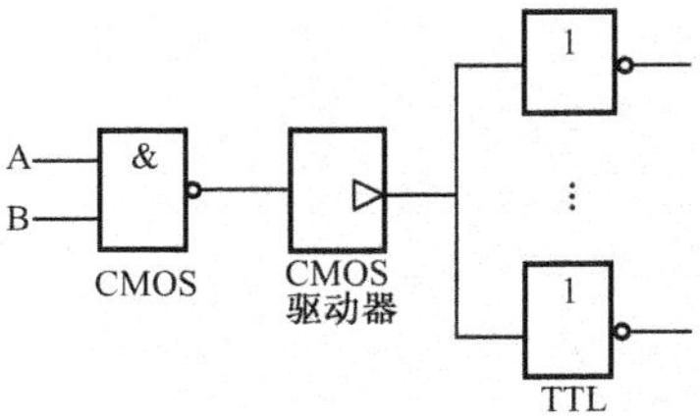

图 2.35　利用 CMOS 驱动器提高带负载能力

（3）采用分立元件组成电流放大器，如图 2.36 所示。

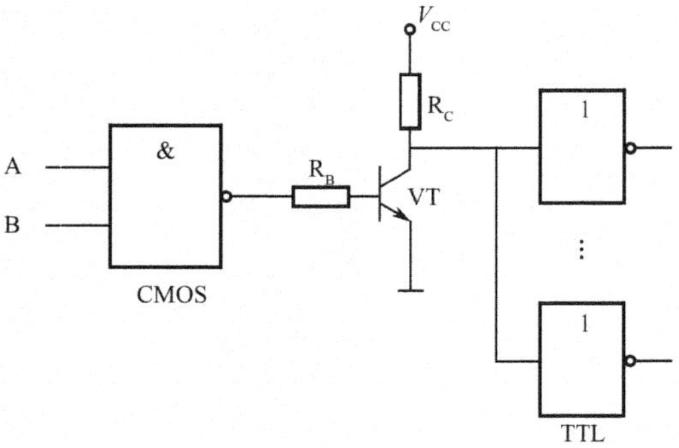

图 2.36　利用电流放大器驱动 TTL 电路

2.4.3　门电路与其他电路的连接

1. 门电路驱动 LED

TTL 门电路在输出高电平时拉电流较小，故一般用输出低电平来直接驱动 LED；如果要用高电平驱动 LED，则需通过 OC 门或是晶体管电路来驱动。

HC 系列、AC 系列的输出电流对称，因此高低电平均可直接驱动 LED，4000 系列门电路输出电流不足以驱动 LED，必须加入驱动电路。

2. 门电路驱动功率器件

用门电路的输出对功率器件进行控制时，如果负载所需的拉电流、灌电流很大，需要在数字集成电路和负载之间增加驱动器，如果负载所需的电流很小，则可以直接驱动。

3. 门电路输出端的隔离

如用晶闸管作为开关来控制交流大电压负载时，晶闸管电路不宜直接与逻辑电路相连，实际使用时可采用光电隔离器。

本章小结

1. 集成门电路是数字电路的基本逻辑单元之一，应熟练掌握门电路的分类方式与主要参数。

2. 现在广泛应用的数字集成门电路是 CMOS 型和 TTL 型。由于 CMOS 型门电路功耗小且工作速度较快而占据重要位置。

3. 应熟练掌握 TTL 型和 CMOS 型门电路的电气特性，这对正确使用、选择合适的集成门电路是非常重要的。

4. 接口电路是不同种类门电路连接的中间电路，通过学习，应了解 TTL 型与 CMOS 型门电路之间的各种接口电路。

习题 2

2.1　什么叫正逻辑描述、负逻辑描述？

2.2　集成门电路的特点是什么？

2.3　根据制造工艺及特点，集成电路分为哪几类？

2.4　衡量门电路性能的参数有哪些？

2.5　典型 TTL 与非门电路的电压传输特性曲线分为几个区域？可反映哪些参数？

2.6　试将与非门、或非门、异或门用做反相器使用，门电路输入端应如何连接？

2.7　已知驱动门输出 V_{OH}=2.4V，V_{OL}=0.4V；负载门输入 V_{IHmin}=2.4V，V_{ILmax}=0.8V，试求 V_{NH}、V_{NL}。

2.8　TTL 门电路的输入负载特性曲线中，将维持门电路输出高电平的 R_I 最大值称为关门电阻 R_{OFF}；将维持门电路输出低电平的 R_I 最小值称为开门电阻 R_{ON}。若已知 R_{OFF}=0.7kΩ，R_{ON}=2.3kΩ，试判断以下门电路输出电平的值。

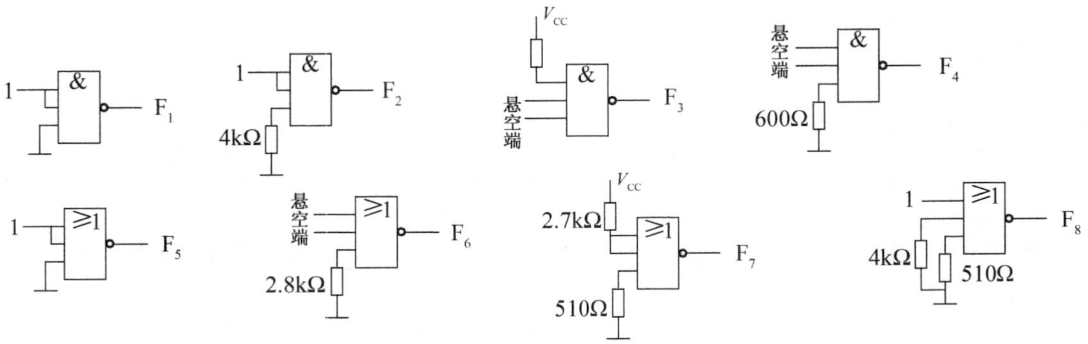

图 2.37　题 2.8 图

2.9　下列电路中，除输入端 A 外均为多余输入端，试判断以下门电路多余输入端的处理方法是否正确？

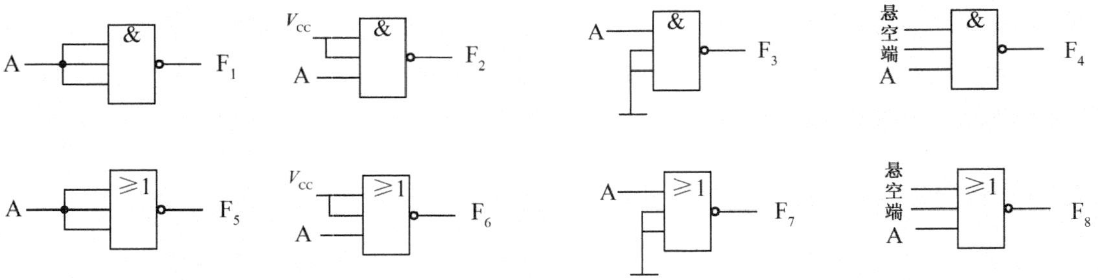

图 2.38　题 2.9 图

2.10　用万用表直流电压 10V 挡（内阻 50kΩ/V）测量 TTL 与非门一个悬空输入端的电压值，求出下列各种情况下万用表的读数。

其余输入端全部悬空；

其余输入端全部接 5V；

其余输入端全部接地；

其余输入端中有一个接地；

其余输入端全部接低电平 0.3V。

2.11　根据下图所示电路及输入波形，画出 F_1～F_4 输出波形。

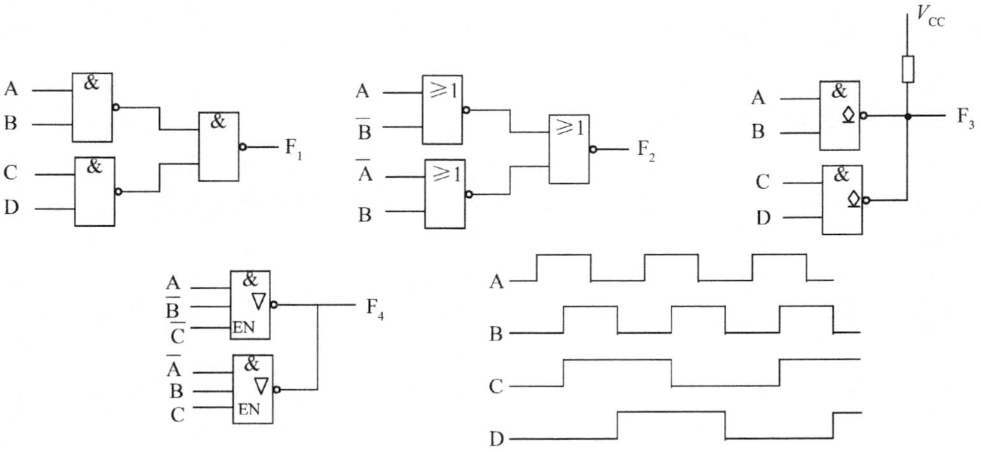

图 2.39　题 2.11 图

2.12　判断以下电路能否完成所设定的逻辑功能。

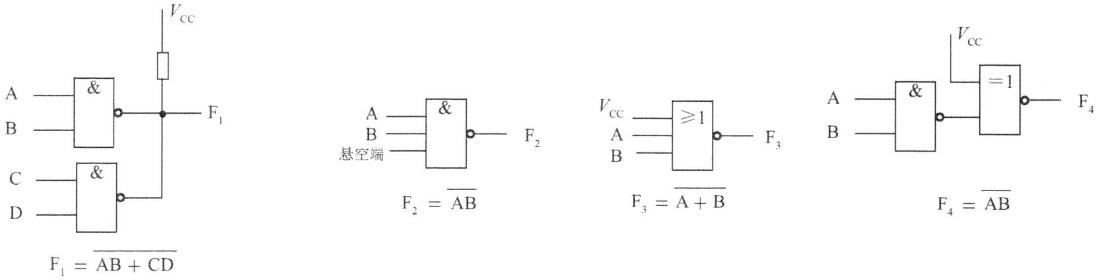

图 2.40　题 2.12 图

2.13　下图电路中，设反相器 $V_{OH} \geqslant 3V$，$V_{OL} \leqslant 0.3V$，$I_{OH} = -0.4mA$，$I_{OL} = 8mA$。所带负载的 $I_{IL} \leqslant -0.45mA$，$I_{IH} \leqslant 20\mu A$，试求该电路扇出系数。

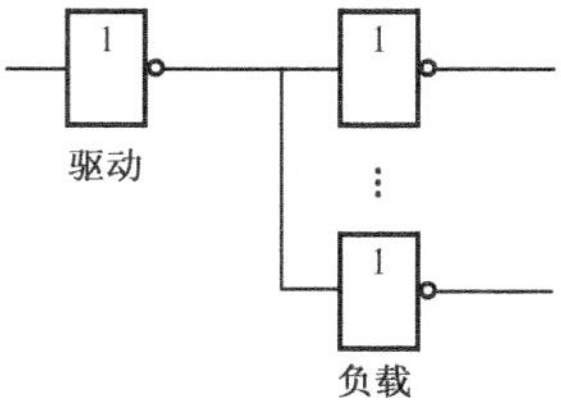

图 2.41　题 2.13 图

2.14　下列各种电路中，哪些电路的输出端可以并联使用？

TTL 门电路；

TTL OC 门电路；

TTL 三态门电路；

CMOS 门电路；

CMOS OD 门电路；

CMOS 三态门电路。

2.15　试求出下列各电路的输出表达式，并根据给定输入信号波形，画出各输出信号波形。

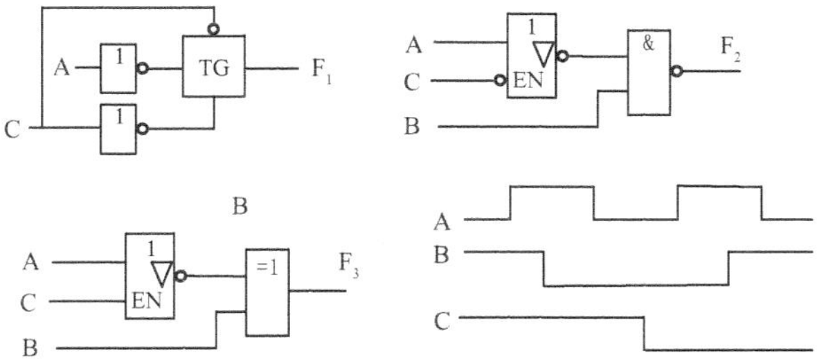

图 2.42　题 2.15 图

2.16　试求出下列电路的输出逻辑表达式，说明逻辑功能。

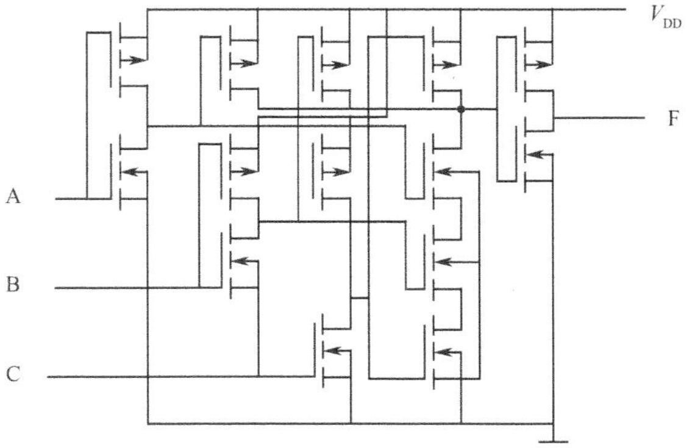

图 2.43　题 2.16 图

第 3 章　组合逻辑电路

学习指导

本章学习组合逻辑电路的分析与设计方法；熟悉常用组合逻辑电路：加法器、编码器、译码器、数据选择器与分配器等，掌握它们的组成、基本工作原理及其外部特性。了解组合逻辑电路的竞争冒险现象及其消除办法。

3.1　组合逻辑电路的分析与设计

根据电路逻辑功能的不同特点，数字电路分为两类：组合逻辑电路（简称组合电路）和时序逻辑电路（简称时序电路）。

组合逻辑电路指电路在某一时刻的输出仅与同一时刻电路的输入有关系，而与电路此前的状态无关，电路既不包含记忆单元，也没有从输出到输入的反馈连接。如前面学习的各种门电路就属于组合逻辑电路的范畴。组合逻辑电路的组成框图如图 3.1 所示。

图 3.1　组合逻辑电路组成框图

图中，x_i（i 从 $1\to n$）为输入逻辑变量，y_j（j 从 $1\to m$）为输出逻辑变量。y_j 与 x_i 之间的逻辑关系为：

$$y_1=f_1(x_1\cdots x_n)$$
$$y_2=f_2(x_1\cdots x_n)$$
$$\vdots$$
$$y_m=f_m(x_1\cdots x_n)$$

组合逻辑电路功能的常用表示方法有 5 种：逻辑表达式、真值表、逻辑电路图、卡诺图、波形图。在小规模集成电路中，较多采用逻辑表达式；在中规模集成电路中，通常用真值表。

学习组合逻辑电路，包括两个方面：组合逻辑电路的分析与组合逻辑电路的设计。

3.1.1　组合逻辑电路分析

根据已知组合逻辑电路，运用相关逻辑运算规律，确定电路逻辑功能的过程，称为组合逻辑电路的分析。基本分析步骤如下。

① 根据已知组合逻辑电路，确定电路输出逻辑表达式。输出逻辑表达式一般按照从输入到输出（或相反方向）逐级推导的方法进行。

② 对得到的输出逻辑表达式进行变换和化简，得到最简表达式（或所需要的表达式形式）。

③ 列出输出逻辑函数的真值表。

④ 分析真值表，确定、说明组合逻辑电路功能。

以上分析步骤，可概括成以下流程图，如图 3.2 所示。

图 3.2　组合逻辑电路分析步骤

【例 3.1】　分析图 3.3 所示组合逻辑电路。

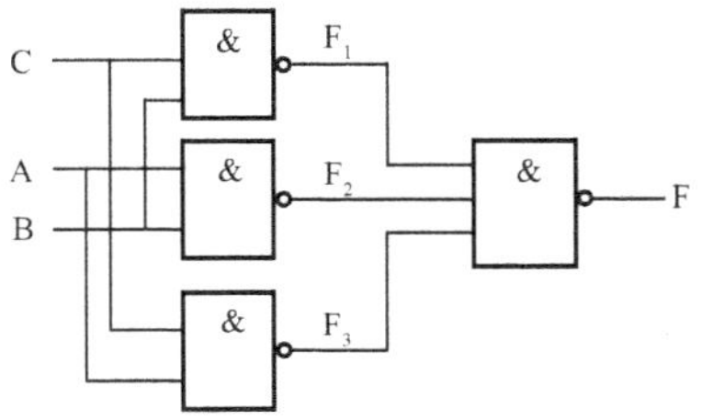

图 3.3　【例 3.1】逻辑电路

解：① 确定电路输出逻辑表达式。

$$F_1=\overline{BC},\quad F_2=\overline{AB},\quad F_3=\overline{AC}$$

$$F=\overline{F_1F_2F_3}=\overline{\overline{BC}\,\overline{AB}\,\overline{AC}}=BC+AB+AC$$

② 对获得的表达式变换化简，得到最简输出逻辑表达式。分析知，本例中所得到的输出逻辑表达式已经是最简形式了。

③ 根据表达式，列出相应真值表，如表 3.1 所示。

表 3.1　【例 3.1】真值表

输入变量			输出变量
A	B	C	F
0	0	0	0
0	0	1	0
0	1	0	0
0	1	1	1
1	0	0	0
1	0	1	1
1	1	0	1
1	1	1	1

④ 分析真值表，当三个输入逻辑变量中有两个或以上为高电平 1 时，输出为高电平 1；否则，输出为低电平。所以，这是一个三位输入的多数表决电路。当事件获得多数肯定时，事件被通过。

【例 3.2】 分析图 3.4 所示组合逻辑电路。

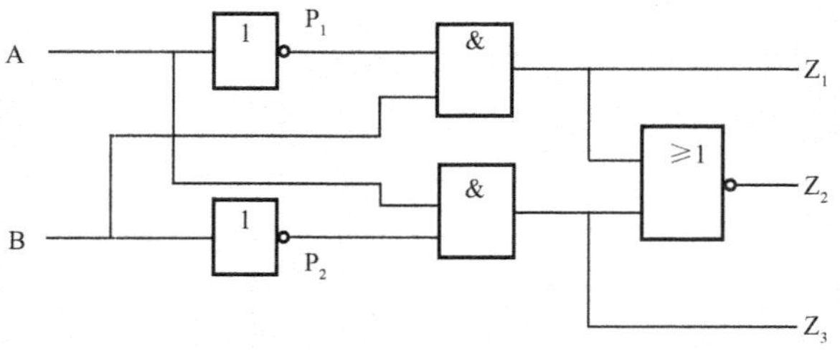

图 3.4 【例 3.2】逻辑电路

解：① 确定电路输出逻辑表达式。

$$P_1=\overline{A}，P_2=\overline{B}$$

$$Z_1=P_1B=\overline{A}B，Z_3=P_2A=A\overline{B}，Z_2=\overline{Z_1+Z_3}=\overline{\overline{A}B+A\overline{B}}=\overline{A\oplus B}$$

通过上式可知，组合逻辑电路的输出逻辑变量可以有多个。

② 根据输出逻辑表达式，列出对应真值表，见表 3.2。

表 3.2 【例 3.2】真值表

输入变量		输出变量		
A	B	Z_1	Z_2	Z_3
0	0	0	1	0
0	1	1	0	0
1	0	0	0	1
1	1	0	1	0

③分析真值表：当输入分别为 A<B、A=B、A>B 时，三个输出 Z_1、Z_2、Z_3 分别输出高电平 1。因此，Z_1 表示 A<B，Z_2 表示 A=B，Z_3 表示 A>B。

这是一个一位数值比较电路。

【例 3.3】 分析图 3.5（a）所示的组合逻辑电路。

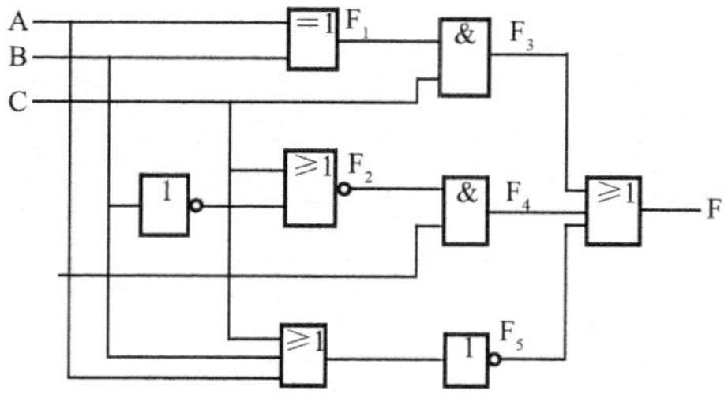

（a）复杂的逻辑电路

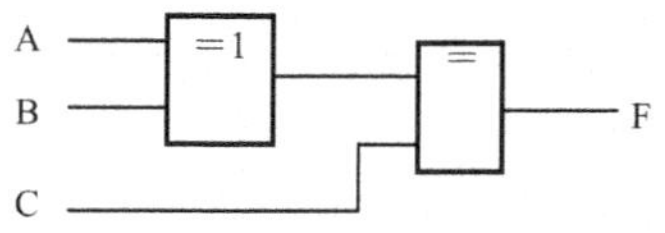

（b）简单的逻辑电路

图 3.5 【例 3.3】逻辑电路

解：① 确定电路输出逻辑表达式：

$$F_1=A\oplus B$$
$$F_2=\overline{\overline{B}+C}$$
$$F_3=CF_1=(A\oplus B)C$$
$$F_4=AF_2=A\overline{\overline{B}+C}$$
$$F_5=\overline{A+B+C}$$
$$F=F_3+F_4+F_5=(A\oplus B)C+A\overline{\overline{B}+C}+\overline{A+B+C}=A\overline{B}C+\overline{A}BC+AB\overline{C}+\overline{A}\,\overline{B}\,\overline{C}$$

分析可知，上式已经是函数 F 的最简形式。

② 列出真值表，见表 3.3。

表 3.3　【例 3.3】真值表

输入变量			输出变量
A	B	C	F
0	0	0	1
0	0	1	0
0	1	0	0
0	1	1	1
1	0	0	0
1	0	1	1
1	1	0	1
1	1	1	0

③ 分析真值表，可以确定该组合逻辑电路的逻辑功能为：当输入 A、B、C 全 0 或存在偶数个 1 时，电路输出为 1。

上述逻辑功能的实现电路，用到了 7 个门电路，较为复杂。因此对逻辑函数 F 的表达式进行适当变换：

$$F=A\overline{B}C+\overline{A}BC+AB\overline{C}+\overline{A}\,\overline{B}\,\overline{C}=(A\overline{B}+\overline{A}B)C+(AB+\overline{A}\,\overline{B})\overline{C}=(A\oplus B)C+\overline{A\oplus BC}$$

即使用同或门和异或门，实现电路较为简单，见图 3.5（b）。

【例 3.4】　确定图 3.6 描述波形对应组合逻辑电路的功能。

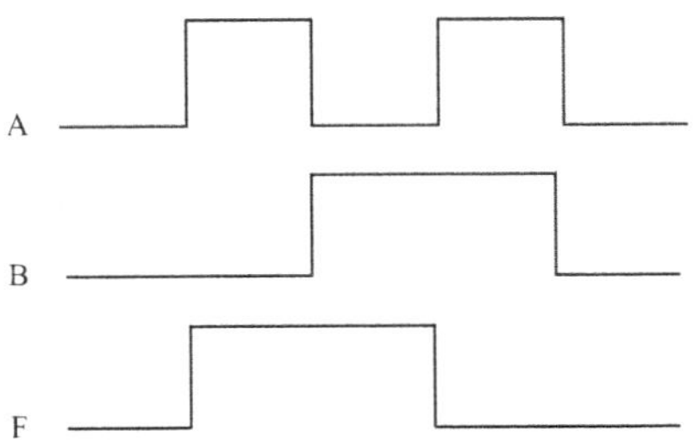

图 3.6　【例 3.4】输入输出波形

解：波形图是描述逻辑电路功能的方法之一。根据已知的输入输出波形，同样可以获得对应电路的真值表。

根据已知输入输出波形图，可以获得电路真值表，如表 3.4 所示。

表 3.4 【例 3.4】真值表

输入变量		输出变量
A	B	F
0	0	0
0	1	1
1	0	1
1	1	0

分析真值表可知，输入 A、B 相同时，输出为 0；输入 A、B 不同时，输出为 1。该电路反映输入、输出之间的“异或”逻辑关系。即

$$F=A\overline{B}+\overline{A}B$$

通过对上述组合逻辑电路的分析，可以发现：组合逻辑电路主要由门电路构成，不包含具有记忆功能的电路单元和反馈电路。

3.1.2 组合逻辑电路设计

组合逻辑电路的设计是根据电路应具备的逻辑功能，从拟实现的电路逻辑功能出发，运用逻辑运算规律，经过逻辑抽象，列出真值表并进行化简和变换，求出实现目标逻辑功能最佳电路的过程。组合逻辑电路的设计是分析的逆过程。组合逻辑电路的设计步骤为：

1．根据拟实现的逻辑功能，分析已知条件，确定输入、输出各对应变量间的逻辑关系，建立关于该逻辑问题的真值表。

2．根据真值表，求出输出逻辑表达式，并进行变换和化简，得到需要的最简表达式。

3．根据表达式，画出逻辑图，并用给定的门电路实现逻辑功能。

以上设计组合逻辑电路的过程，可用图 3.7 所示的流程图描述。

图 3.7 组合逻辑电路设计步骤

【例 3.5】 设计一个三变量相异电路，用与非门实现。

解：① 三变量相异电路，即当三个输入逻辑变量取值相同时，输出为 0；当三个输入逻辑变量取值不同时，输出为 1。

设三个输入逻辑变量为 A、B、C，输出逻辑变量为 F。根据题意，获得电路真值表如表 3.5 所示。

表 3.5　【例 3.5】真值表

输入变量			输出变量
A	B	C	F
0	0	0	0
0	0	1	1
0	1	0	1
0	1	1	1
1	0	0	1
1	0	1	1
1	1	0	1
1	1	1	0

② 根据真值表，利用卡诺图法获得逻辑函数 F 的最简表达式，如图 3.8 所示。

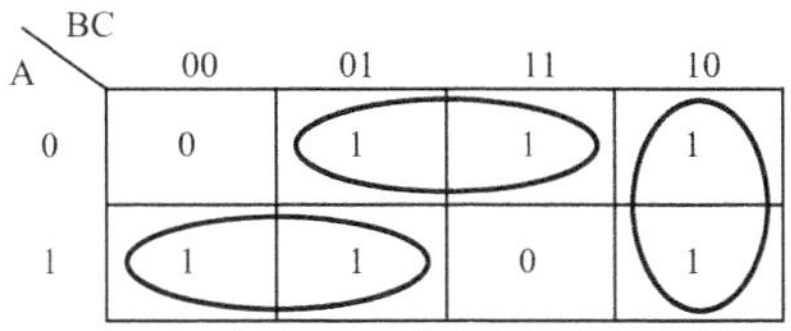

图 3.8　【例 3.5】卡诺图

$$F=\overline{A}C+B\overline{C}+A\overline{B}$$

若利用与非门电路实现，则应将上式进一步变换为：

$$F=\overline{A}C+B\overline{C}+A\overline{B}=\overline{\overline{\overline{A}C+B\overline{C}+A\overline{B}}}=\overline{\overline{\overline{A}C}\cdot\overline{B\overline{C}}\cdot\overline{A\overline{B}}}$$

③ 根据此表达式，获得实现电路，如图 3.9 所示。

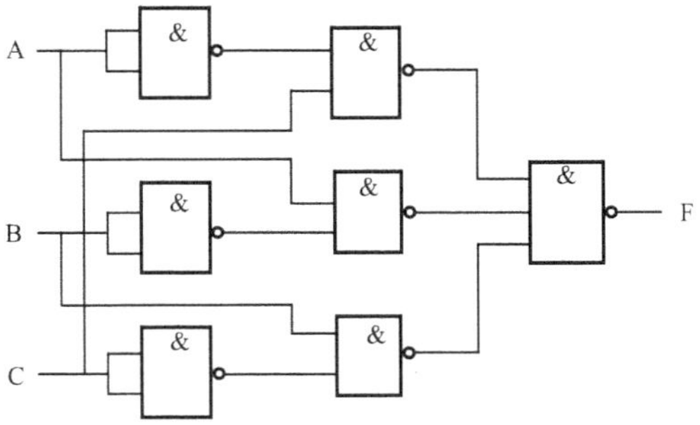

图 3.9　【例 3.5】与非门实现电路

【例 3.6】　设计一个组合逻辑电路，正确显示设备故障情况。用两个灯显示三台设备故障情况：一台设备出现故障时，黄灯亮；两台设备出现故障时，红灯亮；三台设备出现故障时，两灯同时亮。

解：① 根据题意，设 A、B、C 代表三台设备故障情况，有故障为 1，无故障为 0；Y、R 分别代表黄灯和红灯的状态，灯亮为 1，显示出现故障；灯灭为 0，表示运转正常。

列出真值表，如表 3.6 所示。

表 3.6 【例 3.6】真值表

输入变量			输出变量	
A	B	C	Y	R
0	0	0	0	0
0	0	1	1	0
0	1	0	1	0
0	1	1	0	1
1	0	0	1	0
1	0	1	0	1
1	1	0	0	1
1	1	1	1	1

② 根据真值表，利用卡诺图法获得输出 Y、R 的最简表达式，如图 3.10 所示。

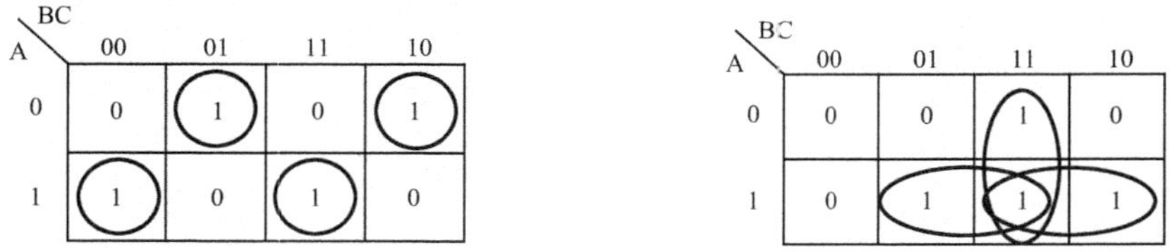

（a）Y 的卡诺图法　　（b）R 的卡诺图法

图 3.10 【例 3.6】卡诺图

可得：

$$Y=\bar{A}\bar{B}C+\bar{A}B\bar{C}+A\bar{B}\bar{C}+ABC=\bar{A}(\bar{B}C+B\bar{C})+A(BC+\bar{B}\bar{C})=\bar{A}(B\oplus C)+A\overline{B\oplus C}$$
$$=A\oplus(B\oplus C)$$
$$R=AB+BC+AC$$

将上式适当变换，得到用异或门、与非门组成的实现电路，如图 3.11 所示。

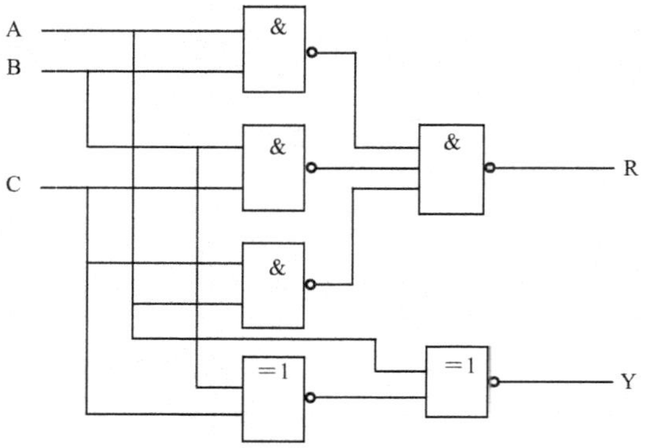

图 3.11 【例 3.6】实现电路

【例 3.7】 设计一个组合逻辑电路，判断输入的 BCD 码是否为 8421 码。若输入 8421

码，则该码能够被 4 或 5 整除时，发出提示。

解： ① 根据题意，设输入的 BCD 码为 ABCD；输出分别为：Y_1 用来判断输入是否为 8421 码，$Y_1=1$ 表示输入为 8421 码；Y_2 用来判断输入的 8421 码能否被 4 或 5 整除，$Y_2=1$ 表示可以整除。列出真值表，如表 3.7 所示。

表 3.7 【例 3.7】真值表

输入变量				输出变量	
A	B	C	D	Y_1	Y_2
0	0	0	0	1	1
0	0	0	1	1	0
0	0	1	0	1	0
0	0	1	1	1	0
0	1	0	0	1	1
0	1	0	1	1	1
0	1	1	0	1	0
0	1	1	1	1	0
1	0	0	0	1	1
1	0	0	1	1	0
1	0	1	0	0	×
1	0	1	1	0	×
1	1	0	0	0	×
1	1	0	1	0	×
1	1	1	0	0	×
1	1	1	1	0	×

② 根据真值表，利用卡诺图法获得输出 Y_1、Y_2 的最简表达式，如图 3.12 所示。

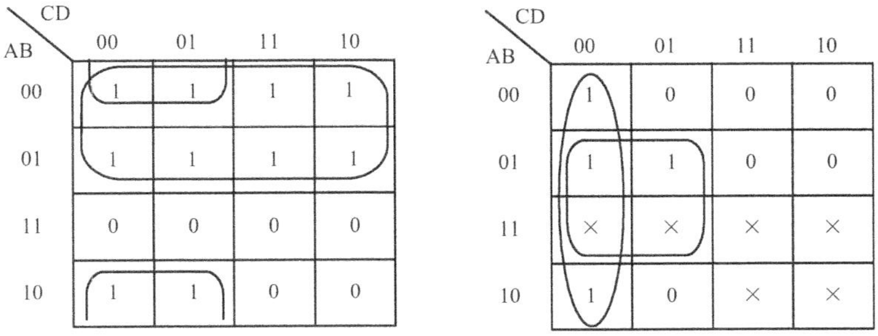

（a）Y_1的卡诺图法　　（b）Y_2的卡诺图法

图 3.12 【例 3.7】卡诺图

$$Y_1=\overline{A}+\overline{B}\,\overline{C}$$

$$Y_2=\overline{C}\,\overline{D}+B\overline{C}$$

利用与非门实现该功能的电路，如图 3.13 所示。

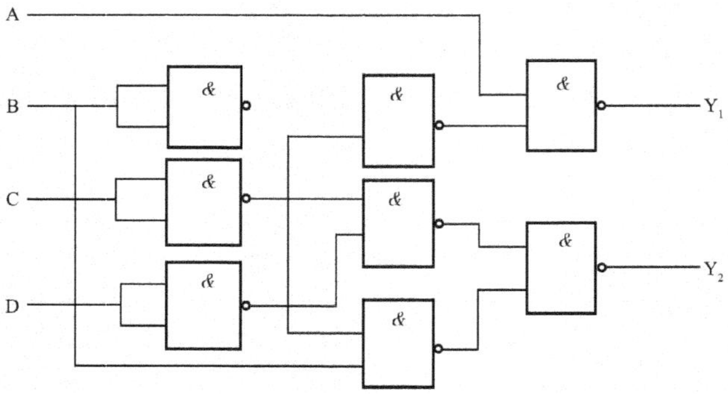

图 3.13 【例 3.7】实现电路

3.2 常见组合逻辑电路

3.2.1 加法器

数字电路中进行数值算术运算的基本单元电路，称为加法器。由于数字系统中乘、除、减等运算均是在加法运算的基础上变换进行的，因此加法运算是最主要的算术运算，加法器是最基本的运算单元。

1. 半加器

只考虑本位两个数相加，不考虑低位进位的加法运算，称为半加。完成半加功能的电路，称为半加器。半加器的框图如图 3.14（a）所示。其中，A、B 是被加数与加数，作为电路的输入端；S 是两个输入相加产生的本位和，它和两个输入相加产生的向高位进位 C 一起作为电路的输出。

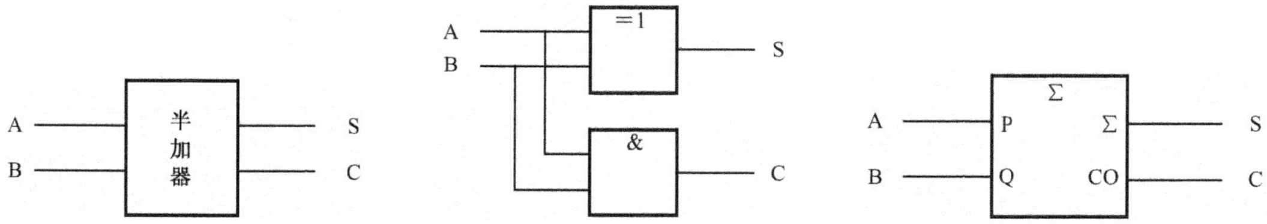

（a）框图 （b）逻辑电路 （c）逻辑符号

图 3.14 半加器

根据二进制数相加的原则，得到半加器的真值表如表 3.8 所示。

表 3.8 半加器真值表

输入变量		输出变量	
A	B	C	S
0	0	0	0
0	1	0	1
1	0	0	1
1	1	1	0

根据真值表，可以得到半加器输出的逻辑表达式。

$$S=\overline{A}B+A\overline{B}=A\oplus B$$
$$C=AB$$

实现半加器的逻辑电路见图 3.14（b），逻辑符号见图 3.14（c）。

2. 一位全加器

考虑本位两个数相加与低位进位的加法称为全加，完成全加功能的电路称为全加器。全加器的组成框图如图 3.15（a）所示。被加数 A_i、加数 B_i、低位向本位的进位 C_{i-1} 作为电路的输入，全加和 S_i 与向高位的进位 C_i 作为电路的输出。

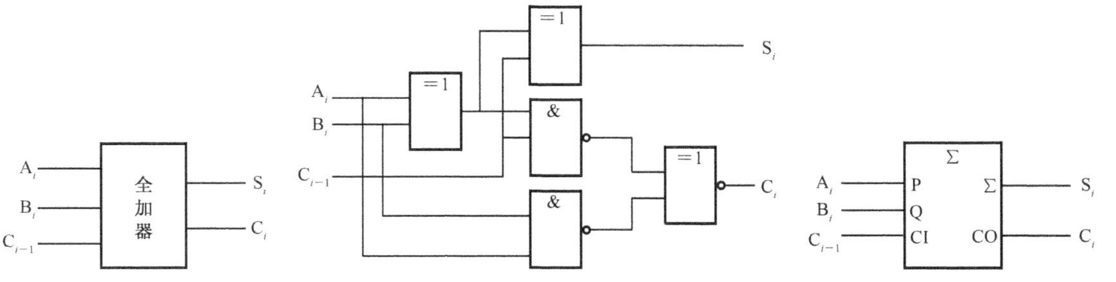

（a）框图　　（b）逻辑电路　　（c）逻辑符号

图 3.15　全加器

全加器的真值表如表 3.9 所示。

表 3.9　全加器真值表

输入变量			输出变量	
A_i	B_i	C_{i-1}	C_i	S_i
0	0	0	0	0
0	0	1	0	1
0	1	0	0	1
0	1	1	1	0
1	0	0	0	1
1	0	1	1	0
1	1	0	1	0
1	1	1	1	1

根据真值表，可得：

$$S_i=\overline{A_i}\,\overline{B_i}C_{i-1}+\overline{A_i}B_i\overline{C_{i-1}}+A_i\overline{B_i}\,\overline{C_{i-1}}+A_iB_iC_{i-1}=\overline{A_i}(\overline{B_i}C_{i-1}+B_i\overline{C_{i-1}})+A_i(\overline{B_i}\,\overline{C_{i-1}}+B_iC_{i-1})$$
$$=\overline{A_i}(B_i\oplus C_{i-1})+A_i(\overline{B_i\oplus C_{i-1}})=A_i\oplus B_i\oplus C_{i-1}$$

$$C_i=\overline{A_i}B_iC_{i-1}+A_i\overline{B_i}C_{i-1}+A_iB_i\overline{C_{i-1}}+A_iB_iC_{i-1}=(\overline{A_i}B_i+A_i\overline{B_i})C_{i-1}+A_iB_i=(A_i\oplus B_i)C_{i-1}+A_iB_i$$

由异或门和与非门组成的一位全加器，逻辑电路如图 3.15（b）所示。全加器的逻辑符号如图 3.15（c）所示。

3. 多位全加器

能够实现多位二进制数加法运算的电路称为多位加法器。用全加器构成多位加法器，主要考虑进位方式的问题。按照进位信号连接方式的不同，多位加法器可以分为串行进位加法器和超前进位加法器两种。

（1）串行进位加法器

实现两个四位二进制数 $A=A_3A_2A_1A_0$ 和 $B=B_3B_2B_1B_0$ 相加，可以由四个全加器完成，如图 3.16 所示。低位全加器的进位输出接至相邻高位全加器的进位输入端，依次类推。最低位进位输入端接地，最高位进位输出端作为整个电路的进位输出端。

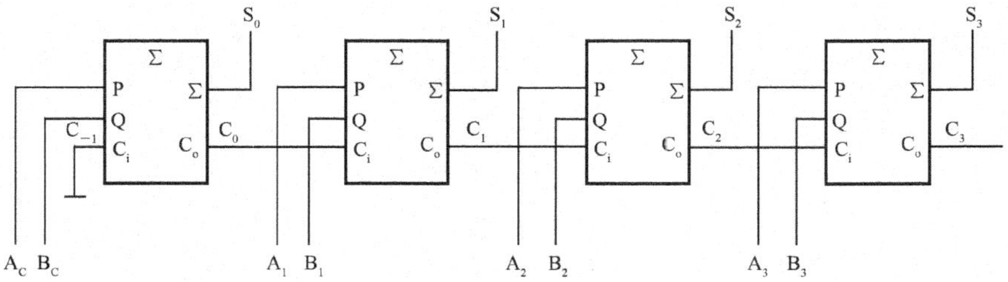

图 3.16　四位串行进位加法器

串行进位加法器电路简单，但低位产生的进位信号需逐级传送，即最高位的全加器，必须在各低位全加器运算结束并产生进位信号之后，才能得到整个电路的运算结果，工作速度较慢。而且输入数据位数越多，运算速度越慢。所以这种电路仅适用于对运算速度要求不高、位数较少的数字系统中。为提高运算速度，必须减少进位信号传送所需的时间。

（2）超前进位加法器

也叫并行进位加法器，它是在串行电路的基础上，在电路中增加了快速进位电路。在进行算术运算的同时，采用超前进位方式，将进位信号也计算出来，以提高运算速度。

根据全加器中向高位进位 C_i 的真值表，可以得到 C_i 的另一种表示形式，即

$$C_i = A_iB_i + B_iC_{i-1} + A_iC_{i-1}$$

因此只要已知输入信号 A、B 及最低位进位信号 C_{-1}，利用上述表达式确定的快速进位电路，可以迅速求出每一位的进位数值，提高电路的运算速度。

两块四位全加器首尾相连可组成八位二进制全加器。图 3.17 所示是两块 7483A（带快速进位的四位二进制全加器）组成的八位二进制超前进位加法器。其中最低位进位输入 C_i 接地，最高位进位输出 C_o 作为整个电路的进位输出。

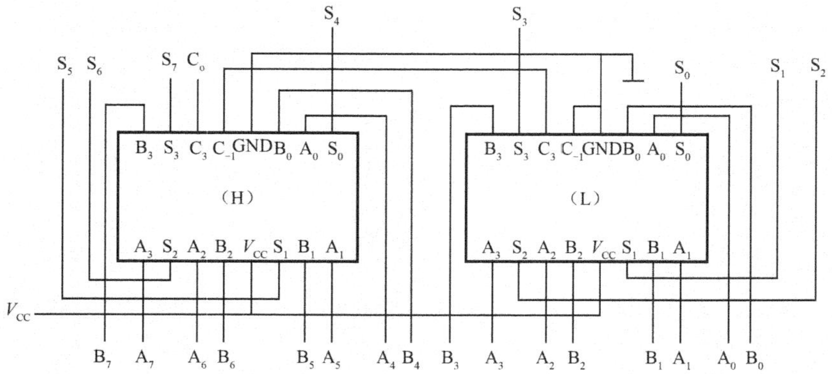

图 3.17　两块 7483A 组成八位二进制全加器

3.2.2　编码器

在一些场合需要用特定的符号或数码表示特定的对象。例如，一个班级中的每个同学都有不重复的学号，每个电话用户都有一个特定的号码等。数字电路中，需要将具有某种特定含义的信号变成代码，利用代码表示具有特定含义对象的过程，称为编码。具有编码功能的器件，称为编码器。编码器是一种多输入、多输出的组合逻辑电路，在数字电路中有广泛应用。

1. 普通编码器

普通编码器电路在某一时刻只能对一个输入信号进行编码，即只能有一个输入端存在有效输入信号。例如，当输入信号高电平有效时，则只能有一个输入信号为高电平，其余输入信号均为低电平，是无效信号。由于 n 位二进制代码可以表示 2^n 种不同的状态，所以，2^n 个输入信号只需要 n 个输出就能够完成编码工作。

【例 3.8】　设计一个 8−3 线普通编码器。

解：8−3 线普通编码器电路具有八个输入端，三个输出端($2^3 = 8$)，属于二进制编码器。设 X_7～X_0 代表八路输入，Y_2～Y_0 代表三路输出。原则上对输入信号的编码是任意的，常用的编码方式是按照二进制数的顺序由小到大进行编码。设输入、输出均为高电平有效，列出 8−3 线编码器的真值表如表 3.10 所示。

表 3.10　8−3 线编码器真值表

输入变量								输出变量		
X_7	X_6	X_5	X_4	X_3	X_2	X_1	X_0	Y_2	Y_1	Y_0
0	0	0	0	0	0	0	1	0	0	0
0	0	0	0	0	0	1	0	0	0	1
0	0	0	0	0	1	0	0	0	1	0
0	0	0	0	1	0	0	0	0	1	1
0	0	0	1	0	0	0	0	1	0	0
0	0	1	0	0	0	0	0	1	0	1
0	1	0	0	0	0	0	0	1	1	0
1	0	0	0	0	0	0	0	1	1	1

通过真值表可以发现，8 个输入变量中在某一时刻只有一个变量取 1，而其余变量均为 0，这样的一组变量称为互相排斥的变量。在 8 个输入变量的 2^8=256 种变量取值组合中，仅用到其中的 8 个，其余 248 个变量组合，均作为无关项出现，这为函数的化简带来方便。可以求出：

$$Y_2=X_4+X_5+X_6+X_7$$
$$Y_1=X_2+X_3+X_6+X_7$$
$$Y_0=X_1+X_3+X_5+X_7$$

图 3.18 所示为与非门实现的 8−3 线普通编码器。

2. 优先编码器

普通编码器工作时若同时出现两个或以上的有效输入信号，会造成电路工作的混乱，导致输出错误。例如同时按下电话机的两个数字键，会显示拨号错误。而优先编码器允许多个有效输入信号同时存在，但根据事先设定优先级别的不同，编码器只接受输入信号中优先级别最高的编码请求，而不响应其他的输入信号。

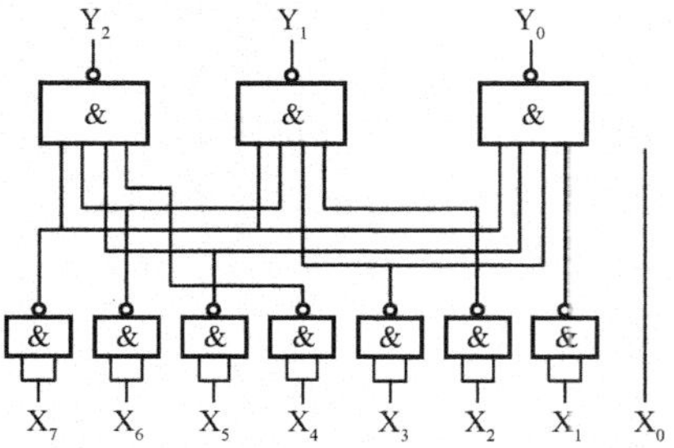

图 3.18　与非门实现的 8–3 线编码器

【例 3.9】　设计一个 8421BCD 优先编码器，设大数优先级别高。

解： 8421BCD 优先编码器，有 10 个输入端，代表十进制数 0～9，用 X_0～X_9 表示；有 4 个输出端，代表对应输入的 8421BCD 码，用 A、B、C、D 表示。根据题意，输入的十进制数越大，优先级别越高。设输入、输出均为高电平有效，该优先编码器真值表如表 3.11 所示。

表 3.11　【例 3.9】真值表

输入变量										输出变量			
X_9	X_8	X_7	X_6	X_5	X_4	X_3	X_2	X_1	X_0	A	B	C	D
0	0	0	0	0	0	0	0	0	1	0	0	0	0
0	0	0	0	0	0	0	0	1	×	0	0	0	1
0	0	0	0	0	0	0	1	×	×	0	0	1	0
0	0	0	0	0	0	1	×	×	×	0	0	1	1
0	0	0	0	0	1	×	×	×	×	0	1	0	0
0	0	0	0	1	×	×	×	×	×	0	1	0	1
0	0	0	1	×	×	×	×	×	×	0	1	1	0
0	0	1	×	×	×	×	×	×	×	0	1	1	1
0	1	×	×	×	×	×	×	×	×	1	0	0	0
1	×	×	×	×	×	×	×	×	×	1	0	0	1

根据真值表，可以得到输出 A、B、C、D 的表达式。

$$A=Y_9+\overline{Y_9}Y_8=Y_9+Y_8$$

$$B=\overline{Y_9}\,\overline{Y_8}Y_7+\overline{Y_9}\,\overline{Y_8}\,\overline{Y_7}Y_6+\overline{Y_9}\,\overline{Y_8}\,\overline{Y_7}\,\overline{Y_6}Y_5+\overline{Y_9}\,\overline{Y_8}\,\overline{Y_7}\,\overline{Y_6}\,\overline{Y_5}Y_4=\overline{Y_9}\,\overline{Y_8}(Y_7+Y_6+Y_5+Y_4)$$

$$C=\overline{Y_9}\,\overline{Y_8}Y_7+\overline{Y_9}\,\overline{Y_8}\,\overline{Y_7}Y_6+\overline{Y_9}\,\overline{Y_8}\,\overline{Y_7}\,\overline{Y_6}\,\overline{Y_5}\,\overline{Y_4}Y_3+\overline{Y_9}\,\overline{Y_8}\,\overline{Y_7}\,\overline{Y_6}\,\overline{Y_5}\,\overline{Y_4}\,\overline{Y_3}Y_2=\overline{Y_9}\,\overline{Y_8}(Y_7+Y_6+\overline{Y_5}\,\overline{Y_4}Y_3+\overline{Y_5}\,\overline{Y_4}Y_2)$$

$$D=Y_9+\overline{Y_9}\,\overline{Y_8}Y_7+\overline{Y_9}\,\overline{Y_8}\,\overline{Y_7}\,\overline{Y_6}Y_5+\overline{Y_9}\,\overline{Y_8}\,\overline{Y_7}\,\overline{Y_6}\,\overline{Y_5}\,\overline{Y_4}Y_3+\overline{Y_9}\,\overline{Y_8}\,\overline{Y_7}\,\overline{Y_6}\,\overline{Y_5}\,\overline{Y_4}\,\overline{Y_3}\,\overline{Y_2}Y_1$$

$$=Y_9+\overline{Y_8}(Y_7+\overline{Y_6}Y_5+\overline{Y_6}\,\overline{Y_4}Y_3+\overline{Y_6}\,\overline{Y_4}\,\overline{Y_2}Y_1)$$

根据表达式，可以画出实现该功能的逻辑电路图。

图 3.19 为 8–3 线优先编码器 74LS148 的逻辑符号和外引线功能图。

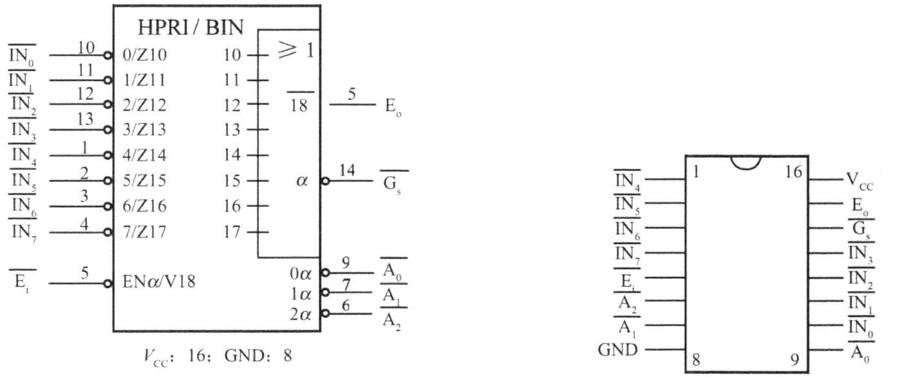

(a) 逻辑符号　　(b) 外引线功能图

图 3.19　8–3 线优先编码器 74LS148

74LS148 具有八位输入 $\overline{IN_0}$ ~ $\overline{IN_7}$，三位输出 $\overline{A_0}$ ~ $\overline{A_2}$。输入与输出信号均为低电平有效。电路增加了部分使能端：使能输入端 $\overline{E_i}$（低电平有效）、使能输出端 E_o（高电平有效）、优先标志端 $\overline{G_s}$（低电平有效），它们的作用是扩展电路功能。该优先编码器的功能表如表 3.12 所示。

表 3.12　74LS148 功能表

输入变量									输出变量				
$\overline{E_i}$	$\overline{IN_7}$	$\overline{IN_6}$	$\overline{IN_5}$	$\overline{IN_4}$	$\overline{IN_3}$	$\overline{IN_2}$	$\overline{IN_1}$	$\overline{IN_0}$	$\overline{A_2}$	$\overline{A_1}$	$\overline{A_0}$	$\overline{G_s}$	E_o
1	×	×	×	×	×	×	×	×	1	1	1	1	1
0	1	1	1	1	1	1	1	1	1	1	1	1	0
0	1	1	1	1	1	1	1	0	1	1	1	0	1
0	1	1	1	1	1	1	0	×	1	1	0	0	1
0	1	1	1	1	1	0	×	×	1	0	1	0	1
0	1	1	1	1	0	×	×	×	1	0	0	0	1
0	1	1	1	0	×	×	×	×	0	1	1	0	1
0	1	1	0	×	×	×	×	×	0	1	0	0	1
0	1	0	×	×	×	×	×	×	0	0	1	0	1
0	0	×	×	×	×	×	×	×	0	0	0	0	1

利用编码器的使能端，可以方便的实现电路输入、输出端个数的扩展。

【例 3.10】　利用 74LS148 构成 16–4 线优先编码器。

解：将两块 8–3 线优先编码器 74LS148 通过使能端连接，即可完成 16–4 线优先编码功能，如图 3.20 所示。

电路工作过程如下：

当 $\overline{IN_8}$ ~ $\overline{IN_{15}}$ 中有低电平输入时，(H)块工作。此时，EO_H=1，$\overline{GS_H}=\overline{A_3}$=0。由于 $EO_H=\overline{EI_L}$=1，(L)块不工作，其输出 $\overline{A_0}$ ~ $\overline{A_2}$ 均为 1。例如，当输入 $\overline{IN_{12}}$=0 时，(L)块不工作，(H)块的 $\overline{A_2}\,\overline{A_1}\,\overline{A_0}$=011，$\overline{GS_H}=\overline{A_3}$=0。电路总输出为 $\overline{A_3}\,\overline{A_2}\,\overline{A_1}\,\overline{A_0}$=0011。

当 $\overline{IN_8}$ ~ $\overline{IN_{15}}$ 全为高电平输入时，(H)块不工作。其输出 $\overline{A_2}\,\overline{A_1}\,\overline{A_0}$=111，此时，$EO_H$

=$\overline{EI_L}$=0，(L)块工作。例如，输入$\overline{IN_3}$=0，则(L)块工作，其输出$\overline{A_2}\,\overline{A_1}\,\overline{A_0}$=100，电路总输出为$\overline{A_3}\,\overline{A_2}\,\overline{A_1}\,\overline{A_0}$=1100。

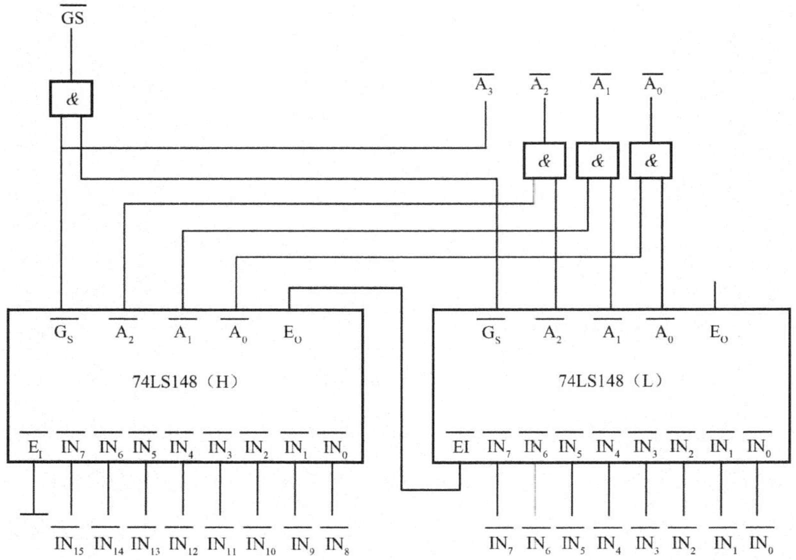

图 3.20 【例 3.10】电路图

3.2.3 译码器

译码是将一种输入代码转换成另一种代码输出的过程。能够完成译码工作的电路称做译码器。译码是编码的逆过程，是一种多输入、多输出组合逻辑电路。

1. 变量译码器

变量译码器是将二进制码输入转换成相应高低电平信号输出的电路。它具有 m 个输入端，2^m 个输出端。这种译码器的输出是一组对应输入二进制代码的电平信号。不同的输入代码组合，在不同的输出端呈现有效电平。

表 3.13 所示为 2−4 线译码器功能表。

表 3.13 2−4 线译码器功能表

输入变量		输出变量			
A_1	A_0	Y_3	Y_2	Y_1	Y_0
0	0	0	0	0	1
0	1	0	0	1	0
1	0	0	1	0	0
1	1	1	0	0	0

该译码器当输入 A_1A_0 取不同的值时，输出 $Y_3Y_2Y_1Y_0$ 分别处于有效状态，实现译码功能。输出的表达式如下：

$$Y_0=\overline{A_1A_0}$$

$$Y_1=\overline{A_1}A_0$$

$$Y_2=A_1\overline{A_0}$$

$$Y_3=A_1A_0$$

实现以上译码功能的电路如图 3.21 所示。

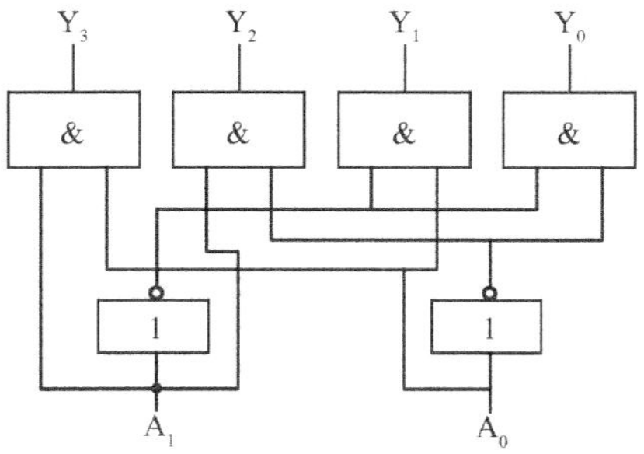

图 3.21　2–4 线译码功能实现电路

图 3.22 所示为 3–8 线变量译码器 74LS138 的逻辑符号及外引线功能图，该译码器增加了三个使能端：$G_1,\overline{G_{2A}},\overline{G_{2B}}$。其作用是便于电路级联，扩大输入端的个数；同时通过使能端的作用控制可能出现的冒险现象。当 $G_1=1,\overline{G_{2A}}=\overline{G_{2B}}=0$ 时，电路处于正常的工作状态。其功能表如表 3.14 所示。

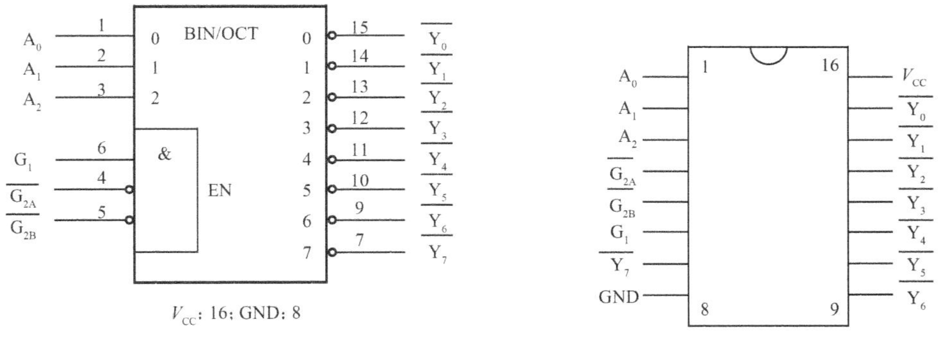

（a）逻辑符号　　（b）外引线功能图

图 3.22　3–8 线变量译码器 74LS138

表 3.14　74LS138 功能表

输入变量						输出变量							
G_1	$\overline{G_{2A}}$	$\overline{G_{2B}}$	A_2	A_1	A_0	$\overline{Y_7}$	$\overline{Y_6}$	$\overline{Y_5}$	$\overline{Y_4}$	$\overline{Y_3}$	$\overline{Y_2}$	$\overline{Y_1}$	$\overline{Y_0}$
0	×	×	×	×	×	1	1	1	1	1	1	1	1
×	1	×	×	×	×	1	1	1	1	1	1	1	1
×	×	1	×	×	×	1	1	1	1	1	1	1	1
1	0	0	0	0	0	1	1	1	1	1	1	1	0

续表

输入变量						输出变量							
G_1	$\overline{G_{2A}}$	$\overline{G_{2B}}$	A_2	A_1	A_0	$\overline{Y_7}$	$\overline{Y_6}$	$\overline{Y_5}$	$\overline{Y_4}$	$\overline{Y_3}$	$\overline{Y_2}$	$\overline{Y_1}$	$\overline{Y_0}$
1	0	0	0	0	1	1	1	1	1	1	1	0	1
1	0	0	0	1	0	1	1	1	1	1	0	1	1
1	0	0	0	1	1	1	1	1	1	0	1	1	1
1	0	0	1	0	0	1	1	1	0	1	1	1	1
1	0	0	1	0	1	1	1	0	1	1	1	1	1
1	0	0	1	1	0	1	0	1	1	1	1	1	1
1	0	0	1	1	1	0	1	1	1	1	1	1	1

利用译码器使能端，可方便地实现电路功能扩展。

【例 3.11】 利用 3-8 线变量译码器 74LS138 实现 4-16 线译码功能。

解：利用 3-8 线译码器 74LS138 的使能端扩展级联，可完成 4-16 线译码功能。设 4 位输入为 $A_3A_2A_1A_0$，16 位输出为 $\overline{Y_{15}}\sim\overline{Y_0}$。实现电路如图 3.23 所示。

当输入 A_3=0 时，(L)块工作，此时根据 $A_2A_1A_0$ 的取值组合，在 $\overline{Y_7}\sim\overline{Y_0}$ 中选择一路输出，完成 0000～0111 的译码工作。

当输入 A_3=1 时，(H)块工作，此时根据 $A_2A_1A_0$ 的取值组合，在 $\overline{Y_{15}}\sim\overline{Y_8}$ 中选择一路输出，完成 1000～1111 的译码工作。

综合以上两种情况，利用两块 74LS138 级联就能够完成 4-16 线译码功能。

译码器除了完成正常的译码工作之外，还可以用来实现逻辑函数运算。

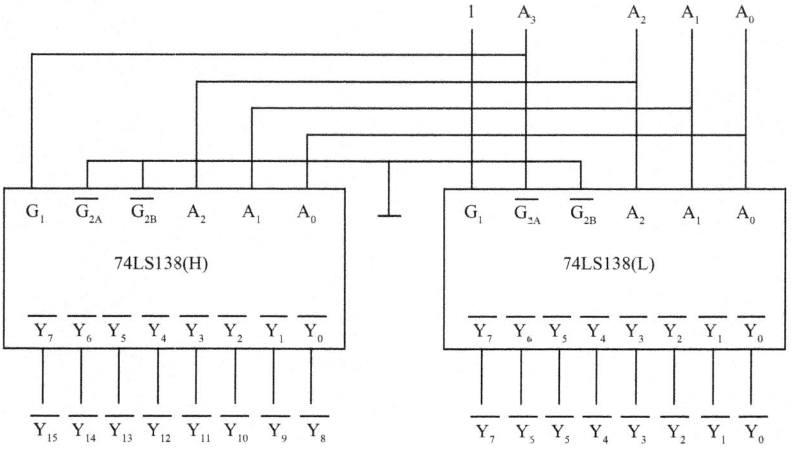

图 3.23 【例 3.11】连接图

【例 3.12】 用一块 74LS138 实现下列逻辑函数。

$$F_1=\overline{A}\,\overline{B}C+\overline{A}B\overline{C}+A\overline{B}\,\overline{C}+ABC$$

$$F_2=\overline{A}C+\overline{A}B+BC$$

解：根据译码器 74LS138 真值表可知：译码器正常工作时，满足：

$\overline{Y_i}=\overline{m_i}$ (m_i 为最小项，i 的取值为 0～7)

即每个输出变量仅包含一个输入变量构成的最小项。所以，将逻辑函数 F_1、F_2 变换为：

$$F_1=\bar{A}\bar{B}C+\bar{A}B\bar{C}+A\bar{B}\bar{C}+ABC=m_1+m_2+m_4+m_7=\overline{\bar{m}_1\cdot\bar{m}_2\cdot\bar{m}_4\cdot\bar{m}_7}=\overline{\bar{Y}_1\cdot\bar{Y}_2\cdot\bar{Y}_4\cdot\bar{Y}_7}$$

$$F_2=\bar{A}C+\bar{A}B+BC=m_1+m_2+m_3+m_7=\overline{\bar{m}_1\cdot\bar{m}_2\cdot\bar{m}_3\cdot\bar{m}_7}=\overline{\bar{Y}_1\cdot\bar{Y}_2\cdot\bar{Y}_3\cdot\bar{Y}_7}$$

设译码器使能端 $G_1=1, \overline{G_{2A}}=\overline{G_{2B}}=0$，将逻辑函数输入变量 A、B、C 分别对应接至译码器数据输入端 A_2、A_1、A_0。实现函数 F_1、F_2 的连接图如图 3.24 所示。

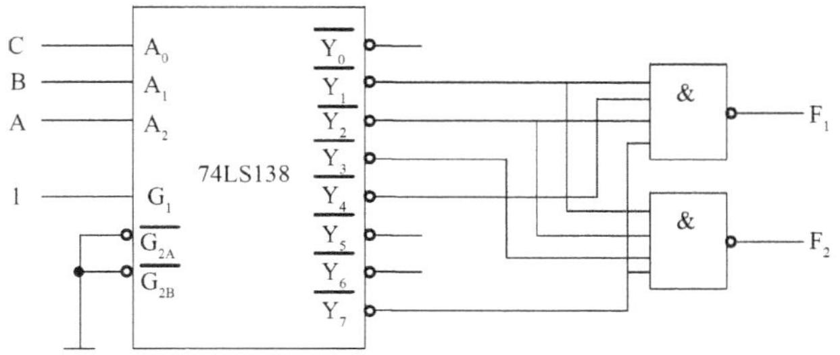

图 3.24　【例 3.12】连接图

利用译码器实现逻辑函数时，若译码器数据输入端不能满足逻辑函数输入变量个数的要求，应先利用译码器使能端进行扩展后，再完成实现逻辑函数的工作。

2．码制变换译码器

码制变换译码器将输入的 BCD 码变换成相应的十个输出信号，也称做 4−10 线译码器。这种译码器，具有 m=4 个输入端，n=10 个输出端，m 与 n 之间满足 $n<2^m$，也称为部分译码器。

图 3.25 所示为 8421BCD 码输入的 4−10 线译码器 74LS42。

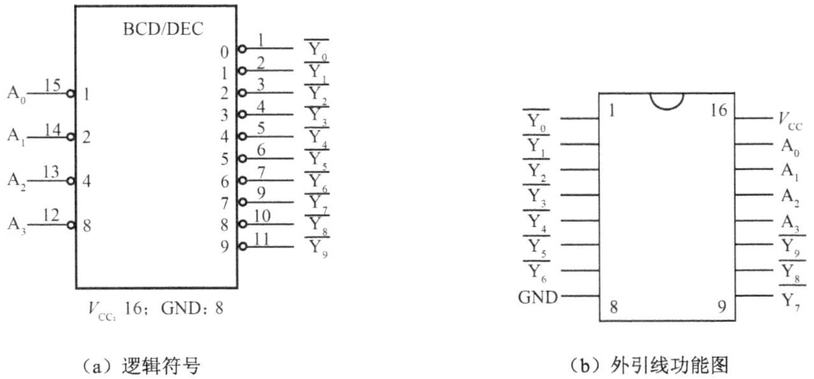

图 3.25　4−10 线译码器 74LS42

根据功能表 3.15，当输入为 1010～1111 六组无效数码（也称为伪数码）时，输出端全部呈现高电平 1，提示输入数码无效，因此该电路具有拒绝无效数码输入的功能。另外，若将该译码器最高输入位 A_3 看做使能端，则该译码器可作为 3—8 线译码器使用。

表 3.15　74LS42 功能表

十进制数	BCD 码输入				输出									
	A_3	A_2	A_1	A_0	$\overline{Y_9}$	$\overline{Y_8}$	$\overline{Y_7}$	$\overline{Y_6}$	$\overline{Y_5}$	$\overline{Y_4}$	$\overline{Y_3}$	$\overline{Y_2}$	$\overline{Y_1}$	$\overline{Y_0}$
0	0	0	0	0	1	1	1	1	1	1	1	1	1	0
1	0	0	0	1	1	1	1	1	1	1	1	1	0	1
2	0	0	1	0	1	1	1	1	1	1	1	0	1	1
3	0	0	1	1	1	1	1	1	1	1	0	1	1	1
4	0	1	0	0	1	1	1	1	1	0	1	1	1	1
5	0	1	0	1	1	1	1	1	0	1	1	1	1	1
6	0	1	1	0	1	1	1	0	1	1	1	1	1	1
7	0	1	1	1	1	1	0	1	1	1	1	1	1	1
8	1	0	0	0	1	0	1	1	1	1	1	1	1	1
9	1	0	0	1	0	1	1	1	1	1	1	1	1	1
无效数码 10	1	0	1	0	输出端全部显示为 1									
11	1	0	1	1										
12	1	1	0	0										
13	1	1	0	1										
14	1	1	1	0										
15	1	1	1	1										

3．显示译码器

数字系统中，经常要求译码后的结果或数据以十进制数形式显示，以方便读取数据或信息，显示译码器和数码显示器件配合可完成这项工作。能够将输入二–十进制代码以十进制数形式显示所需的转换电路称为显示译码器。

（1）数码显示器件

数码显示器件有许多种，主要用来显示各种数字和符号。目前使用较多的是七段数码显示器，简称七段数码管。包括发光二极管数码管（LED）和液晶显示数码管（LCD）两种。

LED 数码管利用发光二极管构成显示数码的笔画来显示数字，在电压、电流合适时，LED 将发出可见光，通过点亮不同位置上的发光二极管使其显示不同的字符形状。将需要显示的各段按 a～g 命名，如图 3.26 所示。其优点是亮度较高、工作电压较低、体积小、可靠性高、有多种颜色可供选择，应用广泛；但工作电流较大。

图 3.26　LED 七段显示器

七段显示器中的发光二极管根据连接方式不同，分为共阴极与共阳极两种连接方式，如图 3.27 所示。

共阴极连接时，译码器输出高电平驱动相应二极管发光显示；共阳极连接时，译码器输出低电平驱动相应二极管发光显示。例如，在共阴极连接方式下显示数字 3，a、b、c、d、 g 段加高电平发光显示，其余各段加低电平熄灭。为保证电路正常工作，实际应用中应串接限流电阻。

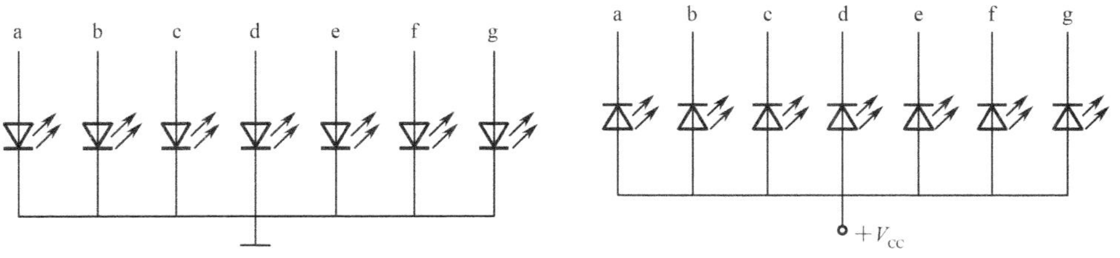

（a）共阴极连接　　（b）共阳极连接

图 3.27　LED 连接方式

LCD 数码管是利用在电场作用下液晶材料会吸收光线的特性显示数码。其优点是耗电较低、体积小、重量轻、显示清晰；但显示亮度较低。

（2）数字显示译码/驱动器

数字显示译码/驱动器的主要作用是将输入代码通过译码器转换成相应高、低电平信号，驱动数码显示器件发光、正确显示。

74LS47 是一种 BCD 码输入、开路输出的 4 线—七段译码/驱动器。逻辑符号与外引线功能图如图 3.28 所示。

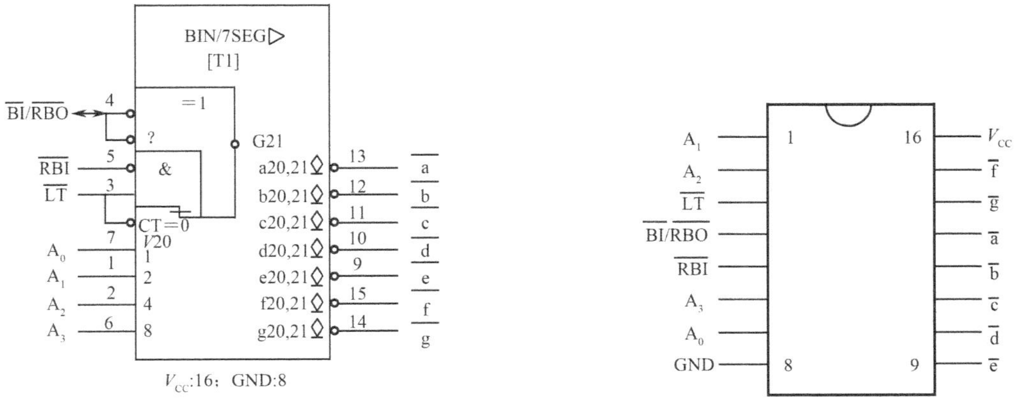

（a）逻辑符号　　（b）外引线功能图

图 3.28　4 线—七段译码/驱动器 74LS47

$A_3A_2A_1A_0$ 是 74LS47 的 4 位 BCD 码输入，$\overline{a}$ ～$\overline{g}$ 是七段输出、低电平有效。例如，输入 $A_3A_2A_1A_0$=0111 时，$\overline{a}$ 、$\overline{b}$ 、$\overline{c}$ 段输出低电平，显示十进制数 7。74LS47 功能表如表 3.16 所示。

为保证数码显示器件正常工作，该器件增加了 $\overline{LT}$ 、$\overline{RBI}$ 、$\overline{BI}/\overline{RBO}$ 等功能扩展端。

$\overline{LT}$ 端是测试灯输入端，作用是检查数码管七段显示是否都能够正常发光。当 $\overline{LT}$ =0，$\overline{BI}$ =1 时，七段显示部件全部点亮，显示“日”字。译码器正常工作时，应使 $\overline{LT}$ =1。

表 3.16　74LS47 功能表

十进制数	输入						$\overline{BI}/\overline{RBO}$	输出						
	$\overline{LT}$	$\overline{RBI}$	A_3	A_2	A_1	A_0		$\overline{a}$	$\overline{b}$	$\overline{c}$	$\overline{d}$	$\overline{e}$	$\overline{f}$	$\overline{g}$
0	1	1	0	0	0	0	1	0	0	0	0	0	0	1
1	1	×	0	0	0	1	1	1	0	0	1	1	1	1
2	1	×	0	0	1	0	1	0	0	1	0	0	1	0
3	1	×	0	0	1	1	1	0	0	0	0	1	1	0
4	1	×	0	1	0	0	1	1	0	0	1	1	0	0
5	1	×	0	1	0	1	1	0	1	0	0	1	0	0
6	1	×	0	1	1	0	1	1	1	0	0	0	0	0
7	1	×	0	1	1	1	1	0	0	0	1	1	1	1
8	1	×	1	0	0	0	1	0	0	0	0	0	0	0
9	1	×	1	0	0	1	1	0	0	0	1	1	0	0
10	1	×	1	0	1	0	1	1	1	1	0	0	1	0
11	1	×	1	0	1	1	1	1	1	0	0	1	1	0
12	1	×	1	1	0	0	1	1	0	1	1	1	0	0
13	1	×	1	1	0	1	1	0	1	1	0	1	0	0
14	1	×	1	1	1	0	1	1	1	1	0	0	0	0
15	1	×	1	1	1	1	1	1	1	1	1	1	1	1

$\overline{RBI}$ 端是动态灭灯输入端，作用是将数码管显示的、不用的零熄灭掉。当 $\overline{LT}=1$、$\overline{RBI}=0$、$A_3A_2A_1A_0=0000$ 时，$\overline{a}\sim\overline{g}$ 均为 1，数码管不显示，且 $\overline{RBO}=0$。

$\overline{BI}$ 端是灭灯输入端。$\overline{BI}=0$ 时，不管输入如何，$\overline{a}\sim\overline{g}$ 均为 1，数码管不显示。该功能端优先级别最高。

$\overline{RBO}$ 端是动态灭灯输出端，起控制低位灭零信号的作用。$\overline{RBO}=1$，说明本位处于显示状态；若 $\overline{RBO}=0$，且低位为零，则低位零被熄灭。它与 $\overline{BI}$ 组成线与关系。

图 3.29 所示为利用 74LS47 和数码显示器件配合构成的具有灭 0 效果的 8 位数码显示电路。

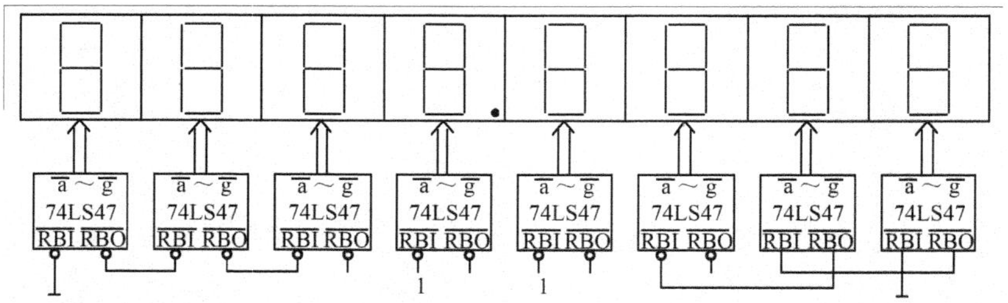

图 3.29　8 位数码显示电路

该电路可显示 4 位整数与 4 位小数，整数最高位和小数最低位的 $\overline{RBI}$ 接低电平，$\overline{RBO}$ 接相邻芯片的 $\overline{RBI}$。当它们接收数字“0”时，不会显示，且通过 $\overline{RBO}$ 向相邻 $\overline{RBI}$ 送入 0。若相邻位也接收“0”，则也不会显示。当 8 位输入均接收“0”时，正常显示为“0.0”。

3.2.4　数据选择器与数据分配器

1．数据选择器

数据选择器（多路选择器或多路开关）是从多路输入数据中选择一路输出的数字器件，是一种多输入、单输出的组合逻辑电路。利用它，可以完成将输入并行数据转换为串行数据输出的功能。常见数据选择器包括 2 选 1、4 选 1、8 选 1、16 选 1 等多种类型。

（1）4 选 1 数据选择器

图 3.28 为双 4 选 1 数据选择器 74LS153 逻辑符号及外引线功能图，作用相当于两个单刀四掷开关，示意图如图 3.30（c）所示。

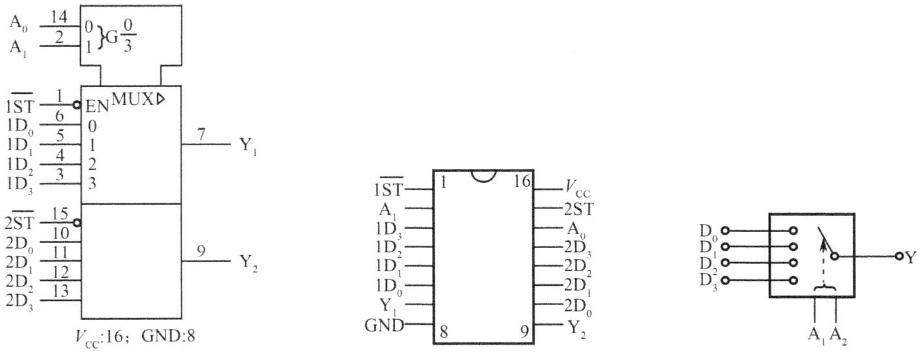

（a）逻辑符号　　（b）外引线功能图　　（c）示意图

图 3.30　双 4 选 1 数据选择器 74LS153

其中，D_0～D_3 为数据输入端，其个数称为通道数；Y 为数据输出端；$\overline{ST}$ 为选通输入端，其状态决定电路的工作状态：$\overline{ST}=0$ 时，电路正常工作，输出被选中数据。A_1A_0 为地址输入端，根据 A_1A_0 的组合，从输入数据中选择一路进行传送输出。74LS153 中的两个数据选择器共用一组地址输入端。地址输入端的个数 m 与通道数 n 满足 $n=2^m$。其功能表如表 3.17 所示。

表 3.17　74LS153 功能表

输入变量							输出变量
$\overline{ST}$	A_1	A_0	D_3	D_2	D_1	D_0	Y
1	×	×	×	×	×	×	0
0	0	0	×	×	×	0	0
0	0	0	×	×	×	1	1
0	0	1	×	×	0	×	0
0	0	1	×	×	1	×	1
0	1	0	×	0	×	×	0
0	1	0	×	1	×	×	1
0	1	1	0	×	×	×	0
0	1	1	1	×	×	×	1

根据功能表，可以得到：

$$Y=\overline{\overline{ST}}(\overline{A_1}\,\overline{A_0}D_0+\overline{A_1}A_0D_1+A_1\overline{A_0}D_2+A_1A_0D_3)$$

在选中该数据选择器的情况下，地址 A_1A_0 分别取 00、01、10、11 时，输出 Y 分别选中 D_0、D_1、D_2、D_3 进行传送。

（2）数据选择器的应用

① 通道数扩展。当数据选择器的输入端个数不足时，利用选通端可以进行通道数的扩展，以满足输入数据的要求。图 3.31 为利用 74LS153 完成 8 选 1 的功能。

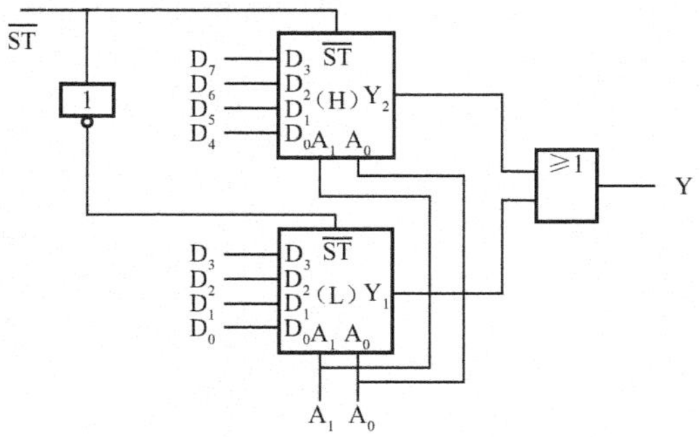

图 3.31 数据选择器通道数的扩展

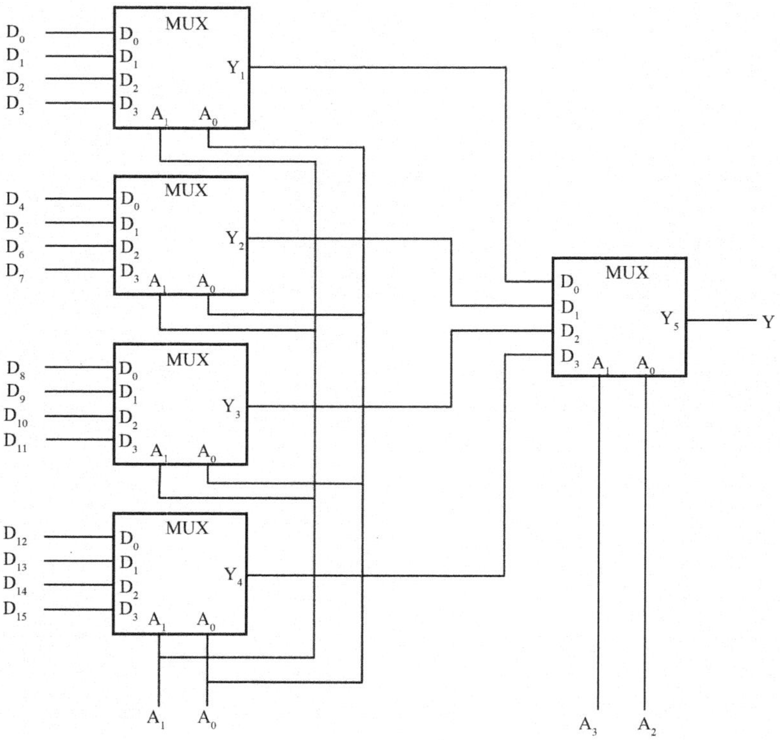

图 3.32 4 选 1 构成 16 选 1 数据选择器

$\overline{ST}$=0 时，数据选择器（H）工作，根据地址输入 A_1A_0 的取值，从输入 D_4～D_7 中选择

一路输出；$\overline{ST}$=1 时，数据选择器（L）工作，根据地址输入 A_1A_0 的取值，从输入 D_0～D_3 中选择一路输出。两个数据选择器配合工作，完成 8 选 1。

图 3.32 是利用五块 4 选 1 数据选择器，完成 16 选 1 的工作。采用分级选择的办法：首先从四块 4 选 1 数据选择器中各选择一路输出；然后对选出的四路数据再进行 4 选 1，最终确定一路作为整个电路的输出。

② 实现逻辑函数。由数据选择器输出函数表达式可知：表达式中包含地址变量的所有最小项，可以通过数据输入端控制输出函数中所包含的最小项。这种特性可以被用来实现逻辑函数。若数据选择器地址输入端个数为 n，则该数据选择器能够实现含有 n+1 个变量的逻辑函数。其中 n 个变量作为数据选择器地址输入端变量，一个变量从数据输入端、作为输入数据以原变量或反变量的形式输入。

【例 3.13】 8 选 1 数据选择器 74LS151 逻辑符号、外引线功能图及功能简表如图 3.33 和表 3.18 所示。利用它实现逻辑函数 $F(A,B,C,D)=\sum m(0,1,5,6,8,9,11,13,14)$。

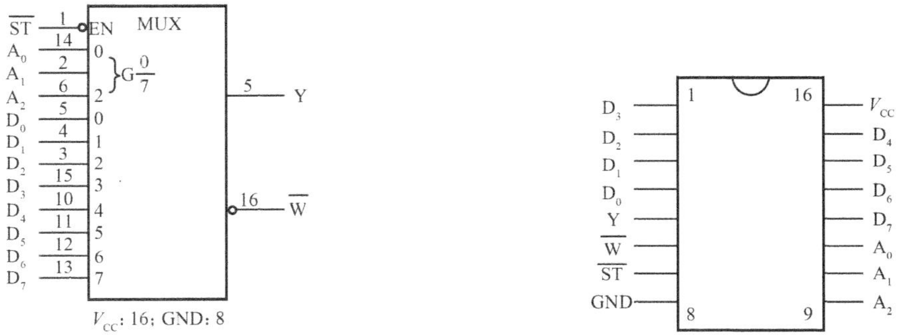

（a）逻辑符号　　（b）外引线功能图

图 3.33　8 选 1 数据选择器 74LS151

表 3.18　74LS151 功能简表

输入变量				输出变量	
$\overline{ST}$	A_2	A_1	A_0	Y	$\overline{W}$
1	×	×	×	0	1
0	0	0	0	D_0	$\overline{D_0}$
0	0	0	1	D_1	$\overline{D_1}$
0	0	1	0	D_2	$\overline{D_2}$
0	0	1	1	D_3	$\overline{D_3}$
0	1	0	0	D_4	$\overline{D_4}$
0	1	0	1	D_5	$\overline{D_5}$
0	1	1	0	D_6	$\overline{D_6}$
0	1	1	1	D_7	$\overline{D_7}$

解：$F(A,B,C,D)=\sum m(0,1,5,6,8,9,11,13,14)$

$$=\overline{A}\,\overline{B}\,\overline{C}\,\overline{D}+\overline{A}\,\overline{B}\,\overline{C}D+\overline{A}B\overline{C}D+\overline{A}BC\overline{D}+A\overline{B}\,\overline{C}\,\overline{D}+A\overline{B}\,\overline{C}D+A\overline{B}CD+AB\overline{C}D+ABC\overline{D}$$

该函数含有四个输入变量，将其中 A、B、C 作为数据选择器地址输入变量，D 作为数据输入变量。将数据选择器的输出记为Y。

$$Y=\overline{A}\,\overline{B}\,\overline{C}D_0+\overline{A}\,\overline{B}CD_1+\overline{A}B\overline{C}D_2+\overline{A}BCD_3+A\overline{B}\,\overline{C}D_4+A\overline{B}CD_5+AB\overline{C}D_6+ABCD_7$$

将函数F整理：

$$F=\overline{A}\,\overline{B}\,\overline{C}\,\overline{D}+\overline{A}\,\overline{B}\,\overline{C}D+\overline{A}B\overline{C}D+\overline{A}BC\overline{D}+A\overline{B}\,\overline{C}\,\overline{D}+A\overline{B}\,\overline{C}D+A\overline{B}CD+AB\overline{C}D+ABC\overline{D}$$

$$=\overline{A}\,\overline{B}\,\overline{C}(\overline{D}+D)+\overline{A}B\overline{C}D+\overline{A}BC\overline{D}+A\overline{B}\,\overline{C}(\overline{D}+D)+A\overline{B}CD+AB\overline{C}D+ABC\overline{D}$$

F与Y比较，可得：

$$D_0=1,D_1=0,D_2=D,D_3=\overline{D},D_4=1,D_5=D,D_6=1,D_7=\overline{D}$$

将D_0～D_7加至数据输入端，在变量A、B、C的控制下，可实现逻辑函数F，如图3.34所示。

【例3.14】 利用74LS151实现逻辑函数$F=A\overline{B}+\overline{A}C-B\overline{C}$

解：该函数含有三个输入变量，可以用4选1数据选择器实现。现在利用8选1数据选择器74LS151实现它。

$$F=A\overline{B}+\overline{A}C+B\overline{C}=A\overline{B}(C+\overline{C})+\overline{A}C(B+\overline{B})+B\overline{C}(A+\overline{A})=\overline{A}\,\overline{B}C+\overline{A}B\overline{C}+\overline{A}BC+A\overline{B}\,\overline{C}+A\overline{B}C+AB\overline{C}$$

将三个输入逻辑变量A、B、C全部作为数据选择器的地址输入变量。可得：

$$D_0=0,D_1=D_2=D_3=D_4=D_5=D_6=1,D_7=0$$

连接图如图3.35所示。

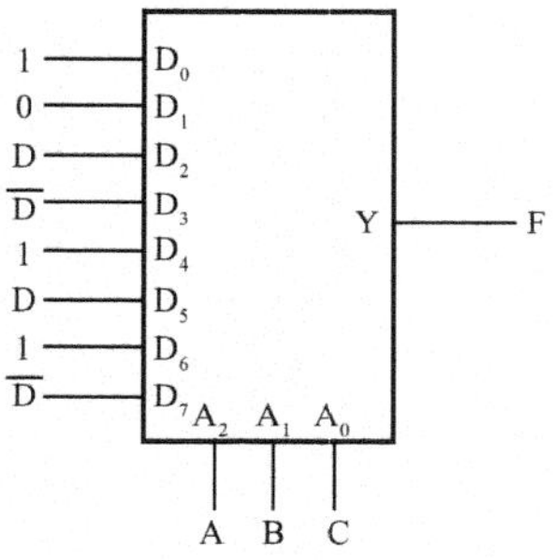

图3.34 【例3.13】连接图

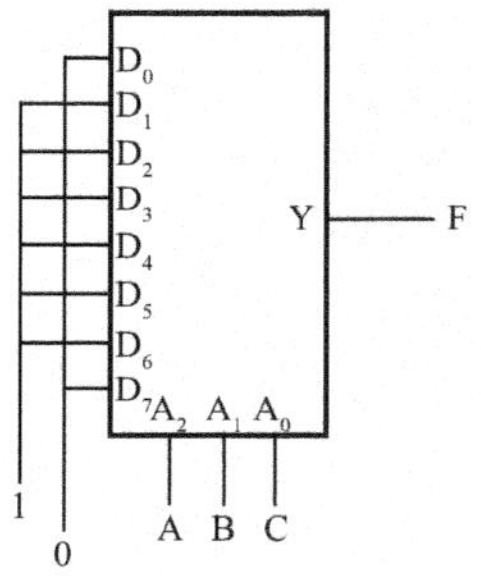

图3.35 【例3.14】连接图

2. 数据分配器

数据分配器（多路解调器）是将一个输入数据传送至若干个输出端中任意一个的电路。它可以将串行数据输入变为并行数据输出，图3.36所示为输入、输出均为低电平有效的4路数据分配器74LS139。74LS139功能表如表3.19所示。

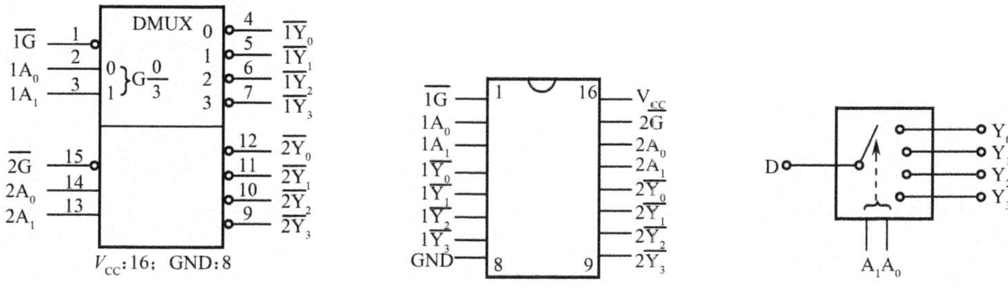

（a）逻辑符号 （b）外引线功能图 （c）示意图

图3.36 4路数据分配器74LS139

表 3.19　74LS139 功能表

输入变量			输出变量			
$\overline{G}$ (D)	A_1	A_0	$\overline{Y_3}$	$\overline{Y_2}$	$\overline{Y_1}$	$\overline{Y_0}$
1	×	×	1	1	1	1
D	0	0	1	1	1	D
D	0	1	1	1	D	1
D	1	0	1	D	1	1
D	1	1	D	1	1	1

74LS139 是双 4 路数据分配器，它根据地址输入端 A_1A_0 的取值组合，选中 $\overline{Y_0}$ ～ $\overline{Y_3}$ 中的一路输出。同时，如果将 A_1A_0 作为输入端，G 作为使能端，该器件就是一个 2-4 线译码器。所以，任何带使能端的全译码器（区别于部分译码器），均可以用做数据分配器。

3.3　组合逻辑电路的竞争冒险现象

以上对组合逻辑电路的讨论，主要是从逻辑角度进行分析与设计，未考虑实际电路中存在的信号传输延迟与信号高低电平变化对电路逻辑功能可能产生的影响。而以上因素的存在，将可能导致电路输出端产生错误信号，使电路工作混乱。

1. 竞争冒险的产生

图 3.37 所示组合逻辑电路，正常情况下输出 $F=A+\overline{A}=1$。设每个门的传输延迟时间均为 t_{pd}，在 t_1 时刻，输入信号 A 由 0→1，由于门 G_1 的传输延迟，$\overline{A}$ 需要延迟 t_{pd} 才能变为 0。但这一延迟时间并不会导致输出错误。而在 t_2 时刻，输入信号 A 由 1→0，$\overline{A}$ 也需要延迟 t_{pd} 才能变为 1。这样，在 t_2+t_{pd} 这段时间内，$A=\overline{A}=0$。导致在 t_2+t_{pd}～t_2+2t_{pd} 这段时间内，输出 F 为 0，出现了不该出现的低电平（即负窄脉）。这种现象称为 0 型冒险。

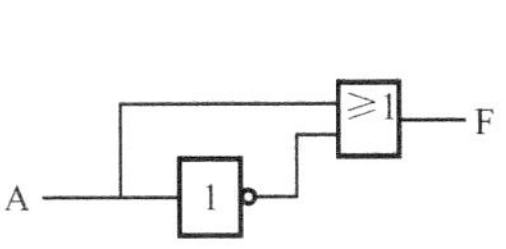

（a）逻辑电路图

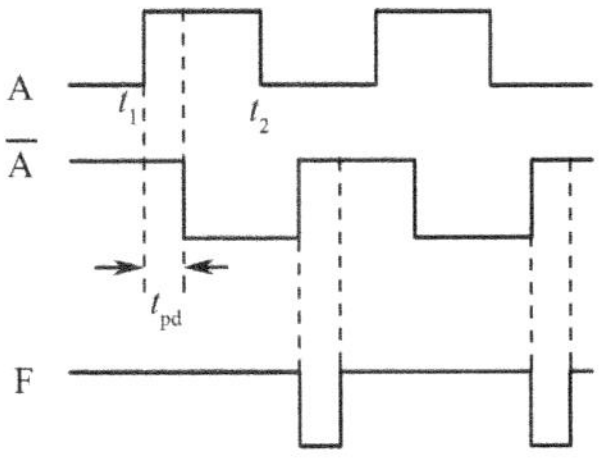

（b）信号图

图 3.37　0 型冒险

同样，在图 3.38 中，电路输出应恒为低电平，由于传输延迟时间的影响，也会导致输出信号 F 在短暂时间内出现了错误的高电平（即正窄脉冲），这种现象称为 1 型冒险。

在图 3.39 所示电路中，输出 F=AB，当输入 A、B 同时变化时，例如，A 由 0→1，B 由 1→0，若不考虑信号变化的时间差异，F 恒为 0。若信号变化不同步，例如，A 的变化早于 B，结果会导致输出 F 出现错误变化，这也是冒险。

在组合逻辑电路中，由于存在信号传递的传输延迟时间或信号状态变化的不一致，导致信号的变化出现快慢的差异，这种现象叫竞争；竞争的结果是使输出信号可能发生错误，这种现象叫冒险。出现的短暂错误电平信号，称为毛刺。

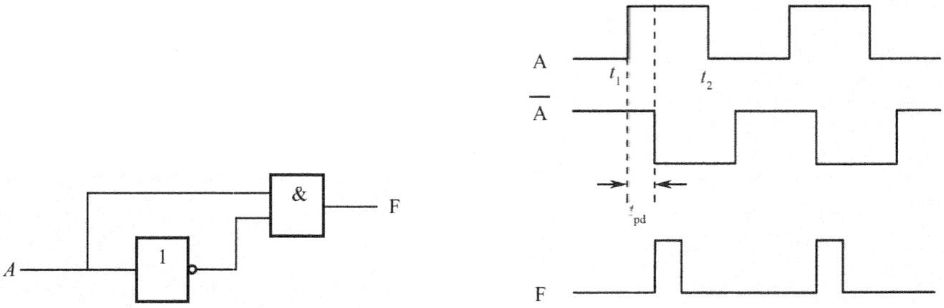

（a）逻辑电路图　　　　（b）信号图

图 3.38　1 型冒险

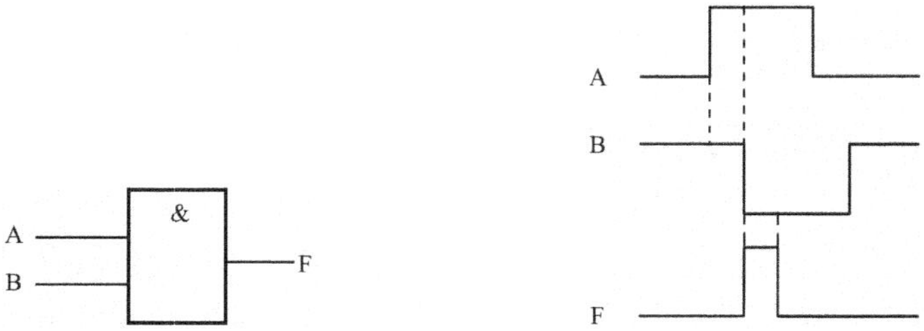

（a）逻辑电路图　　　　（b）信号图

图 3.39　多输入同时变化产生冒险

2．竞争冒险的判断

两个互补的信号作用于一个门电路或两个输入信号同时发生变化，均存在竞争冒险的可能性。正确判断竞争冒险现象对电路的安全工作非常重要。可以使用卡诺图判断法判断一个逻辑函数是否存在竞争冒险现象。具体判断方法如下。

根据已知的逻辑函数，做出其卡诺图，若卡诺图中填 1 的方格所形成的卡诺圈中，存在两个或两个以上相切的卡诺圈，则存在竞争冒险的可能性。

【例 3.15】 利用卡诺图判断法判断函数 F 是否存在竞争冒险。

$$F=A\overline{B}C+AB\overline{C}+\overline{A}D$$

解： 做出函数 F 的卡诺图，如图 3.40 所示。由图可知，各有两个卡诺圈相切，即当 BCD = 101 或 BCD = 011 时，函数形式变化为 $F=A+\overline{A}$，出现 0 型冒险。

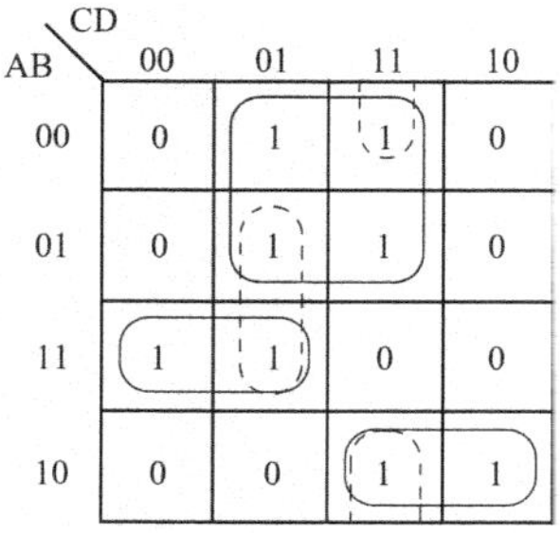

图 3.40　【例 3.15】卡诺图

3．竞争冒险的消除

常用消除竞争冒险的方法如下。

① 增加取样脉冲，消除竞争冒险。输入信号状态发生变化时，存在出现竞争冒险的可能性。为此，在输入信号处于稳态时，增加取样脉冲，以保证电路输出结果的正确性。在未加取样脉冲期间，输出端被封锁，输出信号无效，如图 3.41 所示。

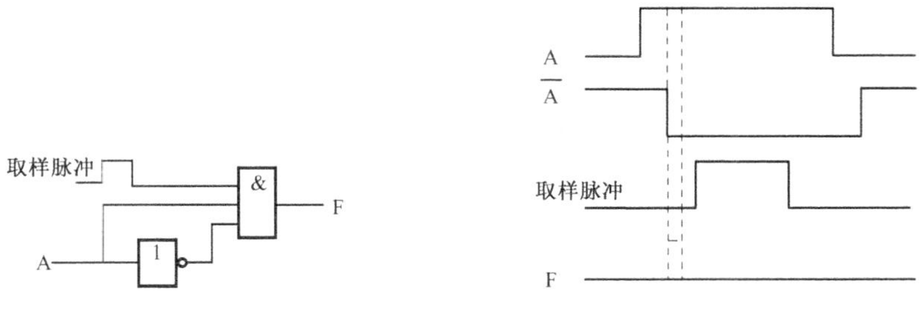

（a）逻辑电路图　　（b）信号图

图 3.41　加取样脉冲消除竞争冒险

② 加封锁脉冲。当输入信号发生变化可能导致输出出现竞争冒险时，可在门电路的输入端加一封锁脉冲，将该门电路封锁，从而消除出现冒险的可能性。

③ 在输出端加滤波电容。若电路负载具有一定抗冲击能力，则对由于竞争冒险现象而在电路输出端产生的窄脉冲，可采取在电路输出端并联一小电容的办法，将窄脉冲滤掉。

④ 修改逻辑设计，增加冗余项。冗余项是逻辑函数表达式中对函数逻辑功能没有影响的逻辑项。利用化简方法，可以将其从表达式中化简掉。

【例 3.16】 已知函数 $F=AB+\overline{A}C$，判断它是否存在竞争冒险；若存在，请消除。

解：做出函数 F 的卡诺图，如图 3.42 所示。

A \ BC	00	01	11	10
0	0	1	1	0
1	0	0	1	1

图 3.42　【例 3.16】卡诺图

由卡诺图知，函数存在一个相切的卡诺圈。当 BC=11 时，函数形式变化为 $F=A+\overline{A}$，存在 0 型冒险。

消除的办法是增加一项冗余项 BC，使原函数变为：

$$F=AB+\overline{A}C+BC$$

从而避免了 0 型冒险的出现。

本章小结

1．组合逻辑电路是数字电路的重要组成部分，其特点是电路在某一时刻的输出仅取决于同一时刻的输入。

2．组合逻辑电路的分析与设计方法是学习各种组合逻辑电路的基础，应熟练掌握各种组合逻辑电路的分析与设计方法。

3. 常见组合逻辑电路包括加法器、编码器、译码器、数据选择器等，应掌握它们的基本工作原理、器件逻辑符号及常见功能端的使用方法。

4. 竞争冒险现象是使用组合逻辑电路需要考虑的问题，应了解竞争冒险现象产生的原因、判断方法及解决办法。

习题 3

3.1 组合逻辑电路的特点是什么？

3.2 组合逻辑电路的分析与设计步骤是什么？

3.3 试分析以下组合逻辑电路（图 3.43）。

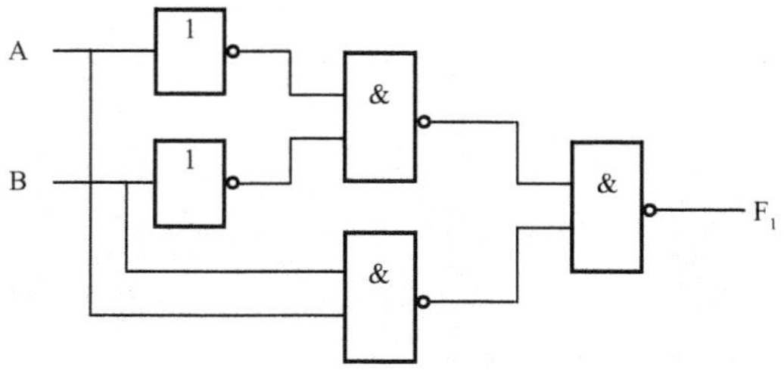

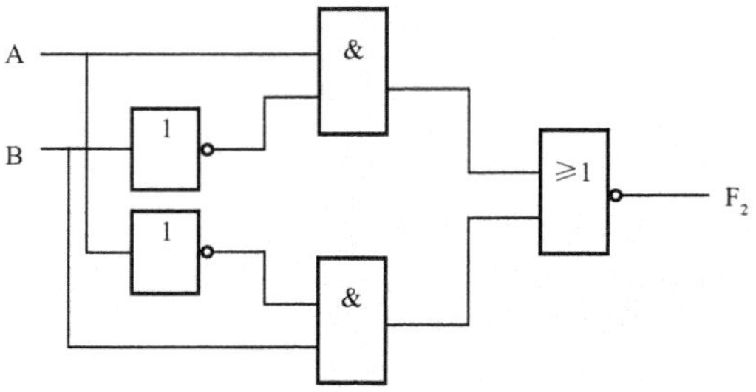

图 3.43 题 3.3 图

3.4 试分析以下组合逻辑电路（图 3.44）。

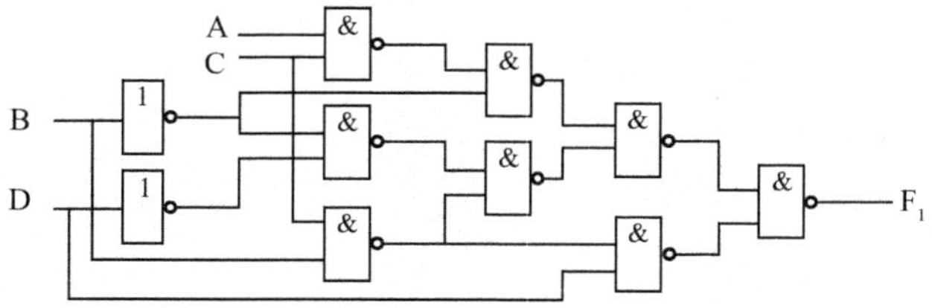

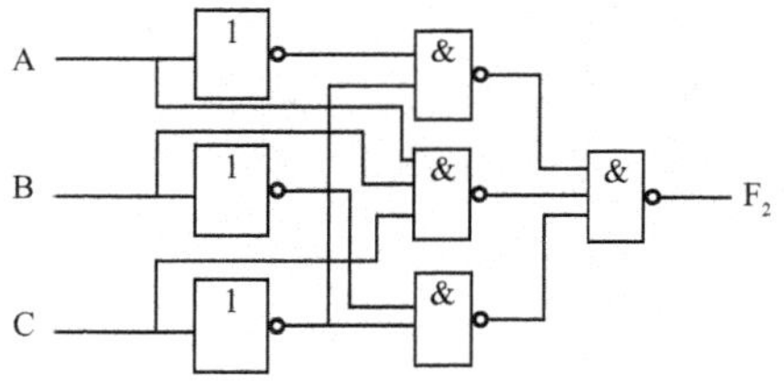

图 3.44 题 3.4 图

3.5 已知某组合逻辑电路的输入 A、B、C 与输出 Y、Z 的波形如下，试根据波形分析电路（图 3.45）逻辑功能。

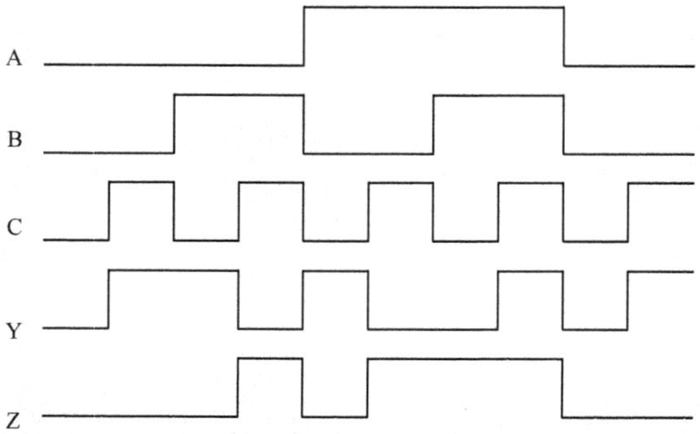

图 3.45 题 3.5 图

3.6　试设计一个能够比较两个二进制数 $A=A_1A_0$ 和 $B=B_1B_0$ 大小的数值比较电路。

3.7　试设计一个三人多数表决电路，用与非门实现。

3.8　试设计两个二进制数 $A=A_1A_0$ 和 $B=B_1B_0$ 相乘的乘法运算电路。

3.9　设有 A、B、C、D 四台机器，正常工作时，要求：A 必须开机；B、C、D 中至少两台机器开机。设计一个正常工作的判断电路。

3.10　试设计一个余 3 码的判断电路，当输入代码中有奇数个 1 时，输出为 1。用与非门实现。

3.11　试设计一个一位全减器。A_i 为被减数，B_i 为减数，J_{i-1} 为低位对本位的借位；J_i 为本位对高位的借位，F_i 为本位差。

3.12　利用两片 7483A，辅以必要门电路，设计能够完成两个 8421BCD 码加法运算的电路，要求电路输出仍为 8421BCD 码显示（提示：相加结果大于 9 时，应进行加 6 校正）。

3.13　利用 8-3 线优先编码器 4532（见图 3.46），完成 16-4 线编码工作。

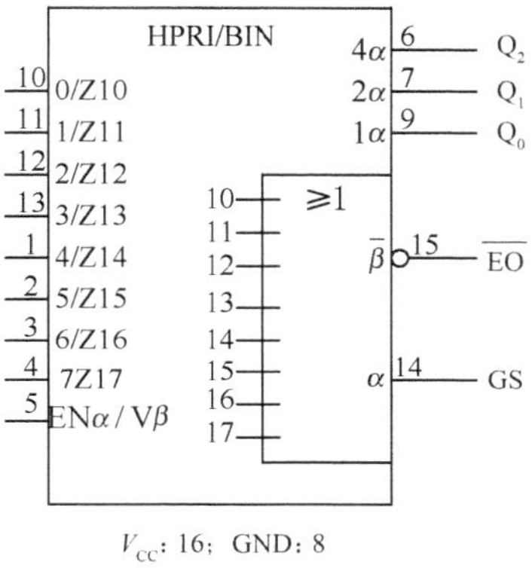

图 3.46　8-3 线优先编码器 4532

3.14　试用 74LS138 实现以下逻辑函数。

$F_1=\overline{A}B\overline{C}+A\overline{B}\overline{C}+BC$

$F_2=AB\overline{C}+\overline{B}\overline{C}$

3.15　利用 4 选 1 数据选择器实现以下逻辑函数。

$F_1=A\overline{B}\overline{C}+\overline{A}\overline{C}+BC$

$F_2=A\overline{B}+AC$

3.16　利用两片双 4 选 1 数据选择器 74LS153 及译码器 74LS138，实现 16 选 1 的数据选择功能。

3.17　试用 74LS153 实现第 10 题的全减器功能。

3.18　利用 74LS151 及必要门电路设计一个组合逻辑电路，输入为四位二进制数，当输入能够被 2 或 5 整除时，电路输出 1。

3.19　简述组合逻辑电路竞争冒险产生的原因及判断、消除的办法。

3.20　已知逻辑函数 $F=\sum m(1,3,7,8,9,15)$，试判断该函数是否存在竞争冒险现象？若存在，如何消除？

第4章 触 发 器

学习指导

通过本章的学习，需要掌握如下知识：

- 应理解触发器的基本特点及分类方法；
- 掌握各种触发器的电路组成及工作原理；
- 熟练掌握各种触发器的逻辑功能、表示方法及其触发方式；
- 了解触发器的典型应用。

4.1 基本触发器

4.1.1 触发器及分类

数字电路中不但需要对二值信号进行算术运算或逻辑运算，而且还经常需要将这些信号和运算结果保存起来。为此，需要使用具有记忆功能的基本逻辑单元。把能够存储一位二值信号的基本单元电路称做触发器（Flip Flop，FF）。

触发器由门电路构成，具有两个互补输出端，用 Q 和 $\overline{Q}$ 表示。通常用 Q 端的状态表示触发器的状态。输出 Q=1、$\overline{Q}$=0 时，称触发器处于 1 态，记为 Q=1；输出 Q=0、$\overline{Q}$=1 时，称触发器处于 0 态，记为 Q=0。数字电路中二进制数的存储和记忆主要通过触发器实现。

为实现记忆一位二值信号的功能，触发器须具备以下几个基本特点：

第一，具有两个稳定的状态，用来表示逻辑状态的 1 和 0，或者是二进制的 1 和 0。

第二，在不同的输入情况下，它可以被置成 0 状态或 1 状态。

第三，当输入信号消失后，所置成的状态能够保持不变。

根据逻辑功能的不同，触发器可分为：RS 触发器、D 触发器、JK 触发器、T 触发器、T'触发器等。

根据电路结构和动作特点的不同，触发器可分为：基本 RS 触发器、同步触发器、主从触发器和边沿触发器等。

4.1.2 基本 RS 触发器

基本 RS 触发器是触发器中电路结构最简单的一种。同时也是其他各种复杂结构触发器的一个组成部分。

1. 基本 RS 触发器电路组成

图 4.1（a）所示是用两个与非门交叉连接构成的基本 RS 触发器。图中 R、S 是信号输入端，低电平有效。Q、$\overline{Q}$表示触发器的状态，是两个互补的信号输出端。Q=0、$\overline{Q}$=1 的状态为触发器的 0 状态，Q=1、$\overline{Q}$=0 的状态为触发器的 1 状态。图 4.1（b）所示是基本 RS 触发器的逻辑符号，方框下面输入端的小圆圈表示低电平有效。在正常工作情况下，输出 Q 和$\overline{Q}$的状态是互补的，即一个为高电平时另一个为低电平；反之亦然。

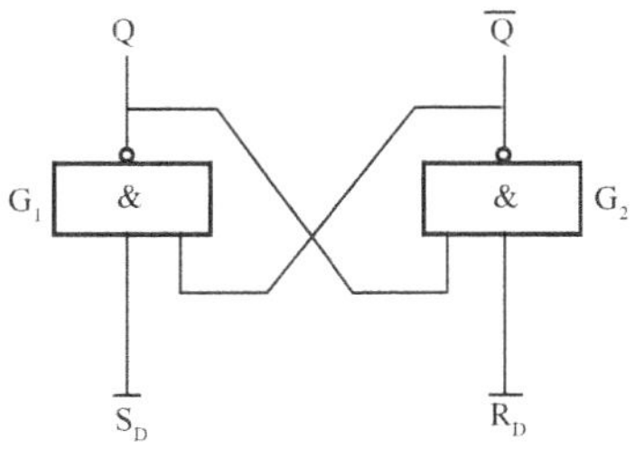

（a）电路

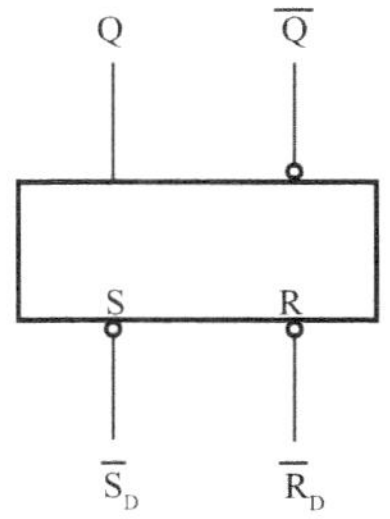

（b）逻辑符号

图 4.1　基本 RS 触发器逻辑电路及逻辑符号

2. 逻辑功能分析

基本 RS 触发器输出与输入信号之间的逻辑关系主要包括如下四种：

① $\begin{cases}\overline{R}_D=0\\ \overline{S}_D=1\end{cases} \Rightarrow Q=0,\overline{Q}=1$；触发器置 0。将输入端$\overline{R}_D$称为置 0 端，也称为复位端。

② $\begin{cases}\overline{R}_D=1\\ \overline{S}_D=0\end{cases} \Rightarrow Q=1,\overline{Q}=0$；触发器置 1。将输入端$\overline{S}_D$称置 1 端，也称为置位端。

③ $\begin{cases}\overline{R}_D=1\\ \overline{S}_D=1\end{cases} \Rightarrow \begin{cases}\text{若Q原为0态，则继续保持0态；}\\ \text{若Q原为1态，则继续保持1态；}\end{cases} \Rightarrow$ 触发器保持原状态不变。

基本 RS 触发器两个输入端均为低电平有效，即此时无有效的输入信号，触发器保持原态不变。

④ $\begin{cases}\overline{R}_D=0\\ \overline{S}_D=0\end{cases} \Rightarrow$ 非正常工作状态，此时触发器状态不定。

此时触发器输出 Q=$\overline{Q}$=1，由于触发器定义为互补输出，此时触发器输出既不是 1 状态，也不是 0 状态，称触发器此时状态不定，这种情况是不允许出现的。此时，若输入信号$\overline{R}_D$和$\overline{S}_D$同时由 0 变为 1 时，由于 G_1 和 G_2 电气性能的差异，电路的输出状态无法预知，既可能是 0 状态，也可能是 1 状态。

3. 逻辑功能描述

触发器的逻辑功能可以使用以下方法描述：特性表、特性方程、状态转换图、驱动表、波形图（时序图）。

① 特性表。表示触发器的次态 Q^{n+1}（现输入信号作用于电路后，触发器所呈现的状

态）与现态 Q^n（现输入信号作用于电路前，触发器所呈现的状态）及输入信号之间关系的真值表，称为特性表，也称为状态转换真值表。基本 RS 触发器的特性表如表 4.1 所示。

表 4.1 基本 RS 触发器特性表

输入变量		触发器状态变化		说明
$\overline{R}_D$	$\overline{S}_D$	Q^n	Q^{n+1}	
0	0	0	×	触发器状态不定
0	0	1	×	
0	1	0	0	触发器置 0
0	1	1	0	
1	0	0	1	触发器置 1
1	0	1	1	
1	1	0	0	触发器保持原状态不变
1	1	1	1	

② 特性方程。表示触发器的次态 Q^{n+1} 与现态 Q^n 及输入信号之间关系的逻辑表达式，称为触发器的特性方程，也称为特征方程或次态（状态）方程。

由表 4.1 得到基本 RS 触发器 Q^{n+1} 的卡诺图，如图 4.2 所示。

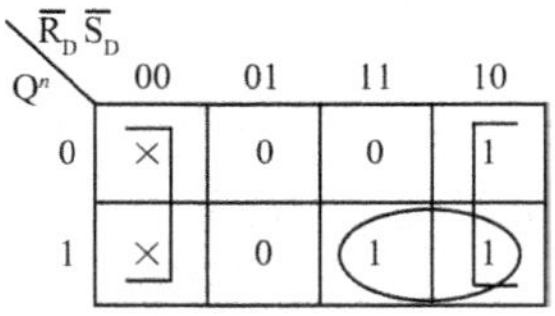

图 4.2 基本 RS 触发器 Q^{n+1} 卡诺图

基本 RS 触发器的特性方程为

$$\begin{cases} Q^{n+1} = \overline{S}_D + \overline{R}_D Q^n \\ \overline{S}_D + \overline{R}_D = 1 \end{cases}$$

其中，$\overline{S}_D+\overline{R}_D=1$ 是基本 RS 触发器的约束条件，即正常使用时 $\overline{R}_D$、$\overline{S}_D$ 不能同时为 0。

③ 状态转换图。它说明了触发器状态发生变化时，电路对输入信号的要求，是描述触发器逻辑功能的常用方法之一。基本 RS 触发器状态转换图如图 4.3 所示。基本 RS 触发器驱动表如表 4.2 所示。

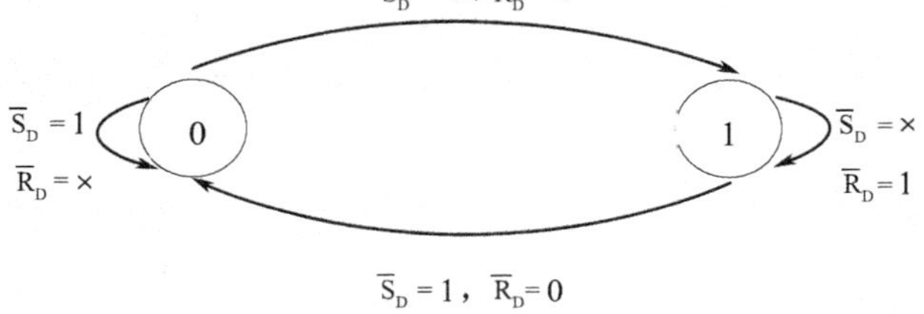

图 4.3 基本 RS 触发器状态转换图

图中的两个圆圈代表触发器的两个稳定状态 0、1，箭头表示触发器状态的转换方向，箭头旁标注的 $\overline{R}_D$ 、$\overline{S}_D$ 表示触发器完成这种状态转换时，对输入信号状态的要求。

④ 驱动表。又称激励表，是根据触发器现态 Q^n、次态 Q^{n+1} 的值确定输入信号取值的关系表。

表 4.2　基本 RS 触发器驱动表

输出变量状态的变化		对输入状态的要求	
Q^n	Q^{n+1}	$\overline{R}_D$	$\overline{S}_D$
0	0	×	1
0	1	1	0
1	0	0	1
1	1	1	×

【例 4.1】 基本 RS 触发器输入波形如下，画出触发器输出 Q、$\overline{Q}$ 的波形，设触发器初始状态为 0。

解：根据输入信号变化情况，将输入信号分为 t_1～t_{10} 变化区间。

$t<t_1$时，$\overline{S}_D=1$，$\overline{R}_D=0$，触发器保持0态；

$t_1\leqslant t<t_2$时，$\overline{S}_D=1$，$\overline{R}_D=1$，触发器保持0态不变；

$t_2\leqslant t<t_3$时，$\overline{S}_D=0$，$\overline{R}_D=1$，触发器置1；

$t_3\leqslant t<t_4$时，$\overline{S}_D=1$，$\overline{R}_D=1$，触发器保持1态不变；

$t_4\leqslant t<t_5$时，$\overline{S}_D=1$，$\overline{R}_D=0$，触发器置0；

$t_5\leqslant t<t_6$时，$\overline{S}_D=1$，$\overline{R}_D=1$，触发器保持0态不变；

$t_6\leqslant t<t_7$时，$\overline{S}_D=0$，$\overline{R}_D=1$，触发器置1；

$t_7\leqslant t<t_8$时，$\overline{S}_D=1$，$\overline{R}_D=1$，触发器保持1态不变；

$t_8\leqslant t<t_9$时，$\overline{S}_D=1$，$\overline{R}_D=0$，触发器置0；

$t_9\leqslant t<t_{10}$时，$\overline{S}_D=1$，$\overline{R}_D=1$，触发器保持0态不变；

$t>t_{10}$时，$\overline{S}_D=1$，$\overline{R}_D=0$，触发器保持0态不变。

画出该触发器输出 Q 、$\overline{Q}$ 的波形如图 4.4 所示。该例题中，未出现 $\overline{R}_D$ 、$\overline{S}_D$ 同时为 0 的情况。

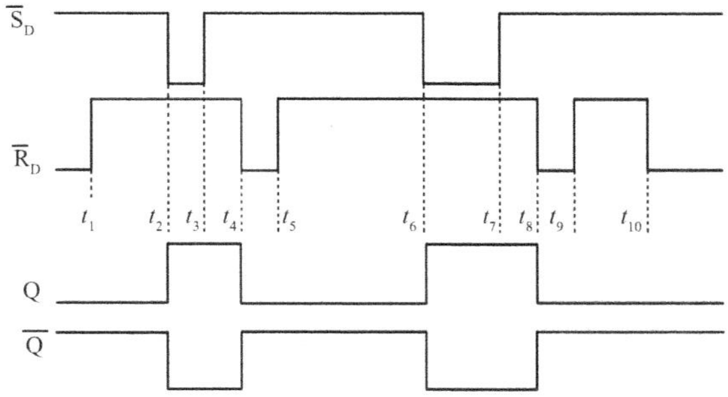

图 4.4　【例 4.1】波形图

【例 4.2】 基本 RS 触发器输入波形如下，画出触发器输出 Q、$\overline{Q}$ 的波形，设触发器初始状态为 1。

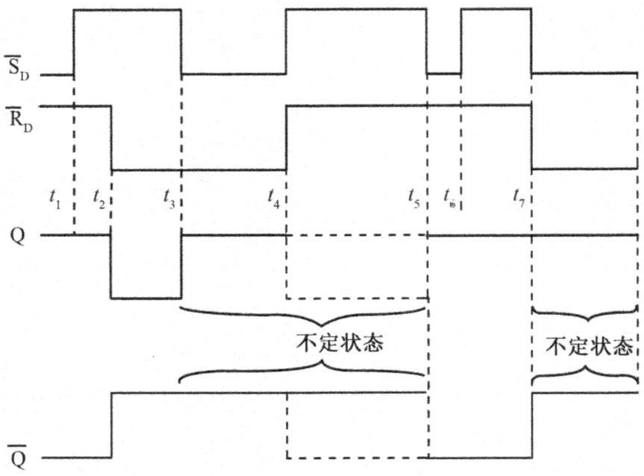

图 4.5 【例 4.2】波形图

解：根据输入信号的变化情况，分为 t_1～t_7 变化区间。

参考上题分析过程，可求出在 t_1～t_3、t_5～t_7 变化区间内输出信号的变化情况。

而在 t_3～t_5 变化区间内，

$t_3 \leqslant t < t_4$ 时，$\overline{S}_D=\overline{R}_D=0$，$Q=\overline{Q}=1$，触发器输出状态不定；

$t_4 \leqslant t < t_5$ 时，$\overline{S}_D$、$\overline{R}_D$ 同时由0变为1、并保持1态，由于门电路电气性能的差异，触发器输出状态不定；

$t>t_7$ 时，$\overline{S}_D=\overline{R}_D=0$，$Q=\overline{Q}=1$，触发器输出状态不定；

根据以上分析，作出该触发器输出 Q、$\overline{Q}$ 的波形如图 4.5 所示。

基本 RS 触发器也可以由或非门电路构成，如图 4.6 所示。该触发器输入信号高电平有效，当两个输入信号同时呈现高电平时，触发器状态不定。

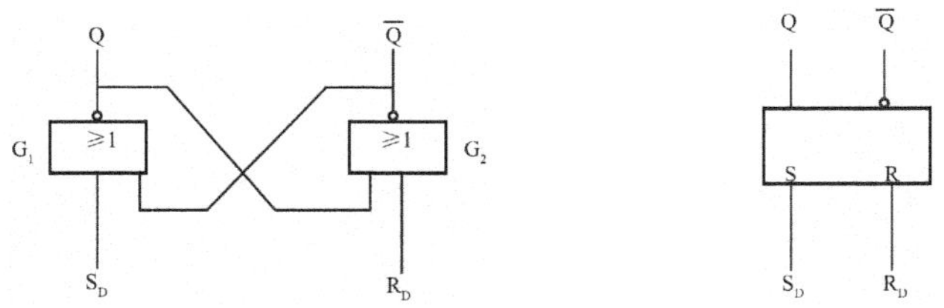

（a）电路 （b）逻辑符号

图 4.6 或非门组成基本 RS 触发器

【例 4.3】 或非门组成的基本 RS 触发器输入波形如下，画出触发器输出 Q、$\overline{Q}$ 的波形，设触发器初始状态为 0。

解：根据电路构成，R=1、S=0 时，电路置 0；R=0、S=1 时，电路置 1；R=0、S=0 时，电路状态不变；R=S=1 时，电路状态不定。该触发器输出 Q、$\overline{Q}$ 的波形如图 4.7 所示。

基本 RS 触发器电路简单，是构成各种复杂触发器的基础；但由于采用电平直接控制方式，输入信号在全部时间内都可以直接控制输出端的状态，导致电路抗干扰能力下降；且输入信号之间存在约束关系，限制了触发器的应用。

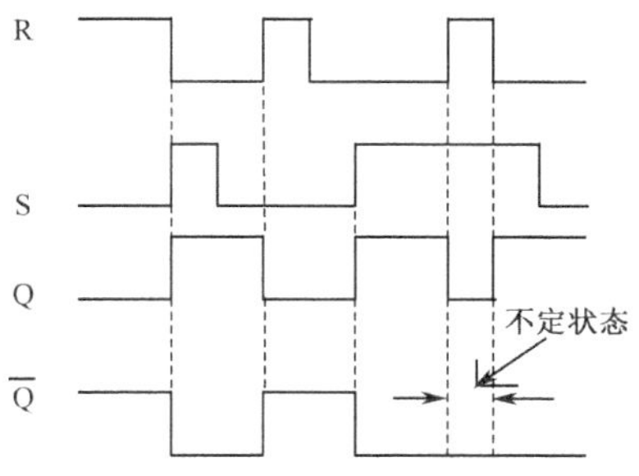

图 4.7　【例 4.3】波形图

4.2　同步触发器

数字系统中为协调各部分的动作，常常要求触发器在同一时刻动作。为此，必须引入同步信号，使触发器在同步信号的作用下，输入信号才能够作用于触发器电路。通常把这个同步信号叫做时钟脉冲信号，或简称时钟信号、时钟，用 CP 表示。

把这种受时钟信号控制的触发器称为同步触发器，也称为时钟触发器。同步触发器分为同步 RS 触发器、同步 JK 触发器、同步 D 触发器等几种。

4.2.1　同步 RS 触发器

同步 RS 触发器在基本 RS 触发器的基础上增加两个由时钟脉冲控制信号 CP 控制的与非门 G_3、G_4 构成。图 4.8 为带直接复位端和直接置位端的同步 RS 触发器电路，图中 CP 端为时钟脉冲信号输入端，简称钟控端。

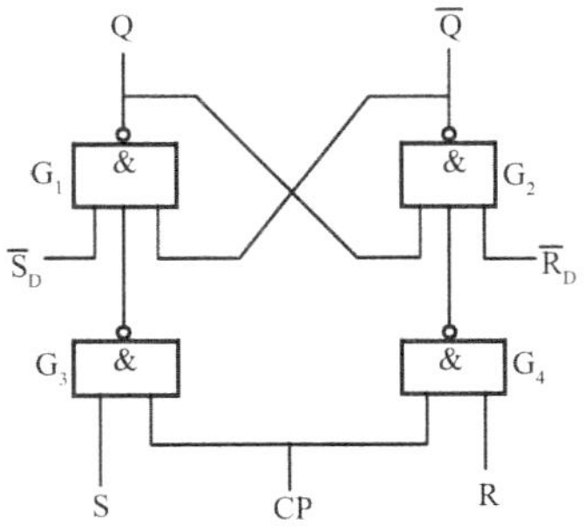

（a）电路

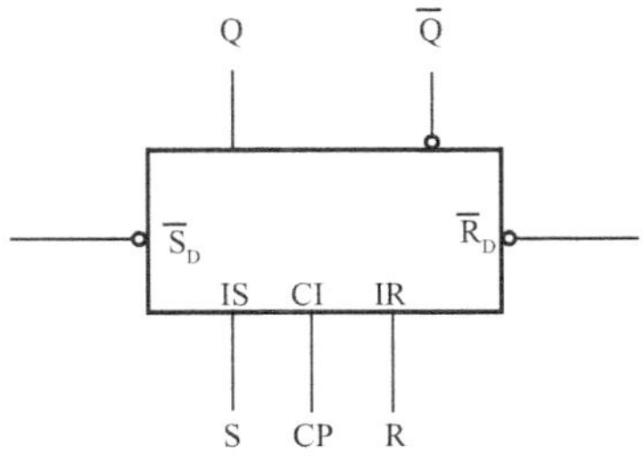

（b）逻辑符号

图 4.8　同步 RS 触发器

1．工作过程简介

CP=0 时，G_3、G_4 门被封锁，其输出均为 1。不论输入信号 R、S 如何变化，触发器的状态保持不变。

CP=1 时，G_3、G_4 门解除封锁，触发器的次态 Q^{n+1} 取决于输入信号 R、S 及电路的现态 Q^n。

电路的特性表如表 4.3 所示。

表 4.3 同步 RS 触发器电路特性表

时钟信号	输入变量		触发器状态		说 明
CP	R	S	Q^n	Q^{n+1}	
1	0	0	0	0	触发器保持原状态不变
1	0	0	1	1	
1	0	1	0	1	触发器置 1
1	0	1	1	1	
1	1	0	0	0	触发器置 0
1	1	0	1	0	
1	1	1	0	×	触发器状态不定
1	1	1	1	×	
0	×	×	0	0	CP＝0 时，触发器状态不变
0	×	×	1	1	

由表 4.3 知，R=S=1 时，触发器的状态不定。即电路正常工作时应满足约束条件 RS=0。

图 4.8（a）中，$\overline{R}_D$ 和 $\overline{S}_D$ 为直接复位端和直接置位端，通过 $\overline{R}_D$ 端和 $\overline{S}_D$ 端的值可以直接确定触发器的状态。$\overline{R}_D$ 端和 $\overline{S}_D$ 端也称为异步置 0 端和异步置 1 端。

$$\begin{cases}\overline{R}_D=0,\overline{S}_D=1 \Rightarrow Q=0,\overline{Q}=1\text{。触发器被置0;}\\ \overline{R}_D=1,\overline{S}_D=0 \Rightarrow Q=1,\overline{Q}=0\text{。触发器被置1;}\\ \overline{R}_D=\overline{S}_D=1 \Rightarrow \text{触发器接收输入信号，处于正常工作状态。}\end{cases}$$

2．触发器逻辑功能描述

① 特性表。如表 4.3 所示。

② 特性方程。由同步 RS 触发器 Q^{n+1} 的卡诺图（见图 4.9），得到同步 RS 触发器的特性方程如下：

$$\begin{cases}Q^{n+1}=S+\overline{R}Q^n\\ RS=0 \qquad \text{(约束条件)}\end{cases}$$

③ 状态转换图与驱动表。同步 RS 触发器的状态转换图如图 4.10 所示。

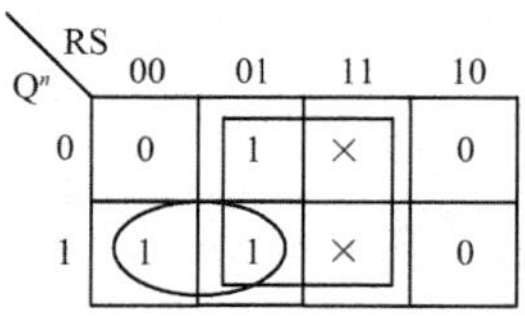

图 4.9 同步 RS 触发器 Q^{n+1} 卡诺图

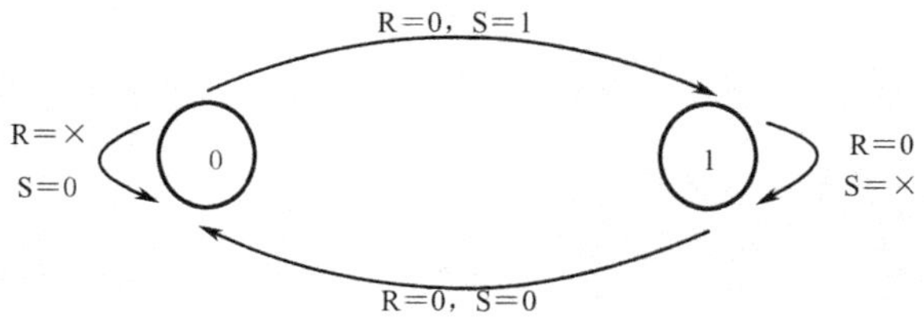

图 4.10 同步 RS 触发器状态转换图

表 4.4 为同步 RS 触发器驱动表。

表 4.4　同步 RS 触发器驱动表

输出变量状态的变化		对输入状态的要求	
Q^n	Q^{n+1}	R	S
0	0	×	0
0	1	0	1
1	0	1	0
1	1	0	×

3. 同步 RS 触发器的特点

① CP=0 时，触发器不接受输入信号，电路状态不变。CP=1 时，触发器接收输入信号按特性表规律变化。

② 输入信号之间存在约束，有不定状态出现的可能性。

③ 存在空翻现象。CP=1 时，输入信号发生多次变化，将导致触发器的状态也多次发生变化，这种现象称为空翻。所以同步 RS 触发器只能用于数据锁存，而不能用于计数器、寄存器和存储器中。它与在一个 CP 脉冲信号作用下，触发器状态最多变化一次的原则相悖，应采取措施避免。

4.2.2　同步 D 触发器

1. 电路组成

同步 RS 触发器具有两个输入端信号 R、S，对于只有一个输入信号的触发器，可将 RS 触发器接成如图 4.11（a）所示的形式，并简化成图 4.11（b）所示的电路结构，即构成只有单输入端的触发器，称其为 D 触发器。逻辑符号图如图 4.11（c）所示。

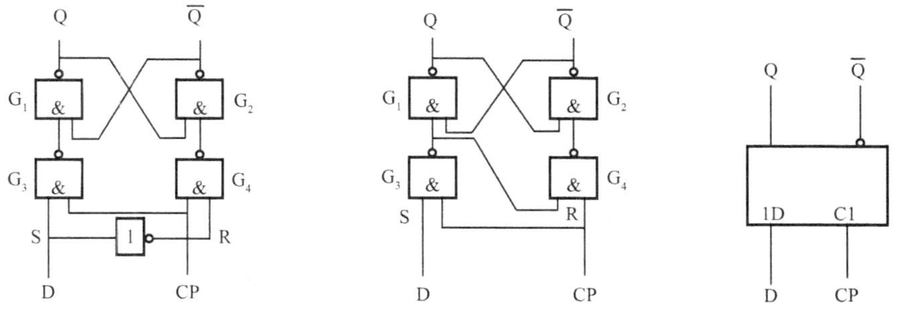

（a）D 触发器的构成　（b）D 触发器的简化电路　（c）逻辑符号

图 4.11　同步 D 触发器逻辑电路及逻辑符号

2. 逻辑功能分析及描述

CP=0 时，G_3、G_4 门输出为 1，输入信号 D 对基本触发器无影响。D 触发器保持原来状态。

CP=1 时，G_3、G_4 门的输出由输入信号 D 的状态决定。若 D=0，无论 D 触发器原来状态为 0 或 1，D 触发器输出均为 0；如果 D=1，则 D 触发器输出均为 1，D 触发器的状态真值表如表 4.5 所示。

表 4.5 同步 D 触发器状态真值表

D	Q^n	Q^{n+1}	功能说明
0	0	0	置 0
0	1		
1	0	1	置 1
1	1		

由真值表得 D 触发器的卡诺图如图 4.12（b）所示，化简得同步 D 触发器的特性方程为

$$Q^{n+1}=D \qquad (CP=1)$$

由真值表得 D 触发器的状态转移图如图 4.12（a）所示。

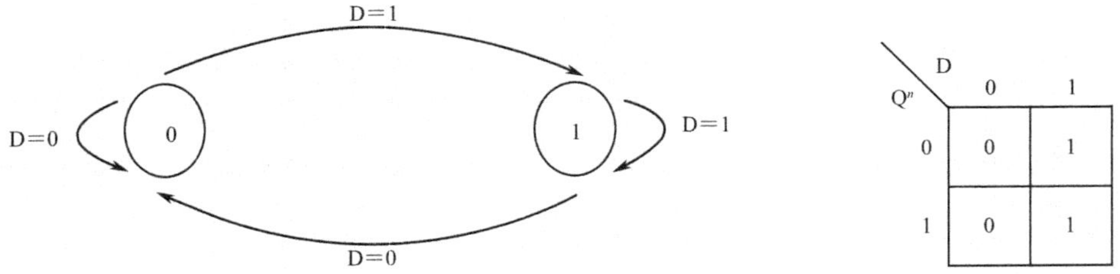

（a）状态转移图　　（b）卡诺图

图 4.12 同步 D 触发器状态转移图及卡诺图

如果已知输入信号 CP 和 D 的波形，得到 D 触发器的工作波形如图 4.13 所示。

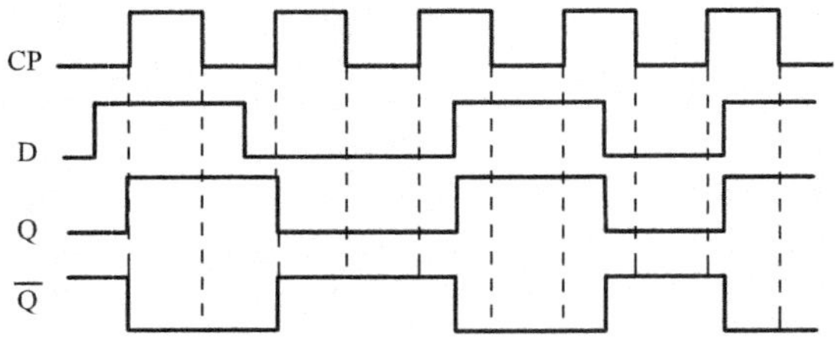

图 4.13 同步 D 触发器波形图

4.2.3 同步 JK 触发器

1. 电路组成

同步 RS 触发器正常工作时， 若输入信号 R 和 S 为 1 时，触发器处于禁止状态。为了消除这种状况，可将同步 RS 触发器电路适当修改，并将输入信号 S 设置为 J，R 设置 K，构成如图 4.14（a）所示的同步 JK 触发器逻辑电路。

2. 逻辑功能分析

CP=0 时，G_3、G_4 门被封锁，因此 J、K 输入端信号的变化对 G_1、G_2 门没影响。因此触发器处于保持状态。

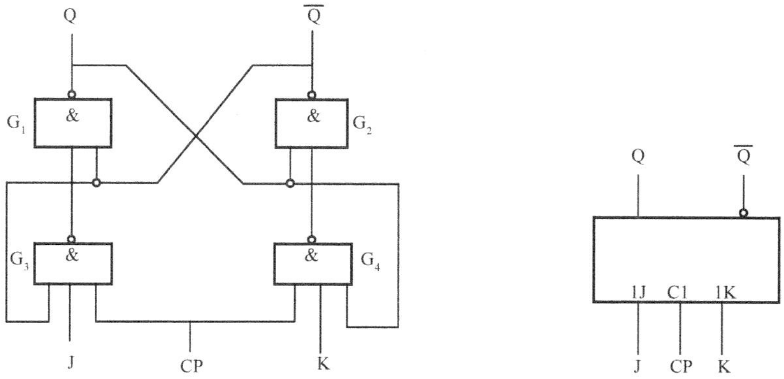

（a）逻辑电路 （b）逻辑符号

图 4.14 同步 JK 触发器逻辑电路及逻辑符号

CP=1 时，G_3、G_4门的输出根据输入端信号 J、K 的四种状态 00、01、10、11 来决定。触发器输出端 Q^{n+1} 状态与 RS 触发器输出状态相同。当 JK=11 时，触发器将发生翻转。JK 触发器的状态真值表如表 4.6 所示。

表 4.6 JK 触发器的状态真值表

CP	J	K	Q^n	Q^{n+1}	功能
0	×	×	×	Q^n	保持，$Q^{n+1}=Q^n$
1	0	0	0	0	保持，$Q^{n+1}=Q^n$
1	0	0	1	1	
1	0	1	0	0	置 0，$Q^{n+1}=0$
1	0	1	1	0	
1	1	0	0	1	置 1，$Q^{n+1}=1$
1	1	0	1	1	
1	1	1	0	1	翻转，$Q^{n+1}=\overline{Q}^n$
1	1	1	1	0	

根据真值表得 JK 触发器的卡诺图如图 4.15（b）所示，化简得 JK 触发器的特性方程为

$$Q^{n+1}=J\overline{Q}^n+\overline{K}Q^n$$

由真值表得 JK 触发器的状态转移图如图 4.15（a）所示。

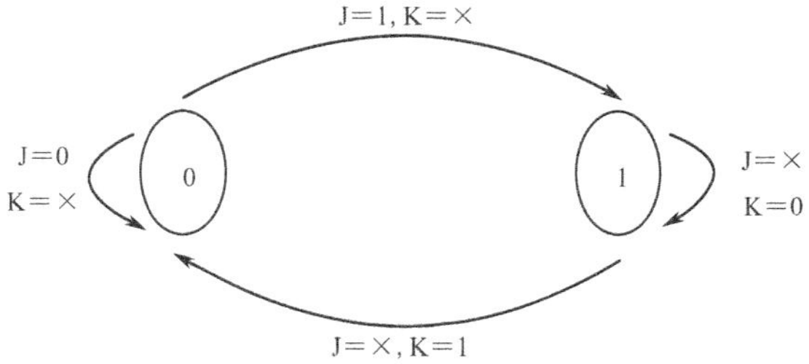

（a）状态转移图

图 4.15 同步 JK 触发器状态转移图及卡诺图

J \ KQ^n	00	01	11	10
0	0	0	0	0
1	1	1	0	1

（b）触发器的卡诺图

图 4.15　同步 JK 触发器状态转移图及卡诺图（续）

如果已知 CP、J、K 的波形，可画出同步 JK 触发器的工作波形如图 4.16 所示。

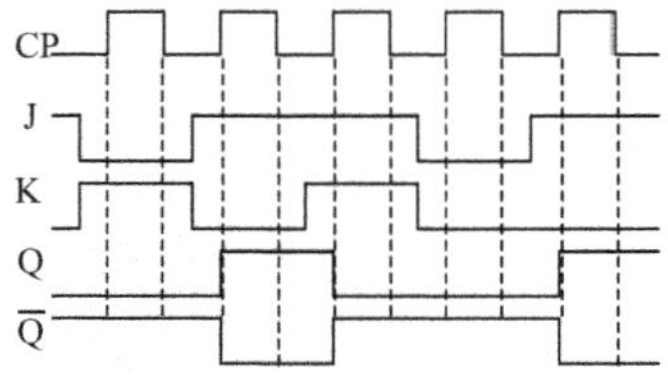

图 4.16　同步 JK 触发器的工作波形图

触发器在 CP=1 期间内输入信号 J、K 若发生多次变化，则会导致触发器的状态也可能发生多次翻转。此工作特点容易使触发器的正常功能遭到破坏。

为了避免上述现象的发生，实际应用中一般采用主从和边沿触发器。

4.3　典型集成触发器

4.3.1　主从触发器

为提高触发器的工作可靠性，希望在一个 CP 信号作用下，触发器状态只变化一次。为此，在同步 RS 触发器的基础上又设计了主从结构触发器。主从触发器具有主从结构，能够克服空翻现象。

1. 主从 RS 触发器

主从 RS 触发器由两个同样的同步 RS 触发器组成，但它们的 CP 信号相位相反，图 4.17 所示为主从 RS 触发器的逻辑电路图及逻辑符号图。其中由与非门 G_5、G_6、G_7、G_8 组成的同步 RS 触发器称为主触发器，钟控信号为 CP，输入为 S、R，输出为 Q_m 和 $\overline{Q_m}$；由与非门 G_1、G_2、G_3、G_4 组成的同步 RS 触发器称为从触发器，钟控信号为 $\overline{CP}$，输入为 Q_m 和 $\overline{Q_m}$，输出为 Q 和 $\overline{Q}$。从触发器的输出是整个主从触发器的输出，主触发器的输入是整个主从触发器的输入。

P=1 时，门 G_7、G_8 打开，门 G_3、G_4 被封锁，故主触发器根据 S 和 R 的状态翻转，从触发器保持原来的状态不变。

CP 由高电平回到低电平时，G_7、G_8 门被封锁，此后无论输入信号 S、R 的状态如何变化，在 CP=0 的时间里主触发器状态不再改变。与此同时，门 G_3、G_4 打开，从触发器按照与主触发器相同的状态翻转。即在 CP 的一个变化周期中触发器的输出状态只能改变一次。

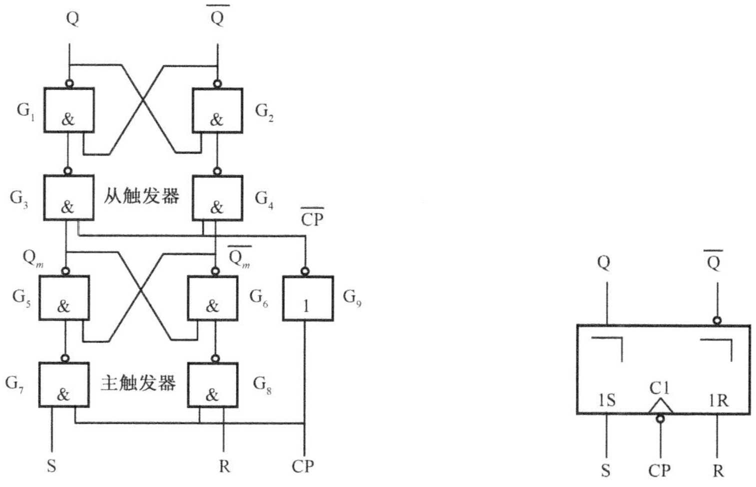

（a）逻辑电路图　　　　（b）逻辑符号图

图 4.17　主从 RS 触发器逻辑电路及逻辑符号

例如，触发器的初始状态为 0，当 CP=1 时，若 S=1、R=0，主触发器将被置 1，Q_m=1、$\overline{Q_m}$=0，从触发器保持 0 状态不变。当 CP 回到低电平以后，从触发器的 CP 变成了高电平，它的输入为 Q_m=1、$\overline{Q_m}$=0，被置成 1 状态。

由于输出状态的变化发生在 CP 信号的下降沿，所以图 4.17（a）所示主从 RS 触发器表示下降沿动作型。在图 4.17（b）所示的逻辑符号图中用 CP 输入端的小圆圈表示下降沿动作。在 CP 上升沿动作型触发器中，不画这个小圆圈。

根据上述工作原理的分析可写成真值表，即可得表 4.7 所示的主从 RS 触发器特性表。

表 4.7　主从 RS 触发器特性表

CP	S	R	Q^n	Q^{n+1}
×	×	×	×	Q^n
↓	0	0	0	保持
↓	0	0	1	
↓	1	0	0	置 1
↓	1	0	1	
↓	0	1	0	置 0
↓	0	1	1	
↓	1	1	0	不定
↓	1	1	1	

从同步 RS 触发器到主从 RS 触发器的演变，解决了 CP=1 期间触发器可能发生多次翻转的问题。但由于主触发器是同步 RS 触发器，所以对输入信号的约束条件仍需遵守，即保证 SR=0。为便于使用，希望输入信号出现了 S=R=1 的情况时，触发器的次态也是确定的，即主从 JK 触发器。

2. 主从 JK 触发器

主从 JK 触发器，是为了解决主从 RS 触发器中 R、S 之间有约束的问题而设计的。

图 4.18 所示是主从 JK 触发器的逻辑电路图和逻辑符号，是在主从 RS 触发器基础上，把$\overline{Q}$反馈到门 G_7 的输入端、Q 反馈到门 G_8 的输入端得到的。由于主从结构的电路形式未变，输入信号为 J 和 K，故名主从 JK 触发器。

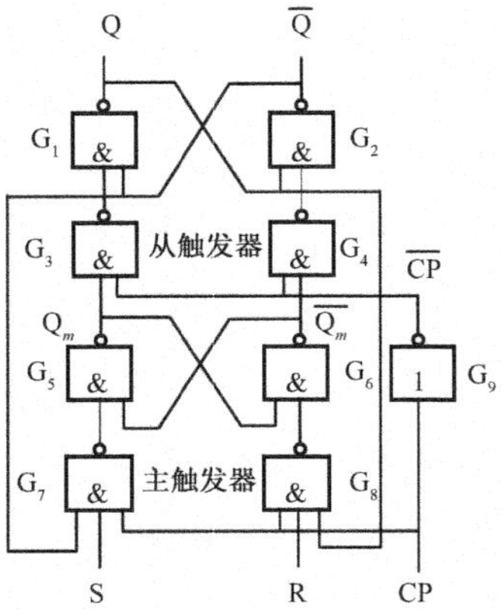

（a）逻辑电路

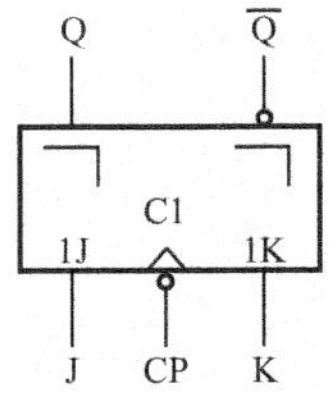

（b）逻辑符号

图 4.18 主从 JK 触发器逻辑电路及逻辑符号

CP=1 时，主触发器工作，即 Q_m 的状态取决于输入信号 J、K 以及从触发器现态 Q^n、$\overline{Q^n}$ 的状态；从触发器被封锁，保持原来状态。

CP 由 1 变为 0 时（即下降沿），主触发器被封锁，从触发器打开，从触发器输出端 Q、$\overline{Q}$ 的状态取决于主触发器 Q_m、$\overline{Q_m}$ 的状态，即 Q= Q_m。

主从 JK 触发器的状态真值表、特性方程及状态转移图同同步 RS 触发器。

某些场合下，需要这样一种逻辑功能的触发器，控制信号 T=1 时，每来一个 CP 信号，触发器状态就翻转有一次；当 T=0 时，触发器的状态保持不变。将具备这种逻辑功能的触发器叫做 T 触发器。它的特性表如表 4.8 所示。

表 4.8 T 触发器特性表

T	Q^n	Q^{n+1}
0	0	0
0	1	1
1	0	1
1	1	0

根据特性表可以写出其特性方程为

$$Q^{n+1}=T\overline{Q^n}+\overline{T}Q^n$$

其状态转换图及逻辑符号如图 4.19 所示。

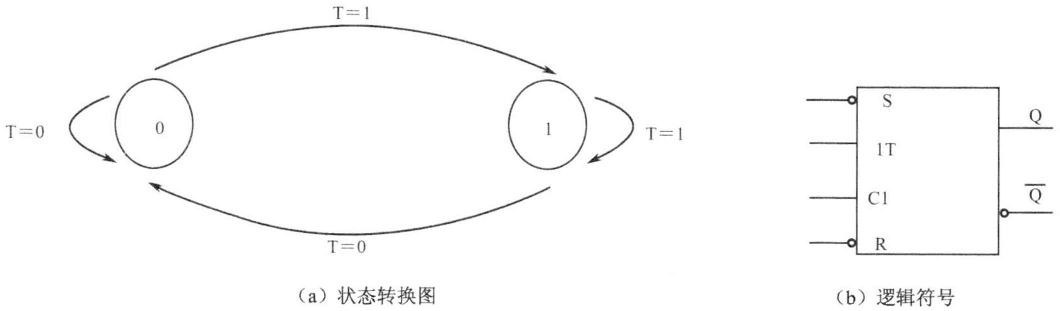

图 4.19 T 触发器的状态转换图和逻辑符号

将 JK 触发器的两个输入端 J 和 K 连在一起作为 T 端，就可以得到 T 触发器。因此，在触发器的定型产品中极少生产专门的 T 触发器。

当 T 触发器的控制端 T 接至固定的高电平时（即 T 恒定为 1 ），则 T 触发器的特性方程变为

$$Q^{n+1}=\overline{Q^n}$$

即每次 CP 信号作用后，触发器将翻转为与初态相反的状态。将这种接法的触发器称为 T′ 触发器。即 T′ 触发器是 T 触发器的一个特定工作状态。

4.3.2 边沿触发器

边沿触发器是在时钟信号的上升沿或下降沿到来时才响应输入信号的一种触发器，即只有在时钟有效边沿附近的输入信号才是真正有效的，而其他时间触发器均处于保持状态。因而大大提高了抗干扰能力，从根本上解决了触发器存在的空翻等现象，工作更加可靠稳定。

边沿触发器的具体电路结构形式较多，本节介绍利用门电路的传输延迟时间构成的边沿触发器电路。其典型电路如图 4.20 所示。

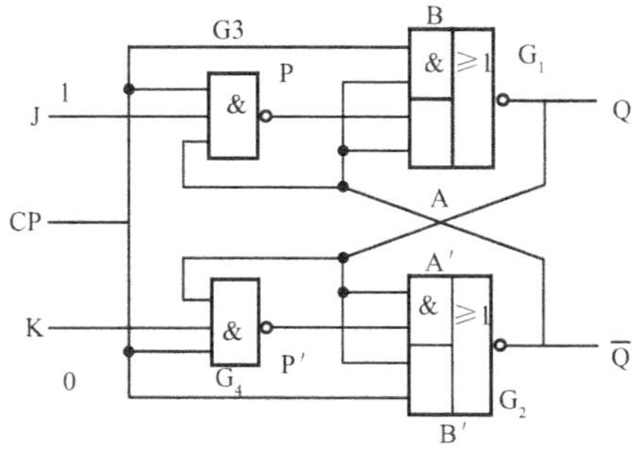

图 4.20 利用传输延迟时间的边沿触发器

该电路包含一个由与或非门组成的基本 RS 触发器和两个输入控制门 G_3、G_4。且门 G_3、G_4 的传输延迟时间大于基本 RS 触发器的翻转时间。

若触发器的初始状态为 Q=0、$\overline{Q}$=1，CP=0 时，门 B、B′、G_3、G_4 同时被 CP 的低电平封锁，而由于 P、P′ 两端为高电平，门 A、A′ 是打开的，故基本 RS 触发器的状态通过 A、A′ 得以保持。

CP 变为高电平以后，门 B、B′ 首先解除封锁，基本 RS 触发器的状态通过 B、B′ 可以

继续保持原状态不变。若此时输入为 J=1、K=0，则经过门 G_3、G_4 的传输延迟时间以后，P=0、P′ =1，门 A、A′ 均不导通，对基本 RS 触发器的状态没有影响。

当 CP 信号下降沿到来时，门 B、B′ 首先被封锁，但由于 G_3、G_4 存在传输延迟时间，所以 P、P′ 的信号状态不会立即改变。因此，在一个很短的时间里门 A、B 将各有一个输入端为低电平，使 Q=1，并经过门 A′ 使 $\overline{Q}$=0。假定 $\overline{Q}$ 的低电平能在 P 点的低电平消失以前返回到门 A，那么在 P 点变为高电平以后，触发器的 1 状态仍能保持下去。

经过 G_3、G_4 的传输延迟时间以后，P 和 P′ 都变成了高电平，但对基本 RS 触发器的状态并无影响。同时，由于 CP 的低电平将 G_3、G_4 门封锁，因而此后输入信号 J、K 状态的变化对触发器的状态不再发生影响。

边沿 JK 触发器与主从 JK 触发器的特性表类似，触发器的次态与输入信号 J、K 及现态之间的逻辑关系相同，仅在电路对 CP 信号的要求上有区别。

通过分析可知，该触发器的次态仅取决于 CP 信号的上升沿或下降沿到达时输入端的逻辑状态，此外时间输入信号的变化对触发器的状态没有影响。

该电路有效地提高了触发器的抗干扰能力与电路的工作可靠性。

4.3.3 维持阻塞触发器

维持阻塞触发器是利用电路内部的维持阻塞线产生的维持阻塞作用克服空翻现象的触发器。

维持：在 CP 脉冲作用期间，输入信号发生变化的情况下，应该开启的门维持畅通无阻，使其完成预定的操作。

阻塞：在 CP 脉冲作用期间，输入信号发生变化的情况下，应该关闭的门处于关闭状态，阻止产生不应该的操作。

图 4.21（a）所示是维持阻塞结构 D 触发器的电路图。这个电路是在同步 D 触发器基础之上演变而来的。

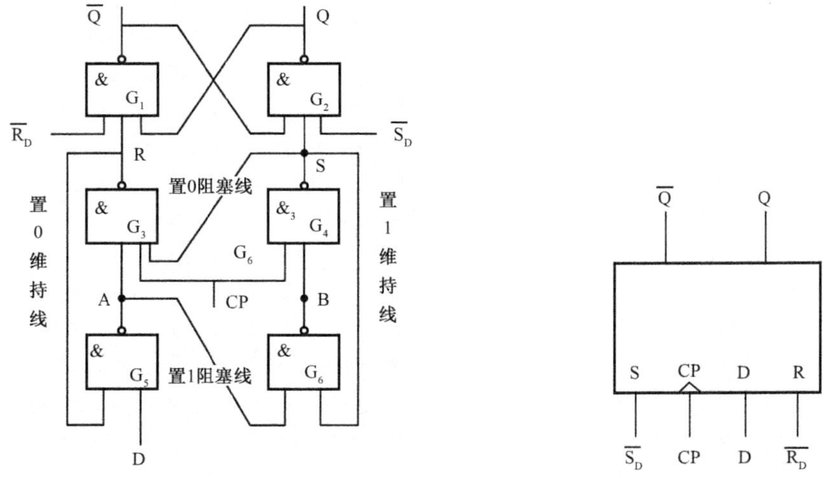

（a）维持阻塞 D 触发器　　（b）逻辑符号

图 4.21 维持阻塞 D 触发器逻辑电路及逻辑符号

如图 4.21（a）电路，其中 $\overline{S_D}$、$\overline{R_D}$ 为直接置“1”端和直接清“0”端，电路正常工作时 $\overline{S_D}=\overline{R_D}=1$。

设触发器初始状态为 Q = 0，D = 1。

CP = 0 时，G_3、G_4门同时被封锁，R=S=1，基本 RS 触发器输出状态保持原态。由于 R 至 G_5、S 至 G_6的反馈作用，使 G_5、G_6的输出随 D 端信号变化，此时 $A=\overline{D}$、B= D，触发器处于等待翻转状态。

D=0 时，A=1、B=0 已经准备就绪。CP 上升沿到来时，G_3、G_4 门打开，即 R=0、S=1，使基本 RS 触发器的输出 Q 为 0，触发器置 0。CP =1 期间，R 通过置 0 维持线维持 A=1，从而锁存 R=0；同时，A 通过置 1 阻塞线保持 B=0，从而阻塞 G_4输出置 1 负脉冲，使触发器保持 0 状态不变。

D=1 时，A=0、B=1 已经准备就绪；CP 上升沿到来时，G_3、G_4 门打开，即 R=1、S=0，使得基本 RS 触发器的输出 Q 为 1，触发器置 1。CP =1 期间 ，S 通过置 1 维持线维持 B=1，从而锁存 S=0；同时，S 通过置 0 阻塞线保持 R=0，从而阻塞 G_3 输出置 0 负脉冲，使触发器保持 1 状态不变。

由以上分析可知，维持阻塞触发器的特性方程为：

$$Q^{n+1}=D \quad（CP 上升沿有效）$$

根据已知 CP 和 D 的波形，可画出其工作波形如图 4.22 所示。

维持阻塞 D 触发器真值表和状态转移图与同步 D 触发器类似。

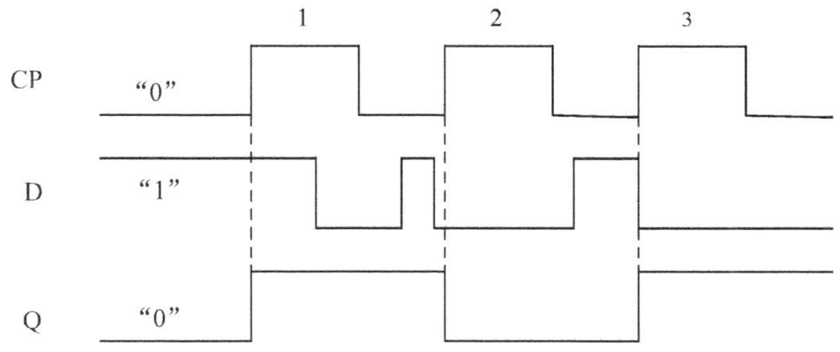

图 4.22　维持阻塞 D 触发器波形图

4.4　触发器应用

4.4.1　触发器构成分频电路

在二进制加法器的基础上，将每个 D 触发器的输出 $\overline{Q}$ 接回到输入 D 上，就可以构成分频器，如图 4.23 所示。

设触发器 FF_0 的初始状态为 0，则 $Q_0=0$，$\overline{Q}_0=1$，当 CP 脉冲的上升沿到来时，$Q_0^{n+1}=\overline{Q}_0^n=1$，$\overline{Q}_0^{n+1}=0$，$FF_0$ 的状态变为 1；当第二个 CP 脉冲的上升沿到来时，FF_0 的状态又变成了 0，此时 FF_0 的输出 $\overline{Q}_0$ 从 0 变为 1，使触发器 FF_1 触发。以此类推，可以得到分频器的波形图，如图 4.24 所示。

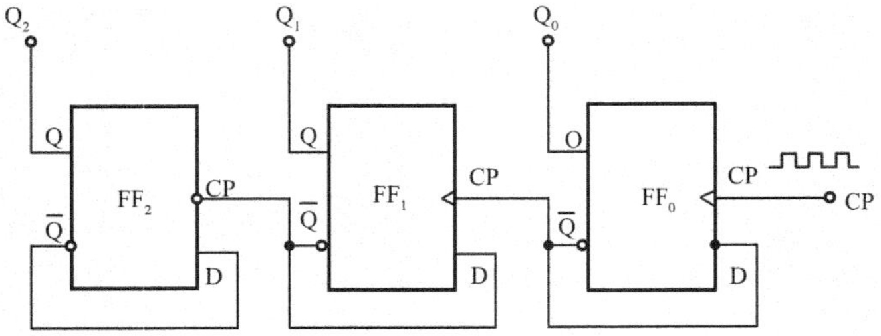

图 4.23　二进制加法器组成分频器

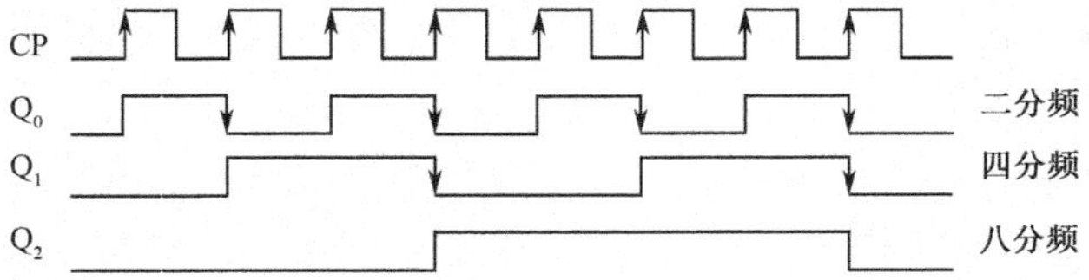

图 4.24　分频器的工作波形图

4.4.2　触发器构成单脉冲去抖电路

实际应用中，有时需要产生一个单脉冲作为开关输入信号，机械式的开关电路会产生抖动现象，并引起错误信息。可由触发器构成单脉冲去抖电路。

基本 RS 触发器组成无抖动开关的电路如图 4.25（b）所示。设 t_1 时刻，将开关 S_W 从 B 拨动到 A，由于机械开关的弹性作用，$\overline{S}_d$ 的波形会有一个抖动的过程。根据基本 RS 触发器的工作原理，$\overline{R}_d$=1 且 $\overline{S}_d$=0 时，触发器输出 Q=1，由于抖动出现 $\overline{R}_d$=1 且 $\overline{S}_d$=1 时，触发器状态保持不变，所以使触发器输出 Q＝1。t_2 时刻 S_W 从 A 拨动到 B 时的情况类似。

因此图 4.25（b）所示的电路实现了去抖动的功能。

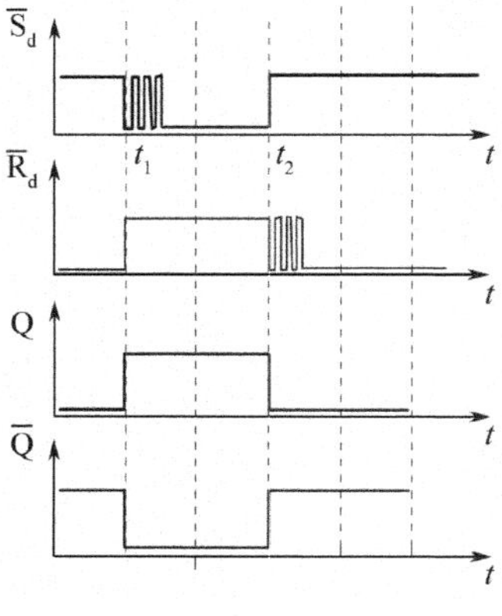

（a）波形图

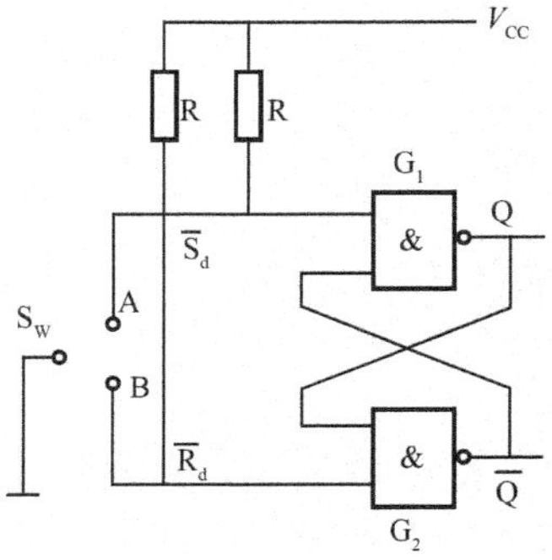

（b）电路图

图 4.25　无抖动开关电路图和波形图

4.4.3　触发器构成第一信号鉴别电路

在多个输入信号中选取最先并屏蔽后到达的信号，这样的电路称为第一信号鉴别电路。

图 4.26 为 D 触发器构成的第一信号鉴别电路。

图中，三个信号分别输入到 F_1、F_2 和 F_3 三个 D 触发器的输入端，三个信号分别被开关 S_1、S_2 和 S_3 控制。初始状态时，三个开关都是断开的，这时，F_1、F_2 和 F_3 三个触发器的输入都是低电平，输出 Q_1、Q_2 和 Q_3 也都是低电平。

工作状态下，当三个开关 S_1、S_2 和 S_3 被按下时，对应的输入就变成高电平，在 CP 脉冲的上升沿到达时，F_1、F_2 和 F_3 的状态就能变成 1。

设开关 S_2 先被按下，当 CP 脉冲信号上升沿到达时，触发器 F_2 的状态变为 1，输出 $Q_2 = 1$，$\bar{Q}_2=0$。三个 D 触发器的 CP 脉冲信号 $CP_1=CP_2=CP_3=\overline{CP \cdot \bar{Q}_1 \cdot \bar{Q}_2 \cdot \bar{Q}_3}$，由于 $\bar{Q}_2=0$，所以 $CP_1=CP_2=CP_3=0$。接着按下 S_1 和 S_3，由于此时 CP_1 和 CP_3 始终为 0，没有 CP 信号上升沿到达，所以 F_1 和 F_2 的状态保持原态 0，输出仍为低电平。

所以，只要有一个信号先到达，则其他的信号就无法到达电路的输出端，保证了第一个到达的信号能被鉴别出来。

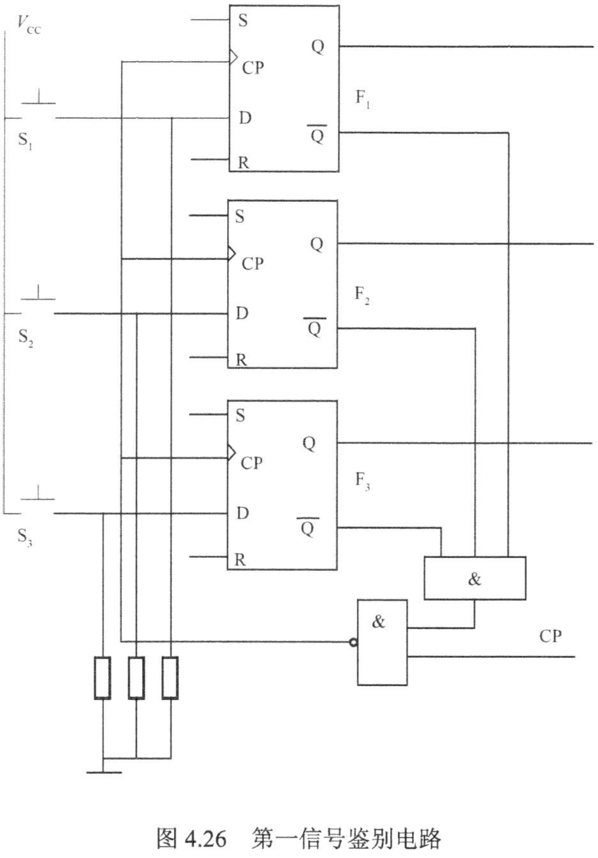

图 4.26 第一信号鉴别电路

4.4.4 触发器之间的转换

功能不同的触发器，在一定条件下可以相互转换。通过门电路的辅助可以方便的完成触发器之间的功能转换。

1. JK 触发器构成 T 触发器

图 4.27（a）所示为 JK 触发器构成的 T 触发器：将 JK 触发器的输入端 J、K 连在一起可以构成 T 触发器。

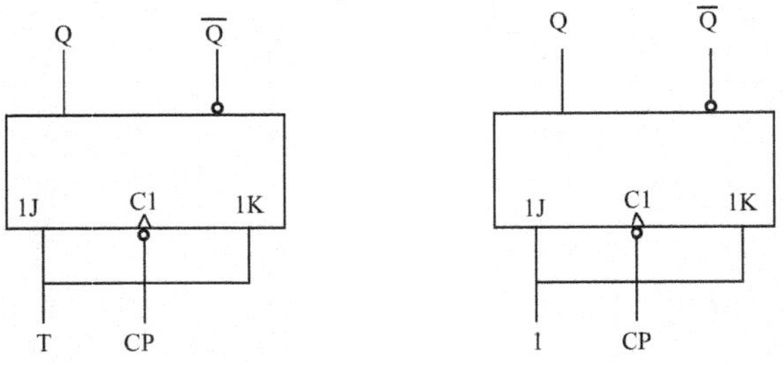

（a）T 触发器　　（b）T′ 触发器

图 4.27　JK 触发器构成 T 触发器和 T′ 触发器

将 J=K=T 代入 JK 触发器的特性方程，得到 T 触发器的特性方程：

$$\begin{aligned}Q^{n+1}&=J\overline{Q^n}+\overline{K}Q^n\\&=T\overline{Q^n}+\overline{T}Q^n\end{aligned}$$

T=1 时，$Q^{n+1}=\overline{Q^n}$。输入一个 CP 信号，触发器状态翻转一次；T=0 时，$Q^{n+1}=Q^n$，CP 信号到来时，触发器保持原状态不变。

2. JK 触发器构成 T′触发器

将 JK 触发器输入端 J、K 相连并接高电平 1，即构成了 T′ 触发器。如图 4.27（b）所示。

T′ 触发器是 T 触发器在输入 T=1 时的特例。将 T=1 代入 T 触发器的特性方程，可得 T′ 触发器的特性方程：

$$Q^{n+1}=\overline{Q^n}$$

3. D 触发器转换成 T 触发器

比较 T 触发器的特性方程 $Q^{n+1}=T\overline{Q^n}+\overline{T}Q^n$ 和 D 触发器的特性方程 Q^{n+1}=D，可得 D 触发器转换为 T 触发器的转换方程：

$$\begin{aligned}Q^{n+1}&=D=T\overline{Q^n}+\overline{T}Q^n\\&=T\oplus Q^n\end{aligned}$$

得到 D 触发器构成的 T 触发器，如图 4.28（a）所示。这时，电路具有保持和翻转功能。

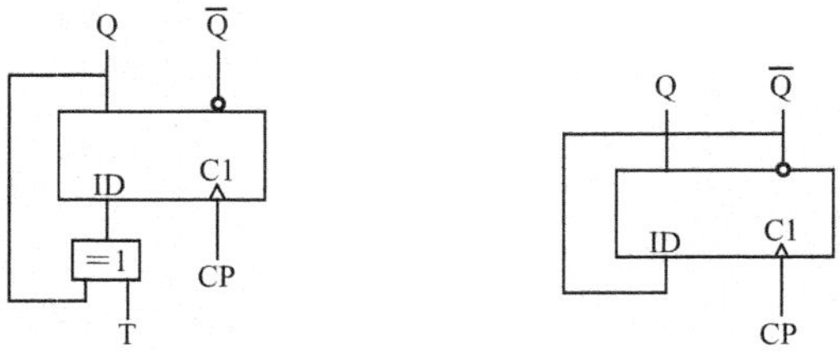

（a）T 触发器　　（b）T′ 触发器

图 4.28　D 触发器构成 T 触发器和 T′ 触发器

4. D触发器转换成T′触发器

将 T=1 代入 $Q^{n+1}=D=T\oplus Q^n$ 得：

$$Q^{n+1}=D=\overline{Q^n}$$

得到D触发器构成的T′触发器，如图4.28（b）所示。这时，电路具有翻转功能。

本章小结

触发器是数字电路重要的基本单元电路。触发器有两个稳定状态，在外界信号作用下，可以从一个稳态转变为另一个稳态；无外界信号作用时触发器状态保持不变。因此，触发器可以作为二进制存储单元使用。

本章根据电路结构的不同，分别介绍了基本触发器和同步触发器的工作原理和逻辑功能，并根据逻辑功能的不同介绍了RS、JK、D型等触发器。

触发器的逻辑功能可以用真值表、卡诺图、特性方程、状态图等方式描述。触发器的特性方程是表示其逻辑功能的重要逻辑函数，在分析和设计时序电路时常用来作为判断电路状态转换的依据。

各种不同逻辑功能的触发器的特性方程如下。

同步RS触发器的特性方程：$\begin{cases}Q^{n+1}=S+\overline{R}Q^n\\ RS=0 \quad \text{(约束条件)}\end{cases}$

JK触发器的特性方程：$Q^{n+1}=J\overline{Q}^n+\overline{K}Q^n$

D触发器：$Q^n+1=D$

同一种功能的触发器，可以用不同的电路结构形式来实现；反之，同一种电路结构形式，可以构成具有不同功能的各种类型触发器。

习题4

4.1 触发器电路主要由什么构成？它为什么具有记忆功能？

4.2 触发器的特点是什么？可以分为哪几类？

4.3 由与非门组成的基本RS触发器和输入端S、R信号如图4.29所示，画出输出端Q、$\overline{Q}$的波形。

4.4 钟控RS触发器如图4.30所示，设触发器的初始状态为0，画出输出端Q的波形。

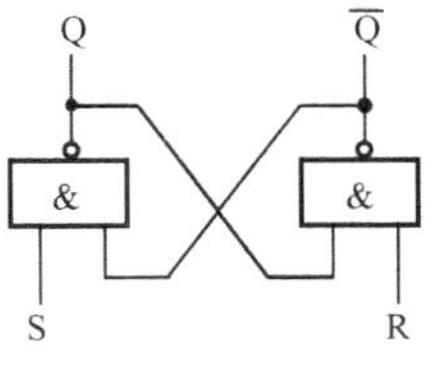

图4.29 习题4.3图

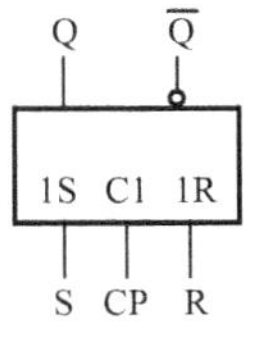

图4.30 习题4.4图

4.5 已知边沿D触发器输入端的波形如图4.31所示，设触发器上升沿触发，画出输出端Q的波形。若为下降沿触发，输出端Q的波形如何？设初始状态为0。

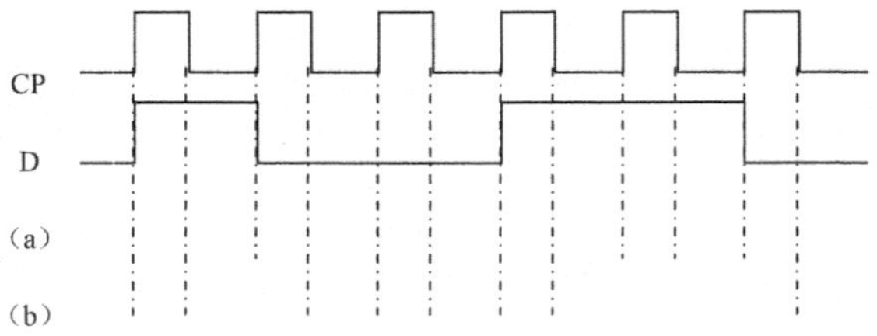

图 4.31　习题 4.5 图

4.6　已知 D 触发器及各输入端的波形如图 4.32 所示，试画出 Q 和 $\overline{Q}$ 的波形。

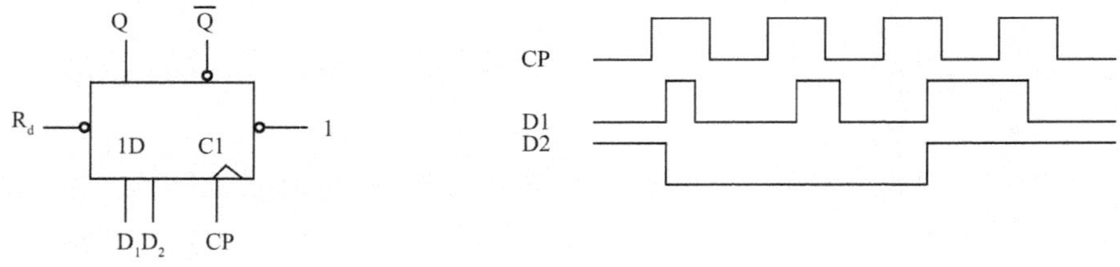

图 4.32　习题 4.6 图

4.7　已知 JK 触发器输入信号如图 4.33 所示，分别画出主从 JK 触发器和边沿（下降沿）JK 触发器的输出 Q 的波形。设触发器的初始状态为 0。

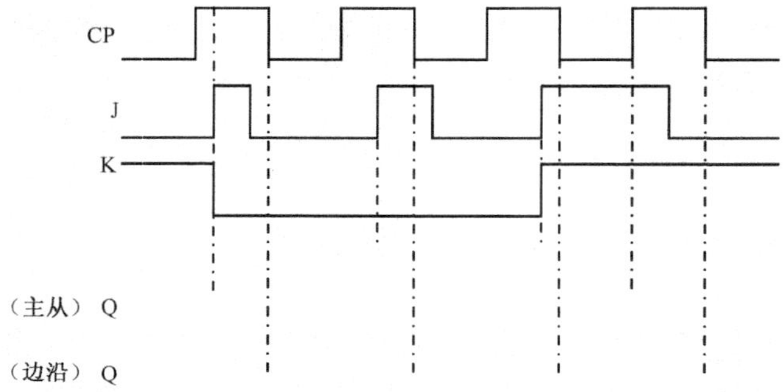

图 4.33　习题 4.7 图

第 5 章　时序逻辑电路

学习指导

通过本章学习，理解时序逻辑电路的定义、分类及状态方程、输出方程、驱动方程的含义；熟练掌握时序逻辑电路的分析方法，了解时序逻辑电路的设计方法。熟悉分频器的工作原理及移位寄存器左移、右移的工作原理；掌握移位寄存器构成环形计数器、奇数分频器的方法。

5.1　概述

5.1.1　时序逻辑电路基本概念

时序逻辑电路简称时序电路，是数字系统中重要的一类逻辑电路。常见的时序逻辑电路包括计数器、寄存器和序列信号发生器等。

时序逻辑电路是指电路某一时刻的输出不仅与电路此刻的输入信号有关，而且还与电路以前的状态有关。它由门电路和记忆元件等部分构成。

为记忆电路的状态，时序逻辑电路必须包含有存储电路。存储电路通常以触发器为基本电路构成，触发器是最简单的时序逻辑电路，也是较复杂时序逻辑电路的基本单元电路。时序逻辑电路的结构示意框图如图 5.1 所示。

图 5.1　时序逻辑电路的结构示意框图

图中 $X(x_1, \ldots, x_i)$代表电路的输入信号；$Y(Y_1, \ldots, Y_j)$代表电路的输出信号；$W(W_1, \ldots, W_k)$代表存储电路的输入信号，也就是存储电路的驱动信号；$Q\ (Q_1, \ldots, Q_n)$代表存储电路的输出信号，也是组合电路的部分输入。

需要说明的是，并不是所有的时序电路都具有图 5.1 所示的完整形式。有些时序电路没有组合电路部分，有些时序电路没有输入信号，只要具备时序电路的基本特点，仍属于时序电路的范畴。

5.1.2 时序逻辑电路功能描述

时序电路的逻辑功能可用逻辑表达式、状态转换真值表、状态转移图、时序图等方式描述，这些表示方法在本质上是相同的，可以互相转换。

1. 逻辑表达式

时序电路的逻辑功能可以用代表 X、Y、Q、W 等信号之间关系的三个逻辑函数表示，即

输出方程 $Y(t_n)=F[X(t_n), Q(t_n)]$

驱动方程 $W(t_n)=H[X(t_n), Q(t_n)]$

状态方程 $Q(t_{n+1})=G[W(t_n), Q(t_n)]$

上述方程中，t_n、t_{n+1} 是相邻的两个离散时间。其中 $Q(t_{n+1})$表示逻辑电路的次态，$Q(t_n)$表示逻辑电路的现态。

2. 状态转换真值表

状态转换真值表是反映时序电路输出 $Y(t_n)$、次态 $Q(t_{n+1})$和输入 $X(t_n)$、现态 $Q(t_n)$间对应取值关系的表格。例如，可以用表 5.1所示的状态转换真值表表示图 5.1 所示的电路。

表 5.1 状态转换真值表

X	Q^n	Q^{n+1}	Y
0	0	1	0
0	1	0	0
1	0	0	0
1	1	1	1

3. 状态转移图

状态转移图是反映时序电路状态转换规律及相应输入、输出取值情况的几何图形。根据特性表，可作出如图 5.2 所示的状态转移图。

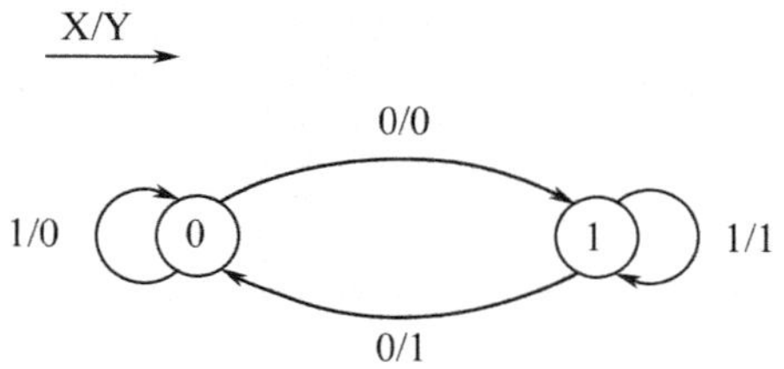

图 5.2 状态转移图

4. 时序图

时序图即工作波形图，它形象地表达了输入信号、输出信号、电路状态等信息在时间上的对应关系。 时序图如图 5.3 所示。

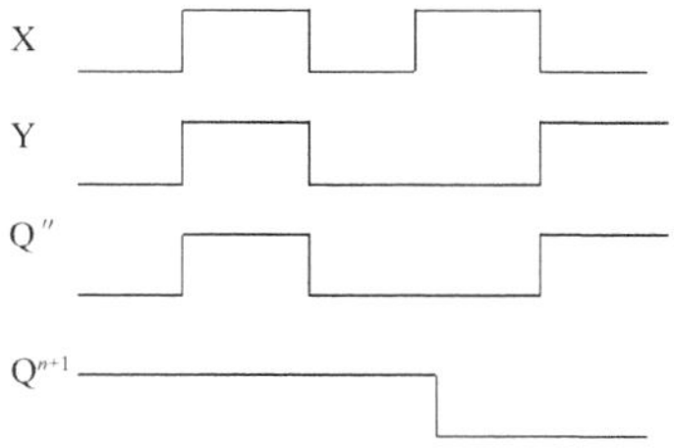

图 5.3　时序图

以上表示方法从不同侧面突出了时序电路逻辑功能的特点，它们本质上是相通的，可以互相转换。实际工作中，可根据具体情况选用。应该指出，用卡诺图也可以方便地表示时序电路的逻辑功能。

5.1.3　时序逻辑电路的分类

1．根据时钟分类

可分为同步时序电路和异步时序电路。

同步时序电路中，各个触发器的时钟脉冲相同，即电路中有一个统一的时钟脉冲，每来一个时钟脉冲，电路的状态只改变一次。

异步时序电路中，各个触发器的时钟脉冲不同，即电路中没有统一的时钟脉冲来控制电路状态的变化，电路状态改变时，电路中要更新状态的触发器的翻转有先有后，是异步进行的。

2．根据输出分类

根据输出分类可分为米里型时序电路和摩尔型时序电路。

米里型时序电路的输出不仅与现态有关，而且还取决于电路当前的输入。

摩尔型时序电路的其输出仅决定于电路的现态，与电路当前的输入无关；或者根本就不存在独立设置的输出，而以电路的状态直接作为输出。

5.2　时序逻辑电路的分析

时序逻辑电路的分析方法与组合逻辑电路的分析方法相类似，即根据给定的时序逻辑电路，分析出电路的逻辑功能。在分析之前，首先应判断时序逻辑电路是同步时序电路还是异步时序电路。下面分别介绍同步时序电路和异步时序电路的分析方法。

5.2.1　同步时序逻辑电路的分析方法及举例

1．同步时序电路的分析方法

① 根据电路结构，写出相应方程式，主要包括：

a. 驱动方程：存储电路中各触发器输入信号的逻辑表达式。

b. 状态方程：将驱动方程代入相应触发器的特性方程中，得到该触发器的状态方程。

时序逻辑电路的状态方程由各触发器的次态逻辑表达式组成。

c. 输出方程：时序逻辑电路输出信号的逻辑表达式。

② 做出电路状态转换真值表，画状态转换图。

状态转换真值表是反映时序逻辑电路的输出 $Y(t_n)$、现态 $Q(t_n)$、次态 $Q(t_{n+1})$、输入 $X(t_n)$ 之间取值对应关系的表格。

将电路现态的各种取值代入状态方程和输出方程，求出相应的次态值和输出值，得到状态转换真值表。若现态的初始值已经给定，则从给定值开始推导。否则可设定一个现态初始值进行推导，应将各触发器所有状态的组合考虑一遍。

状态转换图是电路由现态转换到次态的示意图。

③ 检查电路自启动能力。

自启动能力是电路状态由于某种原因进入到无效状态后，在 CP 信号作用下，回到有效状态的能力。一般来说，根据实际情况，将电路的部分（或全部）状态构成的一个循环称为有效循环，其中的各组状态称为有效状态；除此之外，其余的状态称为无效状态，无效状态组成的循环称为无效循环。

④ 画出电路时序图。

时序图是在 CP 信号和输入信号的共同作用下，电路输出及各触发器状态变化的波形图。它以图形的形式描述了输入、输出信号与电路状态在时间上的对应关系。

⑤ 电路逻辑功能的分析确定。

根据以上分析，确定电路的逻辑功能。

【例 5.1】 试分析图 5.4 所示的时序逻辑电路。

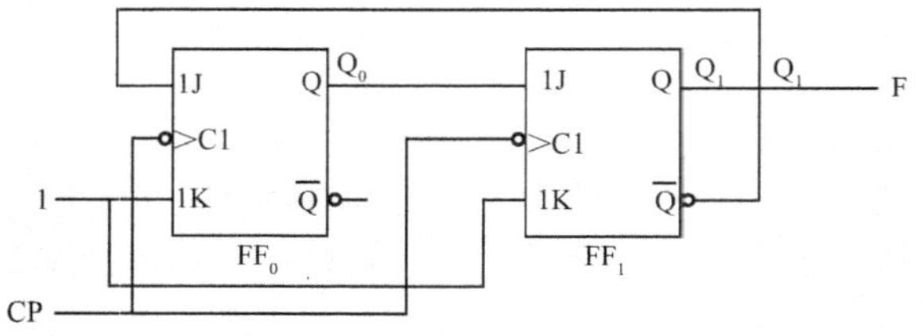

图 5.4 【例 5.1】电路图

解：由电路连接方式知，这是一个同步时序逻辑电路。

（1）求出相应方程

驱动方程：$J_0 = \overline{Q_1^n}$　　$K_0 = 1$

$J_1 = Q_0^n$　　$K_1 = 1$

状态方程：根据 JK 触发器特性方程，得

$$Q_0^{n+1} = J_0\overline{Q_0^n} + \overline{K_0}Q_0^n = \overline{Q_1^n}\,\overline{Q_0^n}$$

$$Q_1^{n+1} = J_1\overline{Q_1^n} - \overline{K_1}Q_1^n = \overline{Q_1^n}Q_0^n$$

输出方程：$F = Q_1^n$

（2）列出状态转换真值表（见表 5.2），画出状态转换图

表 5.2 【例 5.1】状态转换真值表

脉冲信号	电路现态		电路次态		电路输出
CP	Q_1^n	Q_0^n	Q_1^{n+1}	Q_0^{n+1}	F
1	0	0	0	1	0
2	0	1	1	0	0
3	1	0	0	0	1
↓	1	1	0	0	1

画出电路状态转换图如图 5.5 所示。

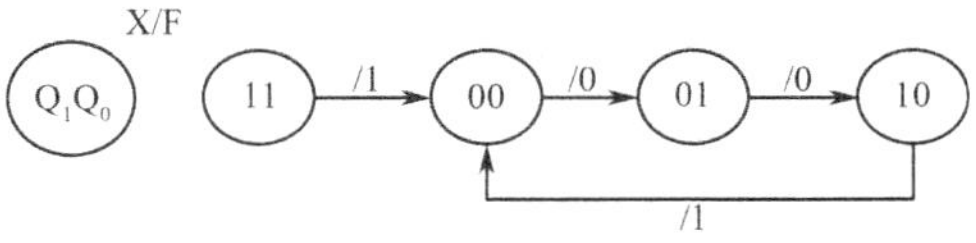

图 5.5 【例 5.1】状态转换图

圆圈中的 Q_1Q_0 表示电路的状态，X/F 表示此时电路的输入/输出状态。该电路没有输入信号，所以斜线左侧空缺。

（3）检查电路自启动能力

该电路的存储电路由两位触发器组成，电路的工作状态数有 $2^2=4$ 个。在 CP 信号作用下，电路状态在 00→01→10→00 之间循环，这三个状态称为电路的有效状态；另外一个状态 11 称为无效状态。

该电路进入 11 状态后，在 CP 信号作用下，可以通过 00 状态回到有效循环中，所以该电路具备自启动能力。

（4）画出电路时序图

设电路初始状态 Q_1Q_0=00，各触发器及电路输出波形如图 5.6 所示。

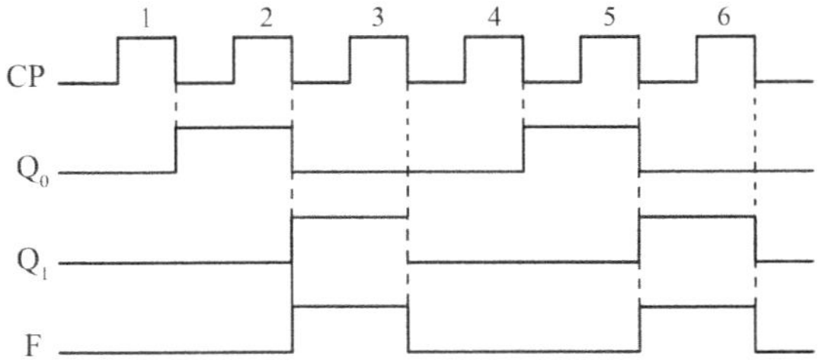

图 5.6 【例 5.1】时序图

（5）确定电路逻辑功能

根据电路状态转换真值表、状态转换图，电路具有三个有效状态，且在 10→00 时，输出一个进位信号 1。因此这是一个可以自启动的同步三进制计数器。

【例 5.2】 试分析图 5.7 所示的时序逻辑电路。

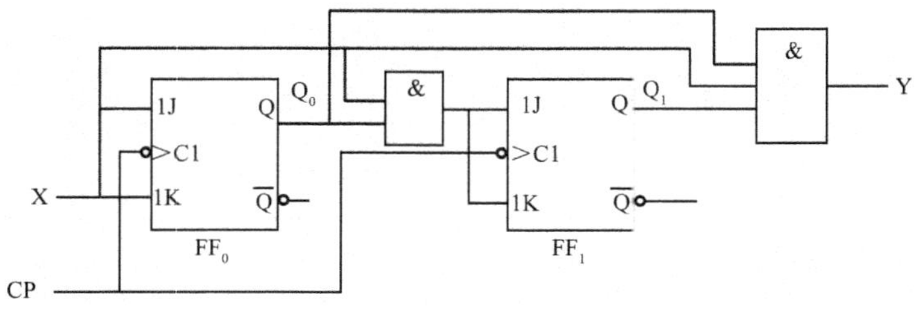

图 5.7 【例 5.2】电路图

解：由电路连接方式知，这是一个同步时序逻辑电路。

（1）求出相应方程

驱动方程：$J_0=K_0=X$

$J_1=K_1=XQ_0^n$

状态方程：根据 JK 触发器特征方程，得：$Q_0^{n+1}=J_0\overline{Q_0^n}+\overline{K_0}Q_0^n=X\oplus Q_0^n$

$Q_1^{n+1}=J_1\overline{Q_1^n}+\overline{K_1}Q_1^n=(XQ_0^n)\oplus Q_1^n$

输出方程：$Y=X\,Q_1^n\,Q_0^n$

（2）列出状态转换真值表（见表 5.3），画出状态转换图

表 5.3 【例 5.2】状态转换真值表

脉冲信号 CP	电路输入	电路现态		电路次态		电路输出
	X	Q_1^n	Q_0^n	Q_1^{n+1}	Q_0^{n+1}	Y
↓	0	0	0	0	0	0
↓	0	0	1	0	1	0
↓	0	1	0	1	0	0
↓	0	1	1	1	1	0
1	1	0	0	0	1	0
2	1	0	1	1	0	0
3	1	1	0	1	1	0
4	1	1	1	0	0	1

画出电路状态转换图如图 5.8 所示。

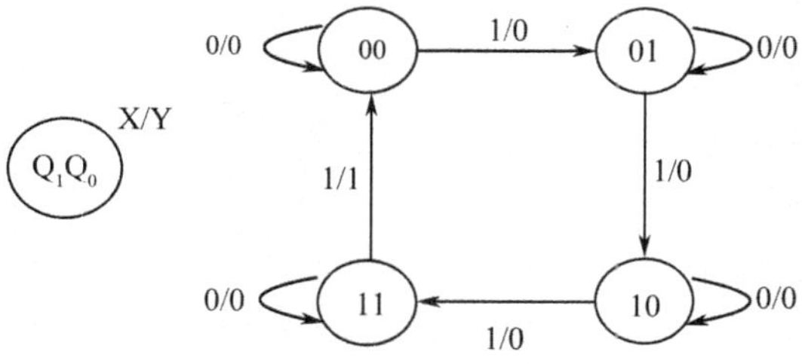

图 5.8 【例 5.2】状态转换图

（3）检查电路自启动能力

该电路由两位触发器组成，工作状态数共有 4 个。

在输入信号 X 和 CP 的作用下，4 种状态均参与有效循环，所以该电路具备自启动能力。

（4）画出电路时序图

根据输入信号 X 的波形，设电路初始状态 Q_1Q_0=00，各触发器及电路输出波形如图 5.9 所示。

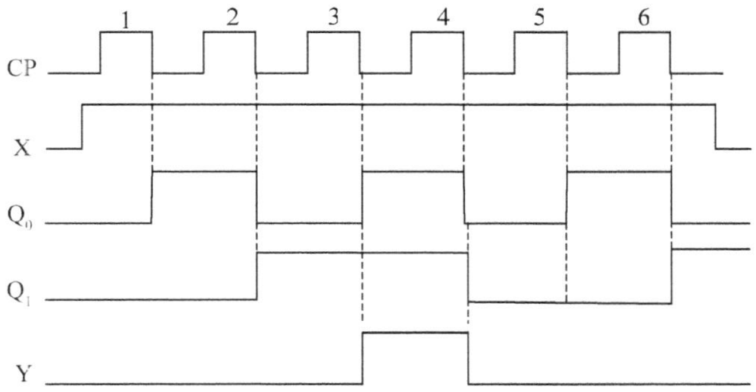

图 5.9　【例 5.2】时序图

（5）确定电路逻辑功能

根据电路状态转换真值表、状态转换图，当输入信号 X=1 时，在 CP 信号作用下，电路状态在 00→01→10→11→00 之间循环，经过 4 个 CP 信号循环一次，并产生一个输出信号。当 X=0 时，电路不工作，保持原状态。因此该电路为受输入信号控制的同步四进制计数器。

5.2.2　异步时序逻辑电路的分析方法及举例

异步时序逻辑电路的分析方法比同步时序逻辑电路的分析方法稍微复杂一些，但步骤基本相同。下面通过实例学习异步时序电路的分析方法。

【例 5.3】　试分析图 5.10 所示的时序逻辑电路。

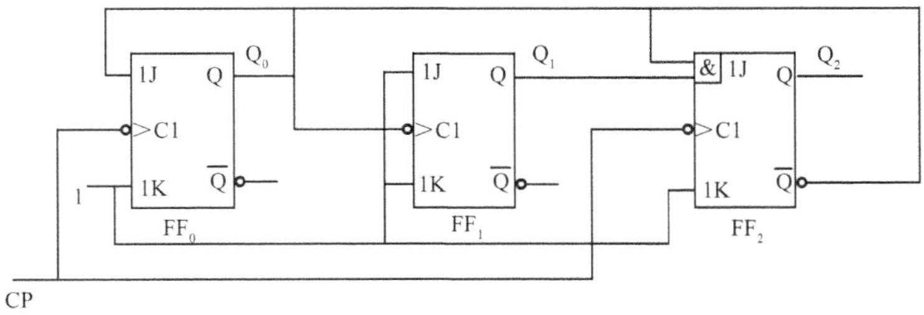

图 5.10　【例 5.3】电路图

解： 由电路知，触发器 FF_1 是将前级 FF_0 的输出信号 Q 作为它的 CP 时钟脉冲信号。因此，这是一个异步时序逻辑电路。

由于异步时序逻辑电路各触发器 CP 信号来源不同，分析电路列方程时，要将触发器的时钟方程考虑在内。只有各触发器 CP 信号跳变沿到来时，相应的触发器才能翻转，否则触发器将保持原状态不变。

（1）求出各类方程

时钟方程：$CP_0=CP_2=CP$；FF_0和FF_2由外加CP信号下降沿触发。

$CP_1=Q_0$；　　FF_1由Q_0信号下降沿触发。

驱动方程：$J_0=\overline{Q_2^n}$　　$J_1=1$　　$J_2=Q_1^nQ_0^n$

$K_0=1$　　$K_1=1$　　$K_2=1$

状态方程：
$$\begin{cases} Q_0^{n+1}=J_0\overline{Q_0^n}+\overline{K}_0Q_0^n=\overline{Q_2^n}\,\overline{Q_0^n} & \text{CP下降沿有效} \\ Q_1^{n+1}=J_1\overline{Q_1^n}+\overline{K}_1Q_1^n=\overline{Q_1^n} & Q_0\text{下降沿有效} \\ Q_2^{n+1}=J_2\overline{Q_2^n}+\overline{K}_2Q_2^n=\overline{Q_2^n}Q_1^nQ_0^n & \text{CP下降沿有效} \end{cases}$$

（2）列状态转换真值表，画状态转换图

设电路初态 $Q_2Q_1Q_0$=000，代入状态方程，得到电路状态转换真值表（见表 5.4）。以上状态方程在满足时钟方程时才成立。

表 5.4　【例 5.3】状态转换真值表

电路现态			电路次态			对应时钟脉冲状态		
Q_2^n	Q_1^n	Q_0^n	Q_2^{n+1}	Q_1^{n+1}	Q_0^{n+1}	CP_2	CP_1	CP_0
0	0	0	0	0	1	↓	↑	↓
0	0	1	0	1	0	↓	↓	↓
0	1	0	0	1	1	↓	↑	↓
0	1	1	1	0	0	↓	↓	↓
1	0	0	0	0	0	↓	→	↓
1	0	1	0	1	0	↓	↓	↓
1	1	0	0	1	0	↓	→	↓
1	1	1	0	0	0	↓	↓	↓

上表中，若 $Q_2^nQ_1^nQ_0^n=000$，在外加 CP↓到来时，$Q_2^{n+1}=J_2\overline{Q_2^n}+\overline{K}_2Q_2^n=\overline{Q_2^n}Q_1^nQ_0^n=0$；$Q_0^{n+1}=J_0\overline{Q_0^n}+\overline{K}_0Q_0^n=\overline{Q_2^n}\,\overline{Q_0^n}=1$。$Q_0$ 由 0→1，不满足 FF1 触发条件，所以 Q_1 状态不发生变化，仍保持 0 态。依次类推，可以获得电路完整的状态转换真值表。

根据表 5.4，画出电路状态转换图，如图 5.11 所示。

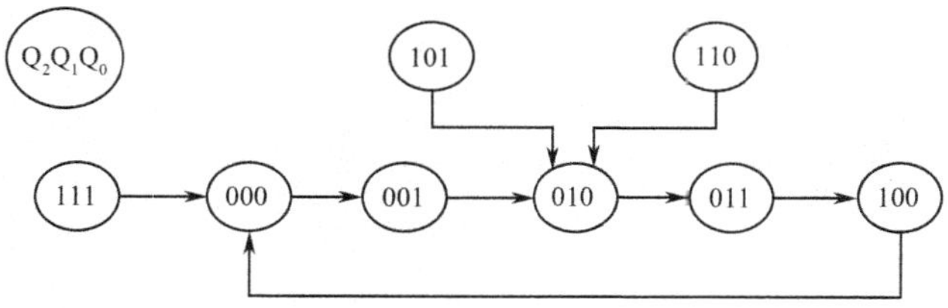

图 5.11　【例 5.3】状态转换图

（3）检查电路自启动能力

经检查，任一无效状态，在 CP 信号作用下，均可返回有效循环中。该电路能够自启动。

（4）画出电路时序图

设电路初态 $Q_2Q_1Q_0$=000，各触发器状态的变化如图 5.12 所示。

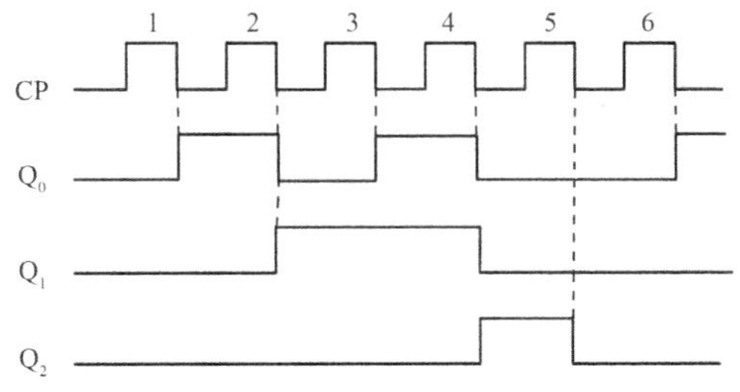

图 5.12 【例 5.3】时序图

时序图中，如在第 2、4 个 CP 信号到来时，Q_1 的波形发生了变化，但这个变化并不是由外加 CP 引起的，而是 Q_0 输出产生了下降沿。即触发器状态的变化有先后顺序。

（5）分析确定电路的逻辑功能

根据分析知，该电路为具有自启动能力的异步五进制计数器。

5.3 计数器

5.3.1 概述

计数器是数字系统中使用最多的时序电路。稍复杂的数字系统，几乎都包含计数器。计数器不仅能用于对时钟脉冲计数，还可以用于定时、分频、产生节拍脉冲以及进行数字运算等。

计数器的种类繁多。如果按计数器中触发器翻转的先后次序分类，可以把计数器分为同步计数器和异步计数器两种。同步计数器中，当时钟脉冲输入时触发器的翻转是同时发生的；在异步计数器中，触发器则不是同时翻转的。如果按计数过程中计数器中数字的增减分类，又可以把计数器分为加法计数器，减法计数器和可逆计数器。随着计数脉冲的不断输入而做递增计数的叫加法计数器，进行递减计数的叫减法计数器，可增可减的叫可逆计数器。此外，还可以按计数器中数字的编码方式把它们分为二进制计数器、二—十进制计数器等。

5.3.2 同步计数器及应用

为提高计数器的工作频率、缩短传输延迟时间，希望计数器状态转换时所有需要翻转的触发器同时翻转，于是同步计数器便应运而生。在同步计数器内部，各个触发器都受同一时钟脉冲——输入计数脉冲的控制，因此，它们状态更新是同时进行的，故被称为“同步计数器”。

同步计数器既可以用 T′触发器组成，也可以用 T 触发器组成。在使用 T′触发器时，由时钟信号的有无控制触发器是否应翻转。而在使用 T 触发器时，是否应当翻转由输入端 T

的状态决定。因为 T 触发器只有一个输入端 T，当 T=1 时，为计数状态；当 T=0 时，保持状态不变，通常选用 JK 触发器转换而成。

1．同步二进制加法计数器

由下降沿触发的 JK 触发器组成的 4 位同步二进制加法计数器，如图 5.13 所示。

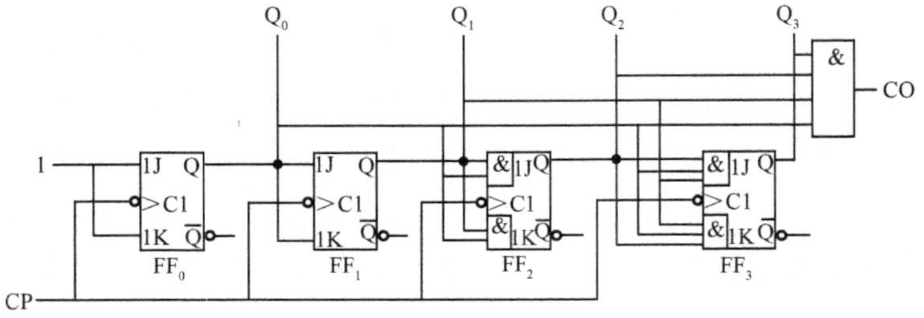

图 5.13　4 位同步二进制加法计数器

① 求出各类方程。

驱动方程：
$$\begin{cases} J_0=K_0=1 \\ J_1=K_1=Q_0^n \\ J_2=K_2=Q_1^nQ_0^n \\ J_3=K_3=Q_2^nQ_1^nQ_0^n \end{cases}$$

将驱动方程代入 JK 触发器的特性方程 $Q^{n+1}=J\overline{Q^n}+\overline{K}Q^n$，得到电路的状态方程。

状态方程：
$$\begin{cases} Q_0^{n+1}=J_0\overline{Q_0^n}+\overline{K_0}Q_0^n=\overline{Q_0^n} \\ Q_1^{n+1}=J_1\overline{Q_1^n}+\overline{K_1}Q_1^n=\overline{Q_1^n}Q_0^n+Q_1^n\overline{Q_0^n} \\ Q_2^{n+1}=J_2\overline{Q_2^n}+\overline{K_2}Q_2^n=\overline{Q_2^n}Q_1^nQ_0^n+Q_2^n\overline{Q_1^nQ_0^n} \\ Q_3^{n+1}=J_2\overline{Q_3^n}+\overline{K_3}Q_3^n=\overline{Q_3^n}Q_2^nQ_1^nQ_0^n+Q_3^n\overline{Q_2^nQ_1^nQ_0^n} \end{cases}$$

输出方程：$CO=Q_3^nQ_2^nQ_1^nQ_0^n$

② 列状态转换真值表，画出状态转换图。

设计数器现态 $Q_3^nQ_2^nQ_1^nQ_0^n=0000$，代入状态方程和输出方程，得 $Q_3^{n+1}Q_2^{n+1}Q_1^{n+1}Q_0^{n+1}=0001$，CO=0。即在第一个 CP 计数脉冲信号作用下，电路状态由 0000 变化至 0001。以此类推，将 0001 作为现态代入状态方程和输出方程推导，可得状态转换真值表，如表 5.5 所示。根据状态转换表，画出状态转换图如图 5.14 所示。

表 5.5　四位二进制计数器的状态转换真值表

计数脉冲序号	电路现态				电路次态				输出
	Q_3^n	Q_2^n	Q_1^n	Q_0^n	Q_3^{n+1}	Q_2^{n+1}	Q_1^{n+1}	Q_0^{n+1}	CO
1	0	0	0	0	0	0	0	1	0
2	0	0	0	1	0	0	1	0	0
3	0	0	1	0	0	0	1	1	0
4	0	0	1	1	0	1	0	0	0
5	0	1	0	0	0	1	0	1	0

续表

计数脉冲序号	电路现态				电路次态				输出
	Q_3^n	Q_2^n	Q_1^n	Q_0^n	Q_3^{n+1}	Q_2^{n+1}	Q_1^{n+1}	Q_0^{n+1}	CO
6	0	1	0	1	0	1	1	0	0
7	0	1	1	0	0	1	1	1	0
8	0	1	1	1	1	0	0	0	0
9	1	0	0	0	1	0	0	1	0
10	1	0	0	1	1	0	1	0	0
11	1	0	1	0	1	0	1	1	0
12	1	0	1	1	1	1	0	0	0
13	1	1	0	0	1	1	0	1	0
14	1	1	0	1	1	1	1	0	0
15	1	1	1	0	1	1	1	1	0
16	1	1	1	1	0	0	0	0	1

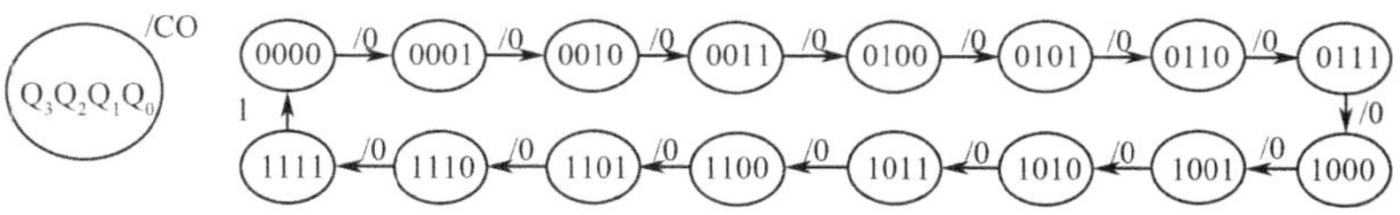

图 5.14 4 位同步二进制加法计数器状态转换图

③ 检查电路自启动能力。

经检查，该电路具备自启动能力。

④ 画出电路时序图。

由状态转换图，作出时序图，如图 5.15 所示。

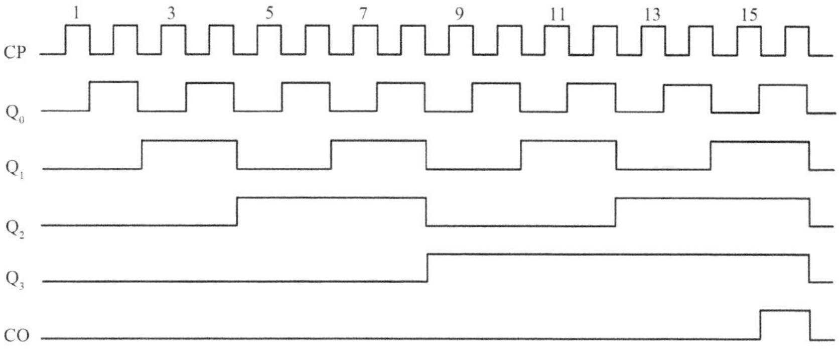

图 5.15 4 位同步二进制加法计数器时序图

⑤ 电路逻辑功能说明。

由以上分析，该电路在输入第十六个 CP 计数脉冲信号时返回 0000 状态，输出端 CO 产生一个进位信号。该电路为十六进制计数器。

2．同步二进制减法计数器

根据二进制减法计数转换规律，最低位触发器 FF_0 与加法计数器中 FF_0 相同，每来一个计数脉冲翻转一次，应有 $J_0=K_0=1$。其他触发器的翻转条件是所有低位触发器的 Q 端全为

0，应有 $J_0=K_0=\overline{Q_0}$、$J_1=K_1=\overline{Q_1Q_0}$、$J_2=K_2=\overline{Q_2Q_1Q_0}$。由三个 JK 触发器构成的 T 触发器构成的三位二进制同步减法计数器电路如图 5.16 所示。图中各触发器均由同一个 CP 时钟脉冲控制，因此三个触发器的翻转就由其输入信号的状态决定。

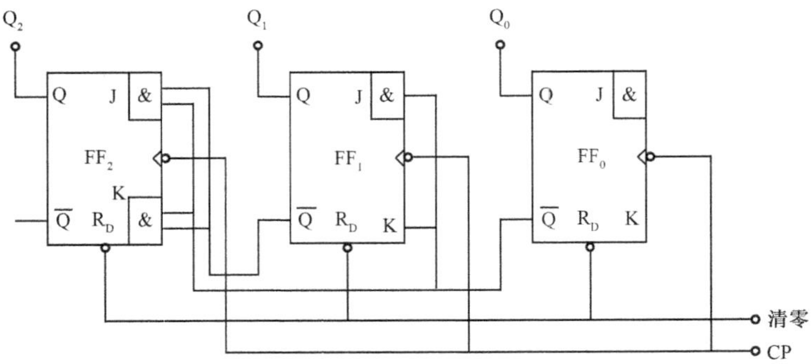

图 5.16 同步二进制减法计数器

同步二进制减法计数器状态表如表 5.6 所示。

表 5.6 同步二进制减法计数器状态表

现态			次态		
Q_2^n	Q_1^n	Q_0^n	Q_2^{n+1}	Q_1^{n+1}	Q_0^{n+1}
0	0	0	1	1	1
1	1	1	0	1	0
0	1	0	0	0	1
0	0	1	0	0	0
0	0	0	1	1	1
1	1	1	0	1	0
0	1	0	0	0	1
0	0	1	0	0	0

根据状态表可画出状态转移图和时序图如图 5.17 所示。

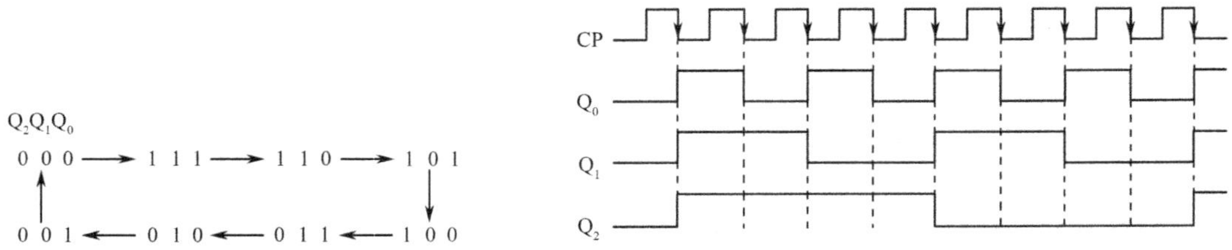

（a）状态转移图 （b）时序图

图 5.17 同步二进制减法计数器状态转移图和时序图

从状态图可知随 CP 脉冲的递增，触发器的输出 $Q_2Q_1Q_0$ 是递减的，且经过 8 个 CP 脉冲完成一个循环过程。从图 5.17（b）所示时序图可知，Q_0 端输出矩形信号的周期是输入

CP 信号的周期的两倍，所以 Q_0 端输出信号的频率是输入 CP 信号频率的 $\frac{1}{2}$，对应 Q_1 端输出信号的频率是输入 CP 信号频率的 $\frac{1}{4}$，因此 N 进制计数器同时也是一个 N 分频器，所谓分频就是降低频率，N 分频器输出信号频率是其输入信号频率的 N 分之一。

3. 集成同步计数器 74LS161

74LS161 是同步四位二进制加法集成计数器，引脚排列如图 5.18 所示，逻辑功能如表 5.7 所示。

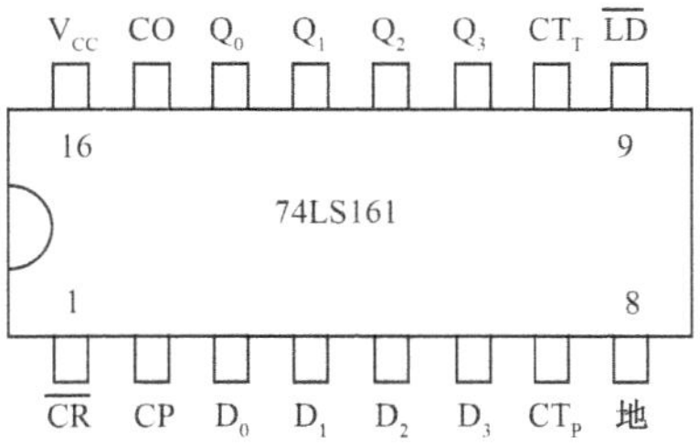

图 5.18 74LS161 引脚排列图

表 5.7 74LS161 逻辑功能表

$\overline{CR}$	$\overline{LD}$	CT_P	CT_T	CP	Q_3 Q_2 Q_1 Q_0
0	×	×	×	×	0 0 0 0
1	0	×	×	↑	D_3 D_2 D_1 D_0
1	1	0	×	×	Q_3 Q_2 Q_1 Q_0
1	1	×	0	×	Q_3 Q_2 Q_1 Q_0
1	1	1	1	↑	加法计数

集成同步四位二进制加法计数器 74LS161 具有以下功能：

复位端 $\overline{CR}=0$ 时，输出 $Q_3Q_2Q_1Q_0$ 全为零，与 CP 无关，实现异步清零功能（又称复位功能）。

$\overline{CR}=1$，预置控制端 $\overline{LD}=0$，并且 CP=CP↑时，$Q_3Q_2Q_1Q_0=D_3D_2D_1D_0$，实现同步预置数功能。

$\overline{CR}=\overline{LD}=1$ 且 $CT_P \cdot CT_T=0$ 时，输出 $Q_3Q_2Q_1Q_0$ 保持不变。

$\overline{CR}=\overline{LD}=CT_P=CT_T=1$，并且 CP=CP↑时，计数器开始加法计数，实现计数功能。

4. 集成十进制同步计数器 74LS160

图 5.19 所示为十进制同步加法计数器 74LS160。图中 $\overline{LD}$ 为同步置数控制端，$\overline{CR}$ 为异步置 0 控制端，CT_P、CT_T 为计数控制端；$D_3 \sim D_0$ 为并行数据输入端，$Q_3 \sim Q_0$ 为并行数据输出端，CO 为进位输出端。74LS160 的功能表见表 5.8。

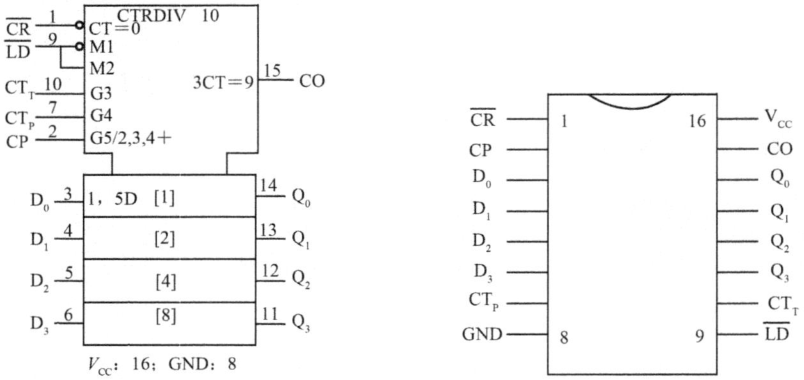

（a）逻辑符号　　（b）外引线功能图

图 5.19　集成十进制同步加法计数器 74LS160

表 5.8　74LS160 功能表

输入变量									输出变量					说明
$\overline{CR}$	$\overline{LD}$	CT_P	CT_T	CP	D_3	D_2	D_1	D_0	Q_3	Q_2	Q_1	Q_0	CO	
0	×	×	×	×	×	×	×	×	0	0	0	0	0	异步置 0
1	0	×	×	↑	d_3	d_2	d_1	d_0	d_3	d_2	d_1	d_0	CO_1	$CO_1=CT_T Q_3Q_0$
1	1	1	1	↑	×	×	×	×	计　数				CO_2	$CO_2=Q_3Q_0$
1	1	0	×	×	×	×	×	×	保　持				CO_3	$CO_3=CT_T Q_3Q_0$
1	1	×	0	×	×	×	×	×	保　持				0	

主要功能如下：

① 异步置 0 功能：$\overline{CR}=0$ 时，不论有无 CP 等输入信号，计数器被置 0。即 $Q_3Q_2Q_1Q_0=0000$。

② 同步并行置数功能：$\overline{CR}=1$、$\overline{LD}=0$ 时，在输入 CP 信号上升沿到来时，并行输入的数据 $d_3 \sim d_0$ 被置入计数器，即 $Q_3Q_2Q_1Q_0=d_3d_2d_1d_0$。

③ 计数功能：$\overline{LD}=\overline{CR}=CT_P=CT_T=1$ 时，在输入 CP 信号控制下，电路按 8421BCD 码顺序进行十进制加法计数。

④ 保持功能：$\overline{LD}=\overline{CR}=1$、且 $CT_P \cdot CT_T=0$ 时，计数器状态保持不变。这时，若 $CT_P=0$、$CT_T=1$，则 $CO=CT_T Q_3Q_0=Q_3Q_0$，即进位输出信号 CO 不变；若 $CT_P=1$、$CT_T=0$，则 $CO=CT_T Q_3Q_0=0$，即进位输出为 0。

5. *N* 进制计数器

以集成同步计数器 74LS161 为例，介绍构成任意进制计数器（*N* 进制）的方法。

（1）直接清零法

直接清零法是利用芯片的复位端 $\overline{CR}$ 和与非门，将 *N* 对应的输出二进制代码中等于 1 的输出端，通过与非门反馈到集成芯片的复位端 $\overline{CR}$，使输出回零。例如， 用 74LS161 构成十进制计数器，令 $\overline{LD}=CT_P=CT_T=$“1”，因为 $N=10$，其对应的二进制代码为 1010，将输出

端 Q_3 和 Q_1 通过与非门接至 74LS161 的复位端 $\overline{CR}$，电路如图 5.20（a）所示，实现 *N* 值反馈清零法。

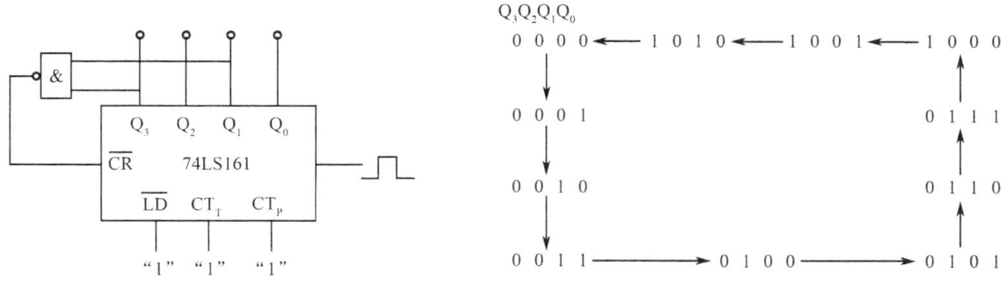

（a）电路图　　（b）状态转移图

图 5.20　直接清零法构成十进制计数器

$\overline{CR}=0$ 时，计数器输出复位清零。因 $\overline{CR}=\overline{Q_3\cdot Q_1}$，故由 0 变 1 时，计数器开始加法计数。当第 10 个 CP 脉冲输入时，$Q_3Q_2Q_1Q_0=1010$，与非门的输出为 0，即 $\overline{CR}=0$，使计数器复位清零，与非门的输出变为 1，即 $\overline{CR}=1$ 时，计数器又开始重新计数。计数过程如图 5.20（b）所示。

（2）预置数法

预置数法利用芯片的预置控制端 $\overline{LD}$ 和预置输入端 $D_3D_2D_1D_0$ 构成 *N* 进制计数器。因 $\overline{LD}$ 是同步预置数端，所以采用 *N*−1 值反馈法。例如，图 5.21（a）所示的七进制计数器，先将 $\overline{CR}=CT_P=CT_T=1$，再令预置输入端 $D_3D_2D_1D_0=0000$（即预置数 0），以此为初态进行计数，从 0 到 6 共有七种状态，6 对应的二进制代码为 0110，将输出端 Q_2、Q_1 通过与非门接至 74LS161 的复位端 $\overline{CR}$，电路如图 5.21（a）所示。若 $\overline{LD}=0$，当 CP 脉冲上升沿（CP↑）到来时，计数器输出状态进行同步预置，使 $Q_3Q_2Q_1Q_0=D_3D_2D_1D_0=0000$，随即 $\overline{LD}=\overline{Q_2Q_1}=1$，计数器开始随外部输入的 CP 脉冲重新计数，计数过程如图 5.21（b）所示。

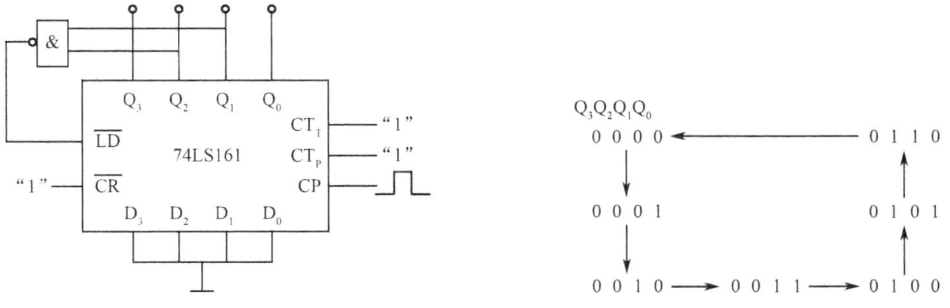

（a）电路图　　（b）状态转移图

图 5.21　预置数法构成七进制计数器（同步预置）

5.3.3　异步计数器及应用

异步计数器内部，有的触发器直接受输入计数脉冲控制，有的触发器则是把其他触发器的输出信号作为自己的时钟脉冲，因此各个触发器状态变换的时间先后不一。

1．异步二进制计数器

满足二进制加法计数规则的计数器，称为二进制加法计数器。

图 5.22 电路用三个 JK 触发器构成的 T′触发器构成了三位二进制异步加法计数器。T′触发器在 CP 脉冲的下降沿接受输入信号并使触发器翻转。由于图 5.22 所示的触发器在时钟信号的下降沿动作，第一位触发器的时钟信号 CP_0 是要记录的计数脉冲。最低位 Q_0 的状态变化是每来一个脉冲翻转一次；次低位 Q_1 是每来两个脉冲翻转一次，且当 Q_0 从 1 跳到 0 时，Q_1 翻转；高位 Q_2 每来四个脉冲翻转一次，且当 Q_0 从 1 跳到 0 时，Q_2 翻转。依次类推，如以 Q_i 代表第 i 位，则每来 2^i 个脉冲，该位 Q_i 翻转一次，且当 Q_{i-1} 从 1 跳到 0 时翻转。

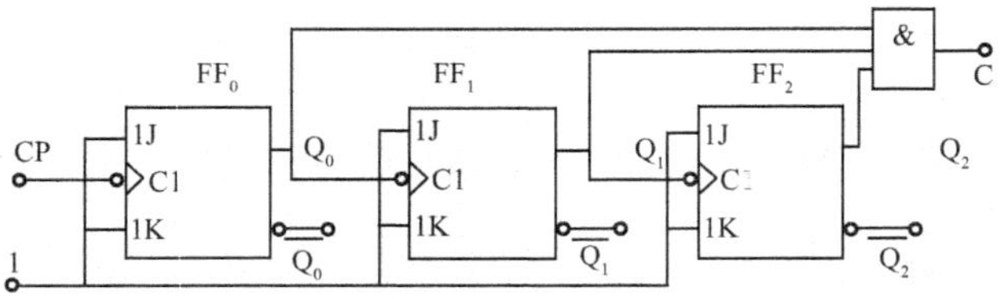

图 5.22　三位二进制异步加法计数器

根据 T′触发器的翻转规律可以依次画出 Q_0、Q_1、Q_2 在 CP_0 脉冲信号作用下的波形，如图 5.23 所示。在产生进位的情况下，必须在低位触发器翻转以后高位才开始翻转。

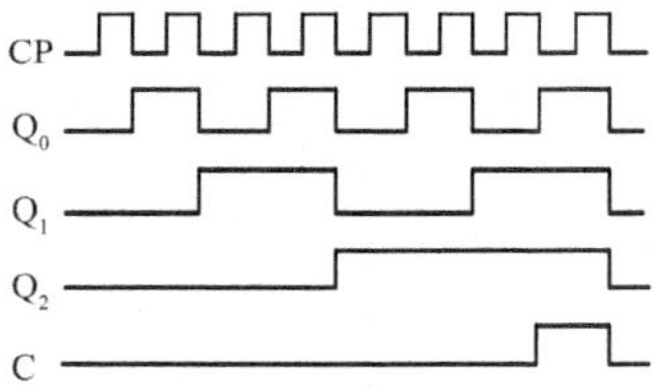

图 5.23　三位二进制异步加法计数器时序图

此外，由波形图还可以看到，若 CP_0 的频率为 f_0，则 Q_0、Q_1 和 Q_2 输出脉冲的频率将依次为 $\frac{1}{2}f_0$、$\frac{1}{4}f_0$ 和 $\frac{1}{8}f_0$。针对计数器的这种分频功能也称为频器。即相对于 CP 而言，各级依次称为二分频、四分频和八分频。

在上述的三位二进制计数器中共有 $2^3=8$ 个状态，除去起始状态（$Q_0=Q_1=Q_2=0$）还有 2^3-1 个状态能用来记载输入时钟脉冲的数目。通常把一个具体的计数器能够记忆输入脉冲的数目叫做计数器的计数容量、计数长度或模。因此，n 位二进制计数器的最大计数容量为 2^n-1。

根据图 5.23 的时序图可以列出电路的状态转换表，如表 5.9 所示。

表 5.9　三位二进制异步加法计数器

Q_2^n	Q_1^n	Q_0^n	Q_2^{n+1}	Q_1^{n+1}	Q_0^{n+1}	CP_2	CP_1	CP_0
0	0	0	0	0	1	0	↑	↓
0	0	1	0	1	0	↑	↓	↓
0	1	0	0	1	1	1	↑	↓
0	1	1	1	0	0	↓	↓	↓

续表

Q_2^n	Q_1^n	Q_0^n	Q_2^{n+1}	Q_1^{n+1}	Q_0^{n+1}	CP_2	CP_1	CP_0
1	0	0	1	0	1	0	↑	↓
1	0	1	1	1	0	↑	↓	↓
1	1	0	1	1	1	1	↑	↓
1	1	1	0	0	0	↓	↓	↓

用上升沿触发的 JK 触发器同样也可以组成异步二进制加法计数器，但每一级触发器的进位脉冲应改为 $\overline{Q}$ 端输出。

如果将 JK 触发器之间按二进制减法规则连接，同样也可以得到二进制减法计数器。

2．集成异步计数器

图 5.24 所示是集成异步十进制计数器 74LS290 的逻辑电器。利用集成计数器可以方便地构成 N 进制计数器。由于集成计数器是厂家生产的定型产品，其内部关系已经固定，状态分配即编码不能改变，而且多为纯自然态序编码，因此，在用集成计数器构成 N 进制计数器时，需要利用清零端或置数端，让电路跳过某些状态来获得 N 进制计数器。下面简单了解集成异步计数器芯片 74LS290。

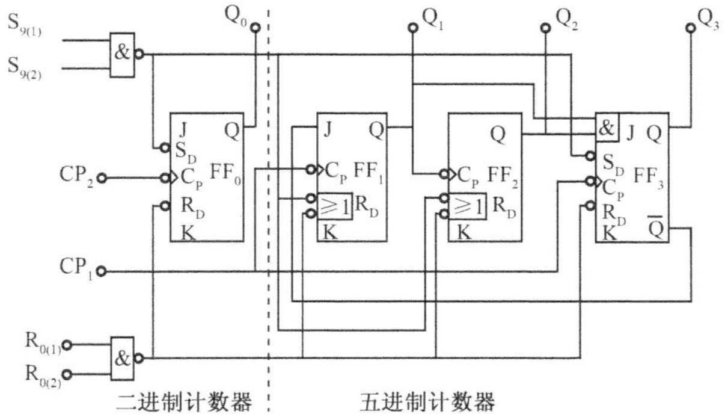

图 5.24　74LS290 的逻辑电路

图 5.25 所示是异步二－五－十进制计数器 74LS290 的引脚排列图。其中，$S_{9(1)}$、$S_{9(2)}$称为置“9”端，$R_{0(1)}$、$R_{0(2)}$称为置“0”端；CP_0、CP_1 端为计数时钟输入端，$Q_3Q_2Q_1Q_0$ 为输出端，NC 表示空脚。

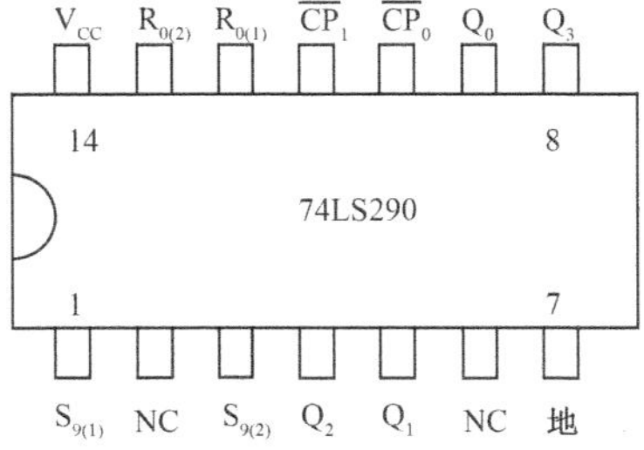

图 5.25　74LS290 引脚排列图

其逻辑功能表如表 5.10 所示。

表 5.10 74LS290 逻辑功能表

$S_{9(1)}$	$S_{9(2)}$	$R_{0(1)}$	$R_{0(2)}$	CP_0	CP_1	Q_3	Q_2	Q_1	Q_0
1	1	×	×	×	×	1	0	0	1
0	×	1	1	×	×	0	0	0	0
×	0	1	1	×	×	0	0	0	0
$S_{9(1)} \cdot S_{9(2)}=0$				CP	0	二进制			
$R_{0(1)} \cdot R_{0(2)}$				0	CP	五进制			
				CP	Q_0	8421 十进制			
				Q_3	CP_3	5421 十进制			

主要功能如下。

① 置“9”功能：当 $S_{9(1)}=S_{9(2)}=1$ 时，不论其他输入端状态如何，计数器输出 $Q_3Q_2Q_1Q_0=1001$，而$(1001)_2=(9)_{10}$，故又称异步置数功能。

② 清零功能：当 $S_{9(1)}$和 $S_{9(2)}$不全为 1，并且 $R_{0(1)}=R_{0(2)}=1$ 时，不论其他输入端状态如何，计数器输出 $Q_3Q_2Q_1Q_0=0000$，故又称异步清零功能或复位功能。

③ 计数功能：当 $S_{9(1)}$和 $S_{9(2)}$不全为 1，并且 $R_{0(1)}$和 $R_{0(2)}$不全为 1，输入计数脉冲 CP 时，计数器开始计数。

若把输入计数器脉冲 CP 由 CP_0 端输入，Q_0 端输出，可构成二进制计数器，如图 5.26（a）所示。若把输入计数器脉冲 CP 由 CP_1 端输入，$Q_3Q_2Q_1$ 端输出，可构成五进制计数器，如图 5.26（b）所示。若把输入计数器脉冲 CP 由 CP_0 端输入，即 CP_0=CP，且 Q_0 和 CP_1 相连，以 CP_0 为计数脉冲输入端，$Q_3Q_2Q_1Q_0$ 端输出，可构成 8421 码计数器，如图 5.26（c）所示。若把输入计数器脉冲 CP 由 CP_0 端输入，即 CP_0=CP，且 Q_3 和 CP_0 相连，以 CP_1 为计数脉冲输入端，$Q_3Q_2Q_1Q_0$ 端输出，可构成 5421 码计数器，如图 5.26（d）所示。

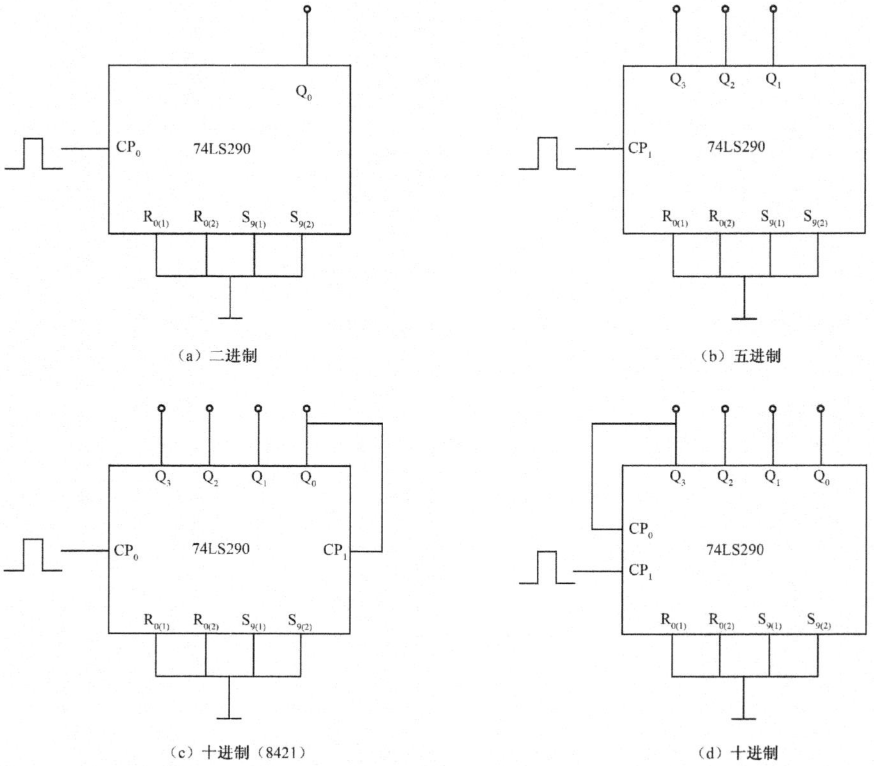

图 5.26 74LS290 构成二进制、五进制和十进制计数器

利用一片 74LS290 集成计数器芯片，构成十进制以内其他进制，可以采用直接清零法，六进制计数器如图 5.27 所示。

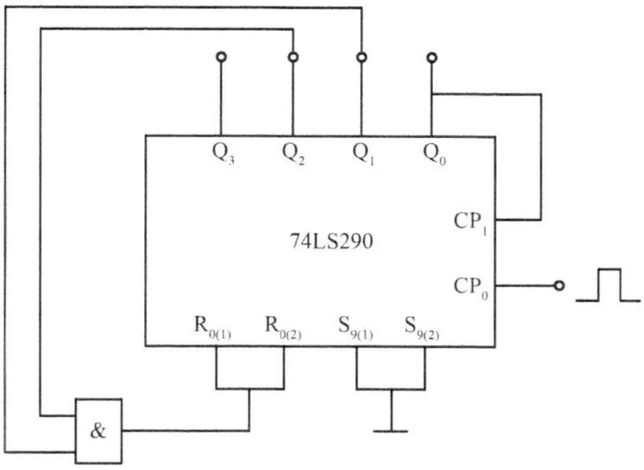

图 5.27　直接清零法 74LS290 构成六进制计数器

获得 *N* 进制计数器的方法很多，感兴趣的读者可结合具体电路自行推导或查阅相关资料。

5.3.4　计数器的级联

一片 74LS161 可构成从二进制到十六进制之间任意进制的计数器。利用两片 74LS161，就可构成从二进制到二百五十六进制之间任意进制的计数器。依次类推，可根据计数需要选取芯片数量。单片中规模计数器的计数范围总是有限的，当计数范围超过单片计数器时，可用计数器的级联来实现。计数器的级联的方法有两种。

1．同步级联

外加时钟同时接到各片计数器的时钟输入，使各级计数器同步工作。前一级的进位 CO 控制后一级的计数控制输入 CT（只有前一级的进位有效时才允许后一级计数）。应该注意：CT_T、CT_P 是有区别的，CT_T 控制进位 CO，CT_P 与进位 CO 没有关系。

由两片 74LS163 级联可构成模 256 计数器，如图 5.28 所示。

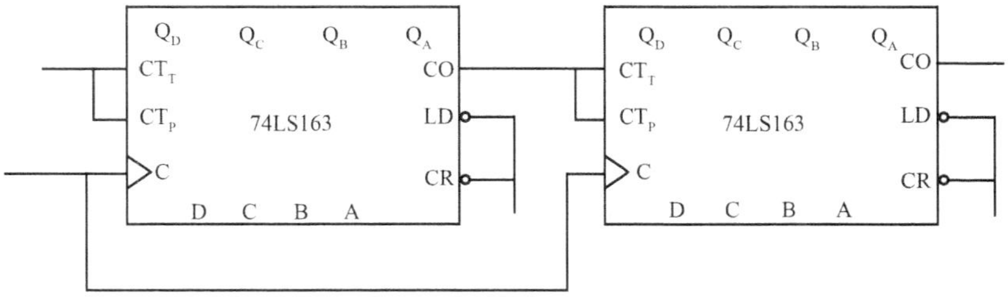

图 5.28　74LS163 构成模 256 计数器

2．异步级联

前一级计数器的进位输出作为后一级计数器的时钟信号（只有前一级的进位输出形成后一级的有效时钟沿时，后一级才允许计数），使各级计数器异步工作。

由两片 74LS90 级联可构成模 100 计数器，如图 5.29 所示。

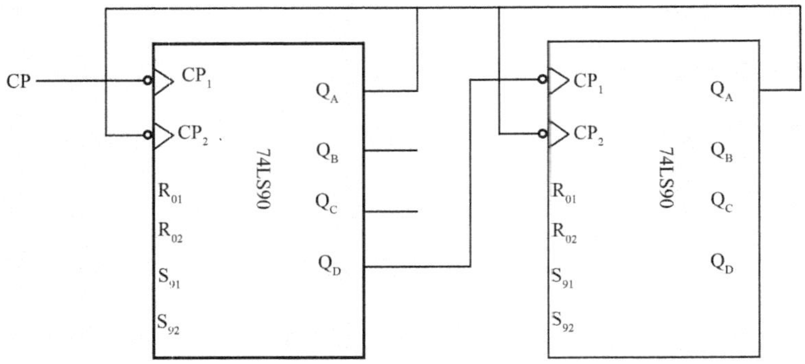

图 5.29　74LS90 构成模 100 计数器

图 5.30 所示是利用 74LS161 构成 49 进制计数器的连线图。

74LS161 为模 16 计数器，两片模为 256，用反馈置零法，则应在出现状态 48 时产生反馈信号，48 的二进制数为 00110000，则有：高位 $Q_DQ_CQ_BQ_A$=0011，低位 $Q_DQ_CQ_BQ_A$=0000。将其 1 与非后接到两片的 LD 端上。将低片的进位输出 CO 接到高级的计数控制输入 CT 上，计数输入全接零（低电平）。电路如图 5.30 所示。

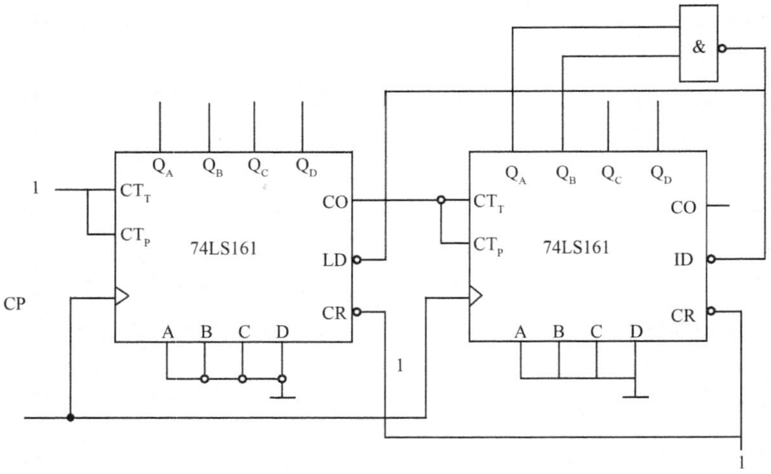

图 5.30　74LS161 构成 49 进制计数器

5.4　寄存器

数字电路中，用来存放二进制数据或代码的电路称为寄存器。

寄存器由具有存储功能的触发器组合构成。一个触发器可以存储 1 位二进制代码，存放 *n* 位二进制代码的寄存器，需用 *n* 个触发器构成。为控制信号的接收和清除，还必须有相应的控制电路与触发器配合工作，所以寄存器中包含了由门电路构成的控制电路。

按照功能的不同，寄存器分为基本寄存器和移位寄存器两大类。基本寄存器只能并行送入数据、并行输出数据。移位寄存器中的数据可以在移位脉冲作用下依次逐位右移或左移，数据可以并行输入、并行输出，也可以串行输入、串行输出，还可以并行输入、串行输出，串行输入、并行输出，十分灵活，用途广泛。

根据接收信息的方式，寄存器有双拍工作方式和单拍工作方式。单拍工作方式是有效时钟触发脉冲出现，寄存器就接收信息；双拍工作方式是先将寄存器置 0 后再存入信息，现在大多采用单拍工作方式。

5.4.1　基本寄存器

1. 单拍工作方式寄存器

D 触发器是最简单的基本寄存器。在 CP 脉冲作用下，它能够寄存一位二进制代码。D=0 时，在 CP 脉冲作用下，将 0 寄存 D 触发器中；D=1 时，在 CP 脉冲作用下，将 1 寄存到 D 触发器中。图 5.31 所示是 D 触发器构成的单拍工作方式寄存器。在 CP 脉冲作用下，输入端并行四位数码将同时存到 4 个 D 触发器中，并由各触发器的 Q 端输出。

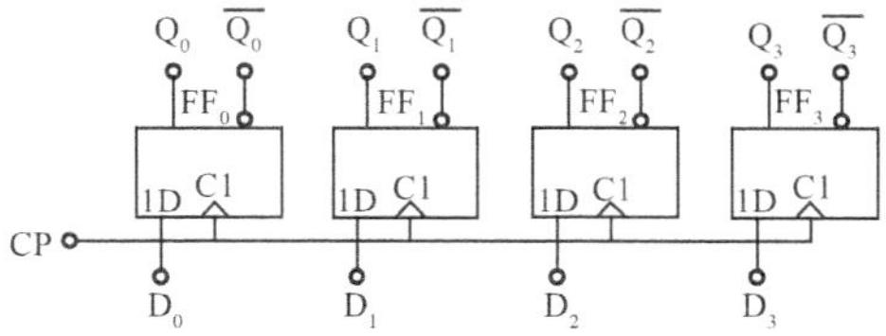

图 5.31　单拍式四位数据寄存器

2. 双拍工作方式寄存器

（1）电路组成

双拍式四位数据寄存器如图 5.32 所示。

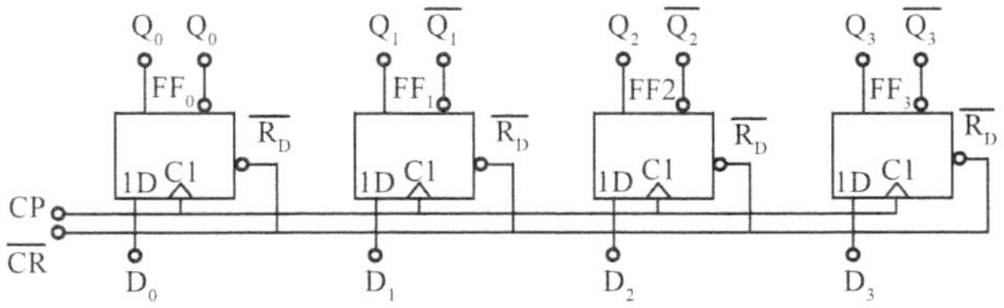

图 5.32　双拍式四位数据寄存器

（2）工作原理

接收存放输入数据时，需要两拍才能完成：

第一拍，在接收数据前，送入清零负脉冲至触发器的置零端，使触发器输出为零，完成输出清零功能。

第二拍，触发器清零之后，当接收脉冲为高电平“1”有效时， 输入数据 $D_2D_1D_0$，经与非门送至对应触发器而寄存下来，在第二拍完成接收数据任务。

双拍工作方式的优点是电路简单，缺点是每次接收数据必须依次给出两个控制脉冲，这不仅操作不便，而且限制了它的工作速度。目前做成定型产品的集成电路寄存器，几乎都采用单拍工作方式。

5.4.2 移位寄存器

移位寄存器除了接收、存储、输出数据外，还能将其中寄存的数据按要求方向进行移动。

所谓“移位”，就是将寄存器所存各位数据，在每个移位脉冲的作用下，向左或向右移动一位。若在移位脉冲的作用下，寄存器中的数码向右移动一位，则称右移；如依次向左移动，称为左移。

移位寄存器有单向和双向移位寄存器之分。

1. 单向移位寄存器

单向移位寄存器只能将寄存的数据在寄存器中单方向移动。按移动方向分为左移移位寄存器和右移移位寄存器两种类型。

（1）电路组成

图 5.33 所示是由 D 触发器构成的右移移位寄存器。其中前一级触发器的输出端依次接到后一个触发器的输入端 D，仅由第一个触发器 FF_0 的输入端 D_0 接收外来的输入数据，D_i 为串行输入端，Q_0～Q_3 为并行输出端，Q_3 为串行输出端。

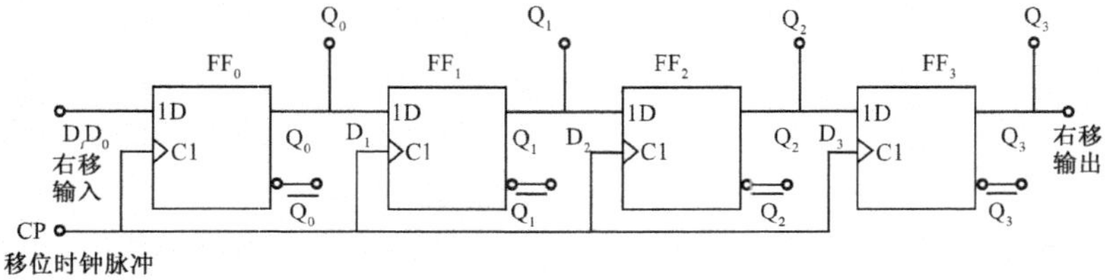

图 5.33 右移移位寄存器

（2）工作原理

根据电路可知，该电路中 D 触发器由上升沿触发。FF_1 按 Q_0 原来的状态翻转，FF_2 按 Q_1 的状态翻转，FF_3 按 Q_2 原来的状态翻转，同时输入端代码存入了 FF_0。

根据电路图，得到该电路的驱动方程为：

$$D_0=D_i \quad D_1=Q_0^n \quad D_2=Q_1^n \quad D_3=Q_2^n$$

状态方程为：

$$Q_0^{n+1}=D_i(CP\uparrow) \qquad Q_1^{n+1}=Q_0^n(CP\uparrow)$$
$$Q_2^{n+1}=Q_1^n(CP\uparrow) \qquad Q_3^{n+1}=Q_2^n(CP\uparrow)$$

如在四个 CP 周期内依次输入代码 1011，在移位脉冲作用下，移位寄存器里代码的移动情况将如表 5.11 所示。这个表也即是该电路的特性表。根据表 5.11 可画出时序图如图 5.34 所示。

表 5.11 右移移位寄存器特性表

CP	输入数据 D	右移移位寄存器输出			
		Q_3	Q_2	Q_1	Q_0
0	0	0	0	0	0
1	1	1	0	0	0
2	0	0	1	0	0
3	1	1	0	1	0
4	1	1	1	0	1

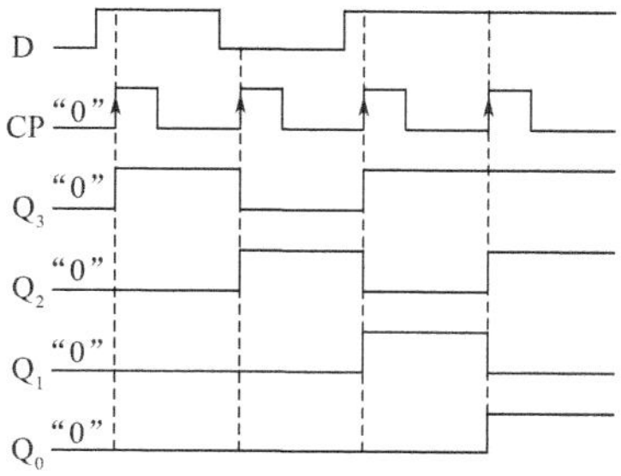

图 5.34　右移移位寄存器时序图

该电路在经过四个 CP 信号以后，串行输入的四位代码全部移入了移位寄存器中，并在四个触发器的输出端得到了并行输出的代码。因此，移位寄存器的一个重要用途是用于代码的串行–并行转换。

左移移位寄存器如图 5.35 所示，请读者自行分析其功能。

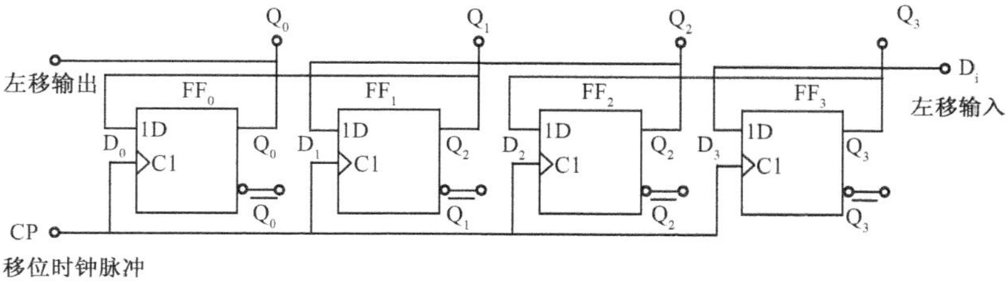

图 5.35　左移移位寄存器

2. 双向移位寄存器

所谓双向移位寄存器是既可将数据左移、又可右移的寄存器。图 5.36 所示为四位双向移位寄存器。

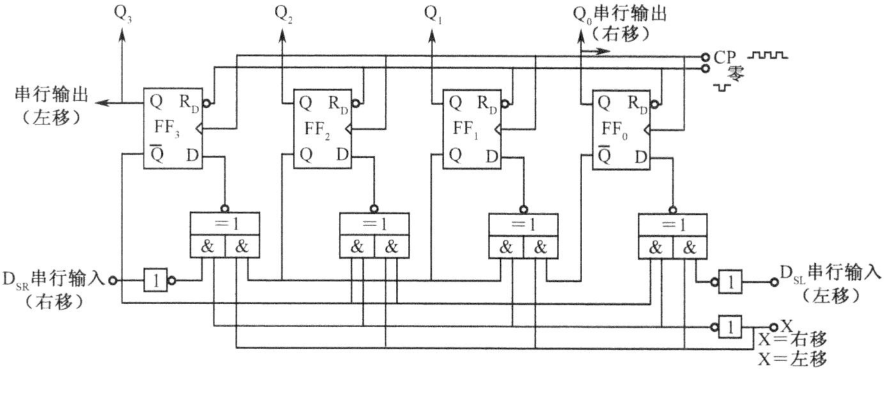

图 5.36　四位双向移位寄存器

图 5.36 中，移位寄存器的工作状态用控制端 X 的不同取值指定。X=0 时，实现数据右移寄存功能；X=1 时，实现数据左移寄存功能；D_{SL} 是左移串行输入端，D_{SR} 是右移串行输

入端。Q_0～Q_3为并行输出端，CP为移位时钟脉冲，R为异步清零端。表5.12所示是图5.36所示电路的特性表。

表5.12 四位双向移位寄存器特性表

R	X	D_{SR}	D_{SL}	CP	Q_0^{n+1}	Q_1^{n+1}	Q_2^{n+1}	Q_3^{n+1}	功能说明
0	×	×	×	×	0	0	0	0	清零
1	×	×		0	Q_0^n	Q_1^n	Q_2^n	Q_3^n	保持
1	0	0	×	↑					右移

5.4.3 寄存器应用实例

1. 构成移位型计数器

（1）环形计数器

由四个D触发器构成的4位环行计数器如图5.37所示。

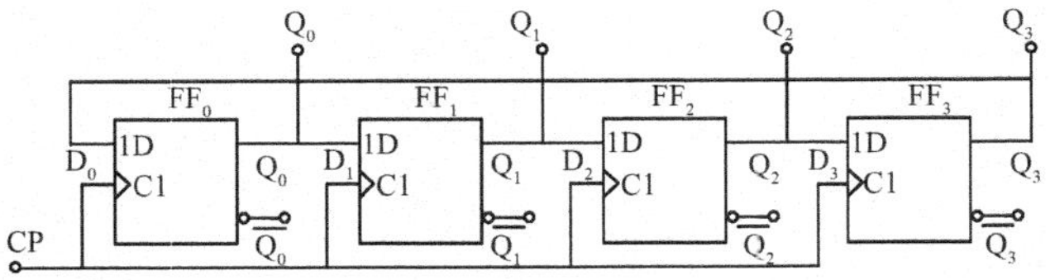

图5.37 环形计数器

环形计数器是在移位寄存器的基础将串行输出端 Q_3 反馈到它的串行输入端构成的。在输入时钟脉冲信号时，寄存器里的数据循环右移。根据电路结构图，可得输入端的驱动方程为$D_0 = Q_{n-1}^n$。

所以，电路的状态方程为$Q_0^{n+1} = Q_3^n$，$Q_1^{n+1} = Q_0^n$。

设置计数器初态为 1000，电路状态将按 1000→0100→0010→0001 的顺序循环变化。4位环形计数器共有 16 种状态，以上循环为有效循环，同时还存在其他几种无效循环。电路一旦进入无效循环状态，就不能自动回到有效循环中去。这是一个不能自启动的电路。

为了使计数器能正常工作，必须首先通过串行输入端或并行输入端，将电路设置成有效状态中的某个状态，然后再开始计数，考虑到使用的方便，许多场合下需要计数器能自启动，亦即当电路进入任何无效状态后，都能在时钟信号作用下自动返回到有效循环中去，可通过在输出与输入之间接入适当的反馈逻辑电路，将不能自启动的电路修改为能自启动的电路。

图5.38所示电路是能自启动的4位环形计数器电路。

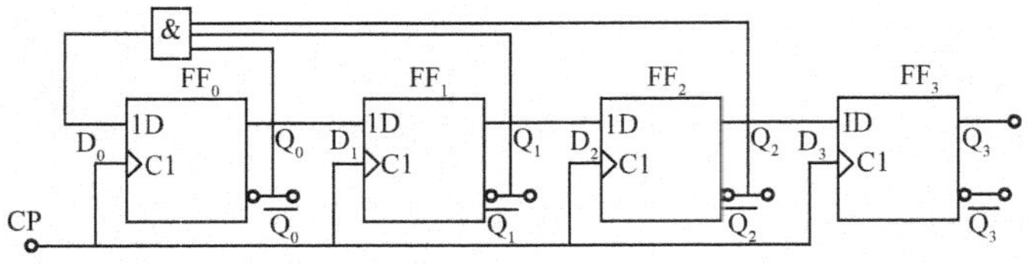

图5.38 自启动的4位环形计数器

电路的状态转换图如图 5.39 所示。

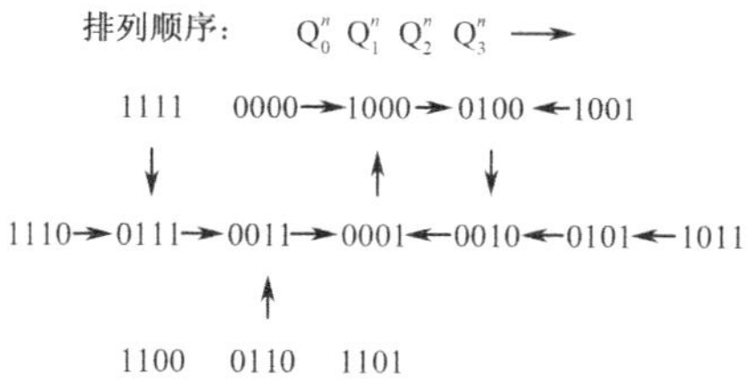

图 5.39　自启动 4 位环形计数器状态转换图

环形计数器的突出优点是电路结构简单。而且有效循环中每个状态只包含一个 1（或 0），可以直接以各个触发器输出端 1 状态表示电路的一个状态，不需要另外加译码电路。缺点是没有充分利用电路的状态。用 n 位移位寄存器组成环形计数器只用了 2^n 个状态中的 n 个状态。

（2）扭环形计数器

为了提高触发器的利用率，可以采用图 5.40（a）所示的扭环形计数器，它是将移位寄存器末级的 $\overline{Q}$ 端信号反馈到第一级的输入端而构成的，即 $D_0=\overline{Q_3^n}$，图 5.40（b）所示是它的状态转换图，取图中左边的一个为有效循环。该电路不能自启动。

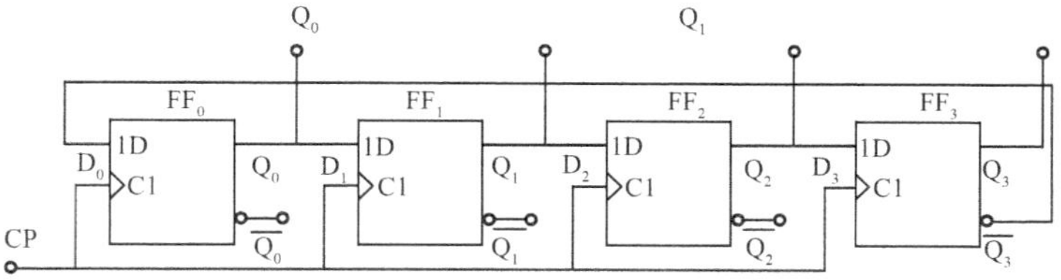

（a）扭环形移位计数器

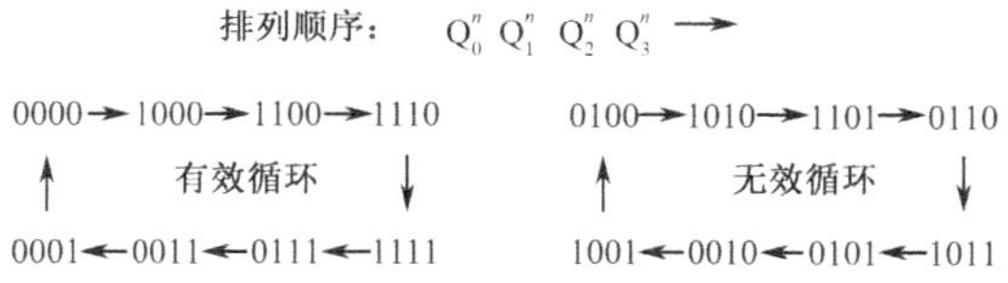

（b）扭环形移位计数器状态图

图 5.40　4 位扭环形计数器

如果将反馈逻辑修改为 $D_0=Q_0^nQ_2^n+\overline{Q}_3^n$，那么电路将具有自启动能力，从而得到如图 5.41 所示的电路。

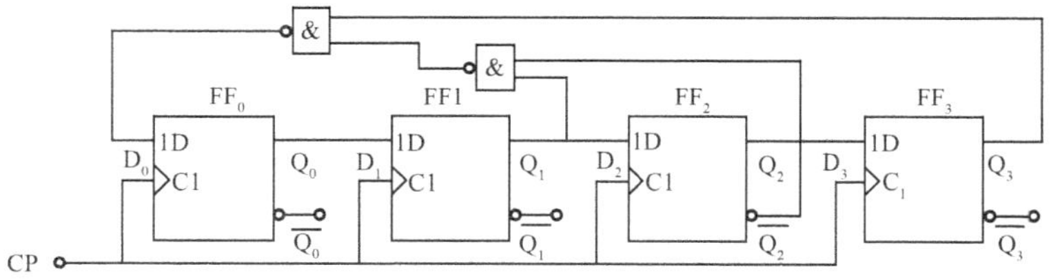

图 5.41　自启动 4 位扭环形计数器

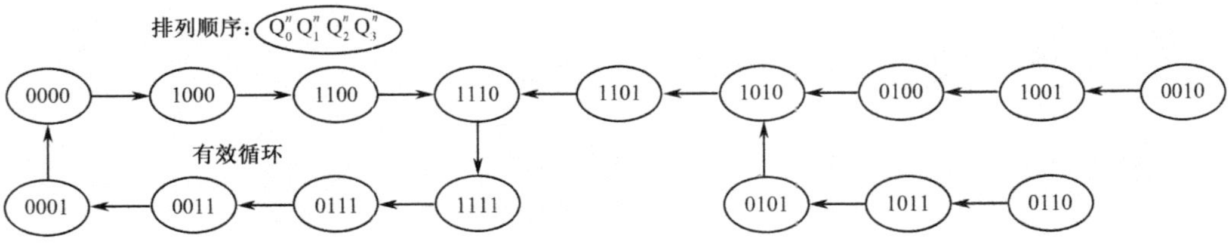

图 5.41　自启动 4 位扭环形计数器（续）

不难看出，用 n 位移位寄存器构成的扭环形计数器可以得到含 2^n 个有效状态的循环，状态利用率较环形计数器提高了一倍，但要识别这些状态，必须另加译码电路。当采用图中的有效循环工作时，由于电路在每次状态转换时只有一位触发器改变状态，不会产生竞争冒险现象。

本章小结

1. 时序逻辑电路是重要的数字逻辑电路，与组合逻辑电路既有联系，又有区别， 基本分析方法一般有四个步骤，常用的时序逻辑电路有计数器和寄存器。

2. 计数器按照 CP 脉冲的工作方式分为同步计数器和异步计数器，学习重点是集成计数器的特点和功能应用。

3. 寄存器按功能可分为数据寄存器和移位寄存器，移位寄存器既能接收、存储数据，又可将数据按指定方向移动。

习题 5

5.1　分析图 5.42 所示时序电路的逻辑功能，写出电路的驱动方程、状态方程和输出方程，画出电路的状态转换图，说明电路能否自启动。

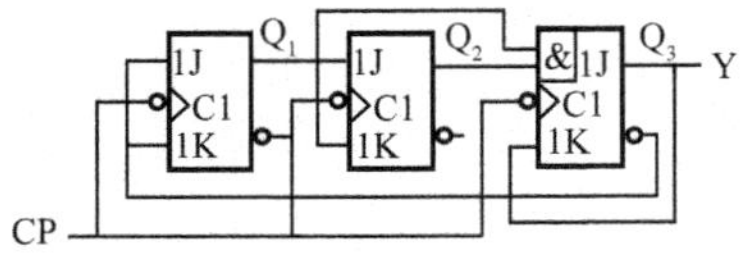

图 5.42　题 5.1 图

5.2　试分析图 5.43 时序电路的逻辑功能，写出电路的驱动方程、状态方程和输出方程，画出电路的状态转换图。A 为输入逻辑变量。

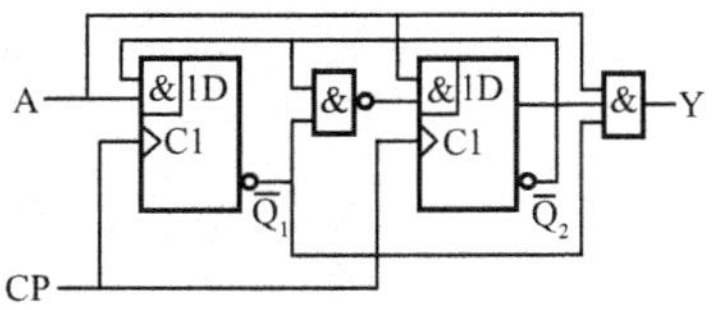

图 5.43　题 5.2 图

5.3　试分析图 5.44 时序电路的逻辑功能，写出电路的驱动方程、状态方程和输出方程，画出电路的状态转换图，检查电路能否自启动。

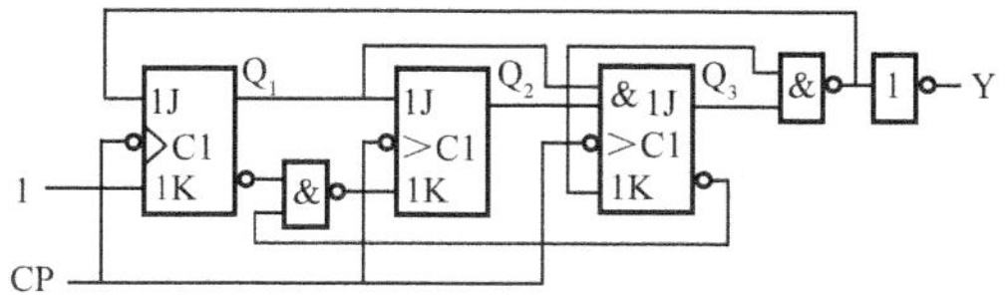

图 5.44　题 5.3 图

5.4 分析图 5.45 所示给出的时序电路，画出电路的状态转换图，检查电路能否自启动，说明电路实现的功能。A 为输入变量。

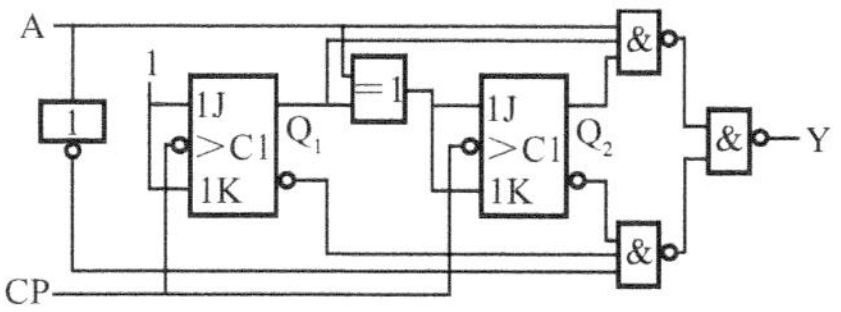

图 5.45　题 5.4 图

5.5　分析图 5.46 所示时序逻辑电路，写出电路的驱动方程、状态方程和输出方程，画出电路的状态转换图，说明电路能否自启动。

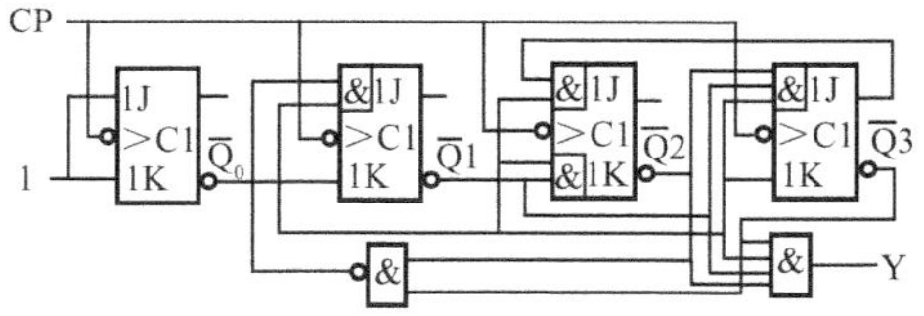

图 5.46　题 5.5 图

5.6　分析图 5.47 所示的计数器电路，说明这是多少进制的计数器。

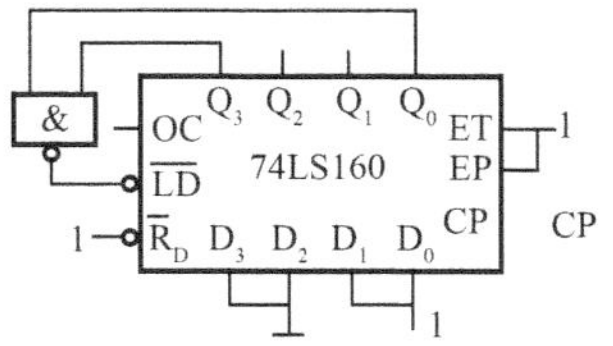

图 5.47　题 5.6 图

5.7　分析图 5.48 所示的计数器电路，画出电路的状态转换图，说明这是多少进制的计数器。

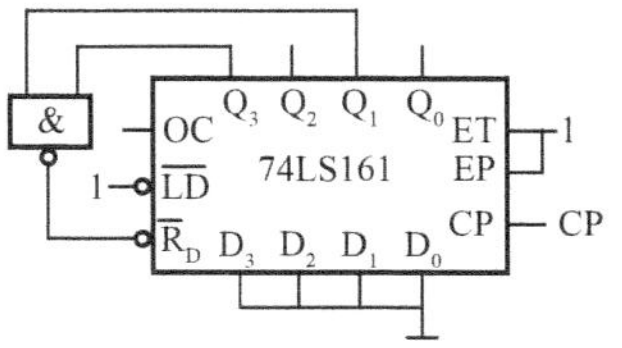

图 5.48　题 5.7 图

5.8 图 5.49 所示电路是由两片同步十进制计数器 74160 组成的计数器，试分析这是多少进制的计数器，两片之间是几进制。

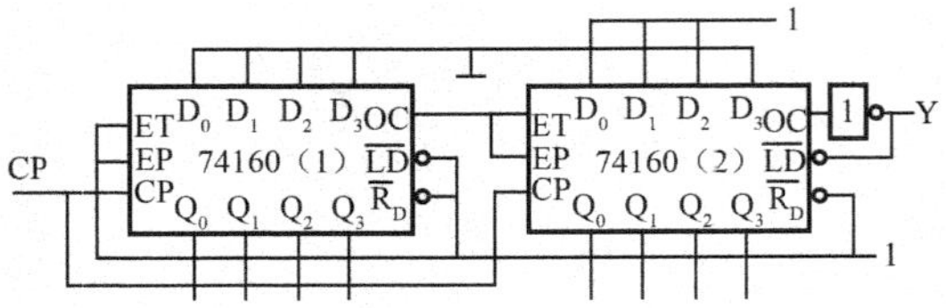

图 5.49 题 5.8 图

5.9 试用两片异步二-五-十进制计数器 74LS90 组成二十四进制计数器。

第 6 章　脉冲波形的产生与变换电路

学习指导

本章学习 555 定时器电路及其构成的各种矩形脉冲信号产生与变换电路。

6.1　概述

脉冲信号是指在较短时间间隔内作用于电路的电压或者电流信号，这个时间间隔可以和电路过渡过程持续时间（3～5）τ 相比拟。数字电路中的脉冲信号主要是矩形脉冲信号。图 6.1 所示为几种常见脉冲信号波形。

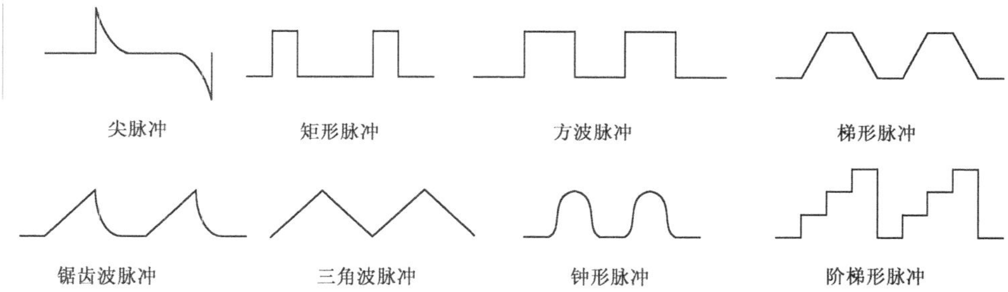

图 6.1　常见脉冲信号波形

图 6.1 中的矩形脉冲信号是理想波形，即该波形的上升沿与下降沿均是跳变的且波形幅度一直保持不变。实际的矩形脉冲信号波形无理想跳变，顶部也不平坦，如图 6.2 所示。

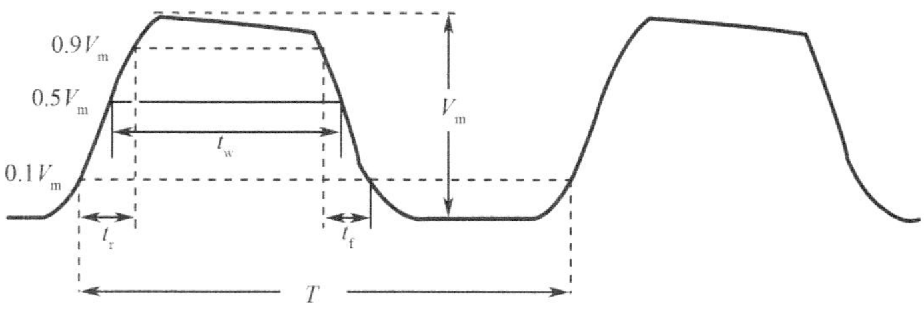

图 6.2　实际矩形脉冲信号

经常使用以下参数对实际矩形脉冲信号进行描述。

① 脉冲幅度 V_m。矩形脉冲信号的最大变化量称为脉冲幅度，用 V_m 表示。

② 上升时间 t_r。矩形脉冲信号上升沿由 $0.1V_m$ 上升到 $0.9V_m$ 所需要的时间，称为上升时间。用 t_r 表示。

③ 下降时间 t_f。矩形脉冲信号下降沿由 0.9 V_m 下降到 0.1 V_m 所需要的时间，称为下降时间。用 t_f 表示。

④ 脉冲宽度 t_w。矩形脉冲信号上升沿与下降沿 0.5 V_m 之间的宽度，称为脉冲宽度或半值脉冲宽度。用 t_w 表示。有时，也可以用脉冲信号上升沿与下降沿 0.1 V_m 之间的宽度表示脉冲信号宽度。

⑤ 脉冲周期 T。对于重复性脉冲信号，两个相邻脉冲波形上相应点之间的时间间隔，称为脉冲周期。用 T 表示。$f=\dfrac{1}{T}$，为信号的频率，即单位时间内脉冲信号的重复次数。

⑥ 脉宽比 $\dfrac{t_w}{T}$。矩形脉冲信号的宽度 t_w 与周期 T 之比，称为脉宽比。也称为占空比。

数字电路中，获得矩形脉冲信号的方法有两种：一种是利用多谐振荡电路，直接产生所需要的周期性矩形脉冲信号；另一种是利用脉冲信号变换电路，如施密特触发器电路和单稳态触发器电路，将已有的脉冲信号变换成所需要的矩形脉冲信号。此时，电路本身不产生矩形脉冲信号，而仅仅起脉冲波形的变换作用。

6.2　555 定时器

555 定时器电路是介于模拟电路与数字电路之间的一种混合电路，是将模拟电路和开关电路结合起来的器件。最早由美国 Sginetics 公司研制成功。该电路连接使用方便、灵活，功能强大，有“万能块”之称。555 电路除了可以组成定时电路之外，还可以组成单稳态触发器、施密特触发器、多谐振荡电路等典型电路。同时，以 555 电路为核心的各种应用电路也非常多，在控制系统、报警等电路中均有广泛应用。

555 产品主要分为两类：双极型和 CMOS 型。双极型产品的最后三位为 555，CMOS 产品的最后四位为 7555。它们的逻辑功能和外引线功能图完全一致。556 和 7556 分别为双极型和 CMOS 电路组成的双定时器电路。

6.2.1　555 电路结构

图 6.3 所示为 555 电路的逻辑符号、外引线功能图、内部等效电路图。

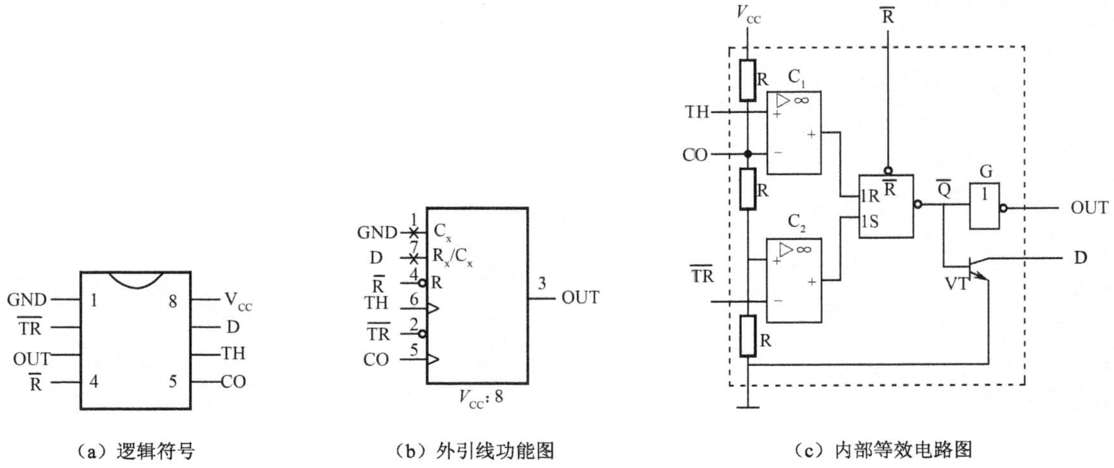

图 6.3　555 电路

555 电路的构成如下。

1．RS 触发器

该触发器高电平触发：R=1 时，$Q=0,\overline{Q}=1$；S=1 时，$Q=1,\overline{Q}=0$。若复位端 $\overline{R}=0$，则触发器直接被复位。

2．电压比较电路

比较电路由两个电压比较器 C_1、C_2 及三个分压电阻 R 构成。

C_1、C_2 是由两个高增益运算放大器构成的电压比较电路：当放大器的同相输入大于反相输入时，运算放大器输出高电平信号；反之，则输出低电平信号。

三个电阻 R 构成串联分压电路，在电压比较器 C_1 反相输入端未加控制电压的情况下，三个电阻 R 对 V_{CC} 分压的结果是：C_1 反相输入端电压为 $\frac{2}{3}V_{CC}$、C_2 同相输入端电压为 $\frac{1}{3}V_{CC}$。

3．放电开关与反相输出

VT 用做放电开关，状态受 RS 触发器输出的控制。当触发器输出 $Q=0,\overline{Q}=1$ 时，放电开关导通；当 $Q=1,\overline{Q}=0$ 时，放电开关截止。

反相器 G 的作用是输出缓冲，提高带负载能力，起到隔离作用。

6.2.2　555 定时器功能描述

555 的主要功能端如表 6.1 所示。

表 6.1　555 集成电路端口介绍

引脚	名称	作用
2	触发输入端 $\overline{TR}$	决定电压比较器 C_2 的反相输入电压
5	电压控制端 CO	决定电压比较器 C_1 的反相输入电压
6	阈值输入端 TH	决定电压比较器 C_1 的同相输入电压
7	放电端口 D	VT 的集电极开路输出，并提供放电通路

在电压控制端 CO 上外加控制电压，可改变两个电压比较器 C_1、C_2 的参考电压。一般情况下该端口通过串接一个消除高频干扰的小电容（如 0.01μF）接地。此时，555 功能表如表 6.2 所示。

表 6.2　555 定时器功能表

阈值电压 TH	触发输入 $\overline{TR}$	复位 $\overline{R}$	放电管 VT	输出 OUT
—	—	0	导通	0
$>\frac{2}{3}V_{CC}$	$>\frac{1}{3}V_{CC}$	1	导通	0
$<\frac{2}{3}V_{CC}$	$>\frac{1}{3}V_{CC}$	1	原状态	原状态
—	$<\frac{1}{3}V_{CC}$	1	截止	1

根据 555 电路输入变量的不同状态组合，附加外围 RC 电路后，可以构成各种应用电路。

6.3 单稳态触发器

单稳态触发器是具有一个稳态的触发器，另外电路还具有一个暂稳态。即单稳态触发器具有两种状态：一个稳态和一个暂稳态。没有外加触发信号，电路始终处于稳态。在外加触发脉冲信号作用下，单稳态触发器能够产生具有一定宽度和幅度的矩形脉冲信号，进入暂稳态；经过一段时间后，电路将自动返回原来的稳态。电路暂稳态持续时间的长短，与外加触发脉冲信号的宽度没有关系，仅取决于电路本身定时元件的参数值。

单稳态触发器可以由分立元件构成；也可以通过门电路和 RC 元件构成；或通过集成单稳态电路外接 RC 元件实现；也可以使用 555 定时器电路构成单稳态触发器。其中，RC 元件组成的电路称为定时电路，由电容的充放电时间决定单稳态触发器暂稳态持续时间的长短。根据 RC 电路连接方式的不同，单稳态电路分为微分型单稳和积分型单稳。根据电路及工作状态的不同，单稳态电路又分为非可重触发电路和可重触发电路。

6.3.1 555 电路构成单稳态触发器

555 定时器构成的单稳态触发器电路，如图 6.4（a）所示。

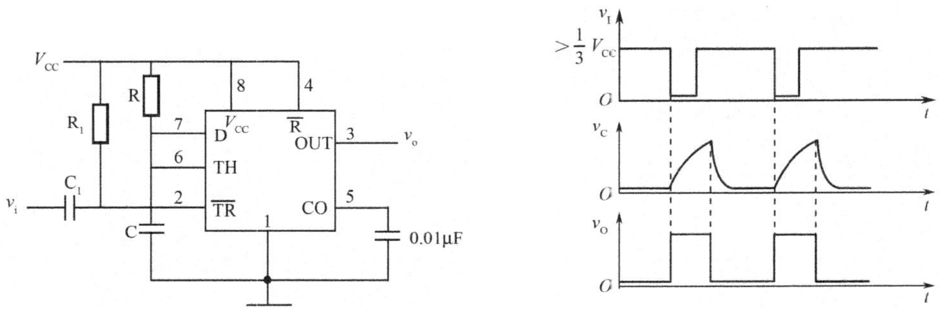

（a）单稳态触发器电路　　（b）电路工作波形

图 6.4　单稳态触发器电路及工作波形

电路接通后，触发输入信号 v_i 为高电平($>\frac{1}{3}V_{CC}$)，此时没有有效触发输入信号，电路工作于稳态。此时 555 定时器电路中电压比较器 C_1 输出高电平、C_2 输出低电平，放电管 VT 导通。555 定时器电路输出低电平，电容 C 两端电压 v_C 为 0。

当触发输入信号 v_i 由高电平变为低电平时，555 定时器内部电压比较器 C_1 输出变为低电平、C_2 输出为高电平，放电管 VT 截止。555 定时器电路输出变为高电平，电源 V_{CC} 通过 R 对 C 充电，电路进入暂稳态。随充电的不断进行，电容 C 两端的电压 v_C 逐渐升高，当 $v_C=\frac{2}{3}V_{CC}$ 时，555 定时器内部电压比较器 C_1 输出再次变为高电平，C_2 输出再次变为低电平。555 定时器电路输出再次变为低电平。放电管 VT 导通，电容 C 迅速放电，电路恢复稳态。电路工作波形如图 6.4（b）所示。

为保证电路正常工作，触发输入信号 v_i 必须为窄负脉冲，即它的有效触发输入信号持续时间应小于暂稳态的持续时间 t_w。t_w 是电容电压由 0 上升至 $\frac{2}{3}V_{CC}$ 的时间，它的长短取决于电路中 R 与 C 的大小，$t_w \approx 1.1RC$。

6.3.2　集成单稳态触发器

单稳态触发器应用广泛，集成单稳态触发器具有温度特性好、抗干扰能力强、电源稳定、输出脉宽调节范围大、电路外围元件少等优点。集成单稳态触发器分为两大类：可重触发单稳电路和不可重触发单稳电路。可重触发单稳态电路指触发器电路进入暂稳态、尚未完全回到原来稳态之前，可以再次输入触发脉冲信号，以延长暂稳态持续的时间。这时，输出脉冲将继续维持一个 t_w 的宽度。不可重触发单稳态电路指触发器电路稳态完全恢复之前，电路将不再接受触发脉冲信号请求。在集成单稳态触发器产品中，设有清零端，通过该端口上的有效电平信号，可以立即结束暂稳态过程，恢复稳态。

在集成单稳态触发器电路中，74122、74LS122、74123、74LS123、74LS422、74LS423 均为可重触发单稳态触发器；74121、74221、74LS221 均为不可重触发单稳态触发器。以 74121 为例进行介绍。

1. 电路介绍

74121 是一种典型的 TTL 集成不可重触发单稳态触发器，逻辑符号与外引线功能图如图 6.5 所示。电路功能表如表 6.3 所示。

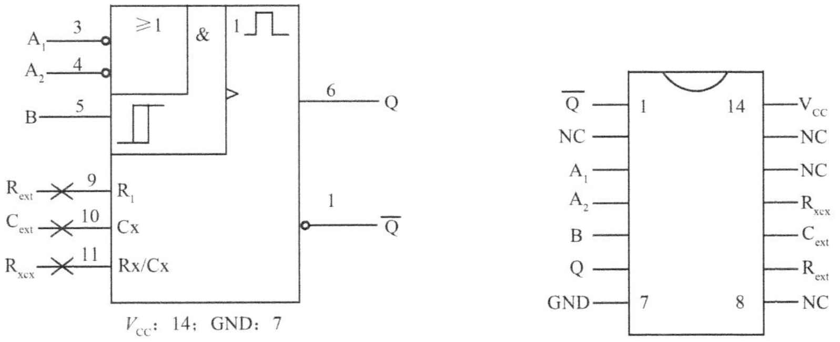

（a）逻辑符号　　　　（b）外引线功能图

图 6.5　不可重触发单稳态触发器 74121

表 6.3　74121 功能表

电路输入			电路输出	
A_1	A_2	B	Q	$\overline{Q}$
0	×	1	0	1
×	0	1	0	1
×	×	0	0	1
1	1	×	0	1
1	↓	1	⊓	⊔
↓	1	1	⊓	⊔
↓	↓	1	⊓	⊔
0	×	↑	⊓	⊔
×	0	↑	⊓	⊔

由 74121 功能表知，触发信号可以加在触发输入 A_1、A_2、B 三者中的任意一端。其中 A_1、A_2 端为下降沿触发，B 端为上升沿触发。所以，该电路触发方式可以概括为以下三种。

① 在 A_1 或 A_2 端使用触发脉冲信号的下降沿触发。此时，另外两个触发输入端必须为高电平；

② 在 A_1、A_2 端同时使用触发脉冲信号的下降沿触发，要求 B 端为高电平；

③ 在 B 端用触发脉冲信号的上升沿触发，且 A_1、A_2 所加信号中至少有一个是低电平。

74121 的工作波形如图 6.6 所示。

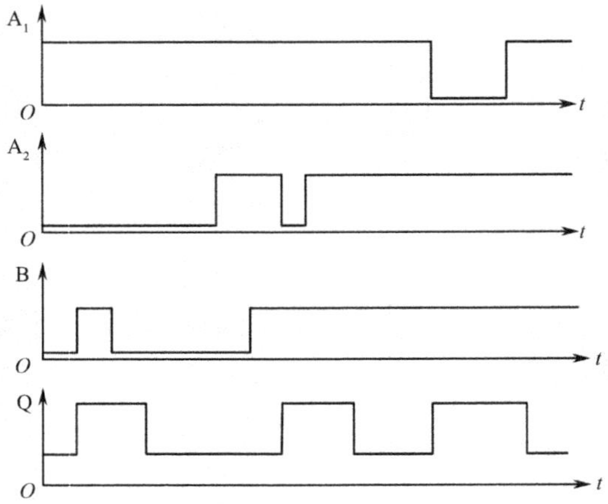

图 6.6　74121 工作波形

2. 电路连接方式

74121 输出脉冲宽度取决于电路中定时元件 RC 值。根据拟获得脉冲宽度的不同，可以外接定时电阻，以获得较宽输出脉冲信号；也可以使用电路内部的定时电阻。定时电路连接举例如图 6.7（a）、（b）所示。

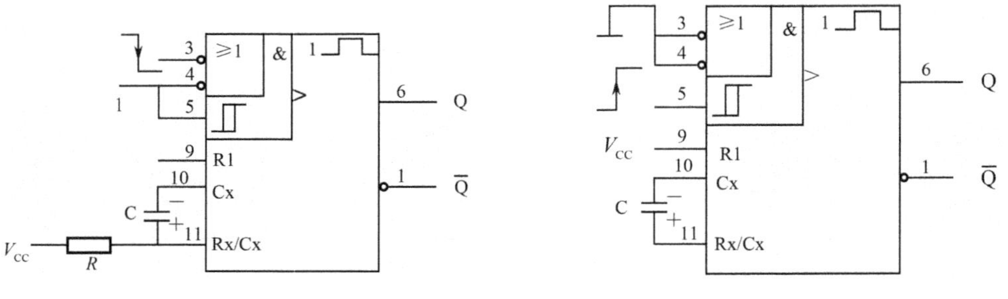

（a）连接图一　　（b）连接图二

图 6.7　单稳态电路连接图

6.3.3　单稳态电路应用

1. 脉冲信号整形

将不规则的脉冲信号，加至单稳态电路的触发输入端，在电路输出端可以得到一组幅度和宽度一致、规则的矩形脉冲信号，如图 6.8 所示。

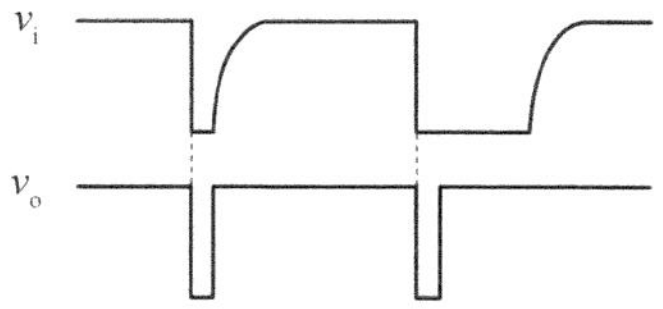

图 6.8　脉冲信号的整形

将不规则脉冲信号 v_i 加至电路的触发输入 A_1或A_2 端，从 $\overline{Q}$ 端可以获得经过整形的脉冲信号。

2. 脉冲信号延时

将两级单稳态触发器电路首尾相连，被延时信号作为第一级电路的触发信号，适当调整两级电路的外接 RC 元件，就可以相应调整该信号的延时时间和输出宽度，在第二级电路输出端获得需要的脉冲信号，如图 6.9 所示。

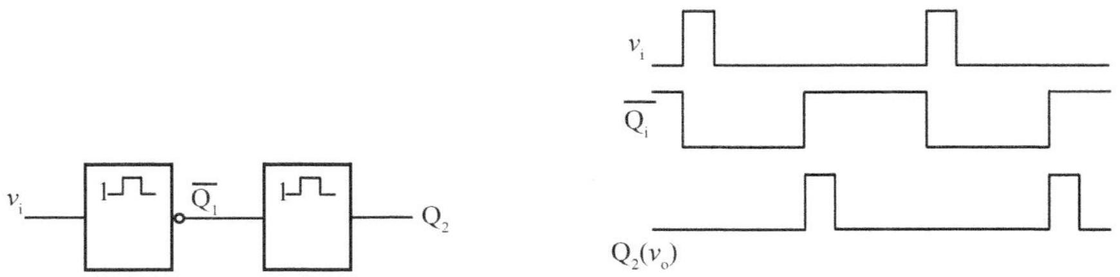

（a）逻辑电路　　（b）工作波形

图 6.9　单稳态电路的延时

3. 脉冲信号定时

将单稳态电路的输出与另一列脉冲序列信号同时至与门的输入，当单稳态电路处于暂稳态、输出高电平时，与门打开，脉冲序列信号能够通过与门传递；当单稳态电路回到稳态、输出变为低电平时，与门关闭。因此利用单稳态电路可以控制脉冲序列信号传递的时间和个数，如图 6.10 所示。

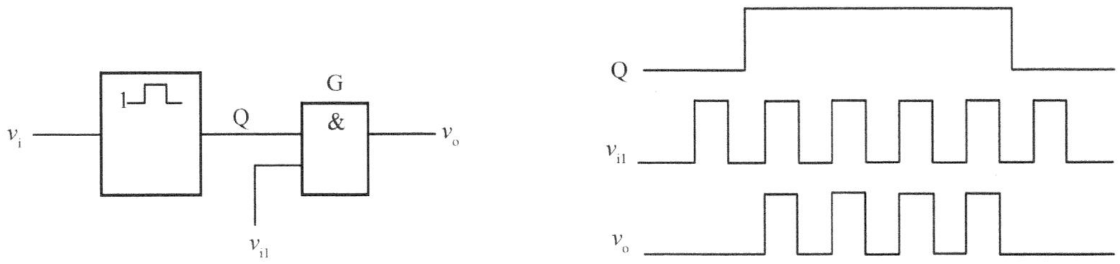

（a）逻辑电路　　（b）工作波形

图 6.10　单稳态电路的定时

6.4　施密特触发器

施密特触发器是常用的脉冲信号整形电路之一。该电路具有两个稳态，是一种特殊的双稳态时序逻辑电路；同时，该触发器可以根据输入信号电压幅度的变化触发和维持电路状态。施密特触发器可以由分立元件、门电路、专用集成电路或 555 定时器电路构成。

6.4.1　555 电路构成施密特触发器

555 定时器构成的施密特触发器如图 6.11（a）所示。

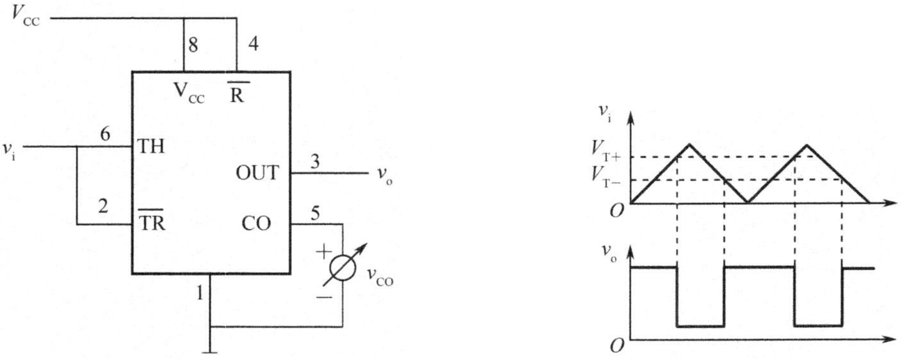

（a）逻辑电路　　（b）工作波形

图 6.11　555 构成施密特电路及其波形

接通电源后，$TH<\frac{2}{3}V_{CC}$，$\overline{TR}<\frac{1}{3}V_{CC}$，放电管 VT 截止，触发器置 1，电路输出高电平。

随输入电压 v_i 上升，当输入电压在 $\frac{1}{3}V_{CC}<v_i<\frac{2}{3}V_{CC}$ 范围内变化时，电路维持原状态，输出保持高电平不变。

输入电压 $v_i>\frac{2}{3}V_{CC}$ 时，VT 导通，触发器置 0，电路输出变为低电平，状态发生翻转。

随输入电压的变化，在其由高电平向下变化的过程中，当 $\frac{1}{3}V_{CC}<v_i<\frac{2}{3}V_{CC}$ 时，电路维持原态，仍然输出低电平。

随输入电压下降，当 $v_i<\frac{1}{3}V_{CC}$ 时，VT 截止，触发器再次置 1，电路输出再次变为高电平。

电路工作波形如图 6.11（b）所示。

将电路由一种逻辑状态变化至另一种逻辑状态时所对应的输入电压称为阈值电压。对于施密特触发器电路而言，引起电路逻辑状态发生变化的阈值电压不是一个，而是两个。

输入电压 v_i 由低电平向高电平变化的过程中，当 $v_i>\frac{2}{3}V_{CC}$ 时，将引起电路状态的变化，将此时的输入电压 v_i 称为上限触发电平，用 V_{T+} 表示（也称为正向阈值电压或高电平阈值电压）。所以，该电路的 $V_{T+}=\frac{2}{3}V_{CC}$。

输入电压 v_i 由高电平向低电平变化时，当 $v_i<\frac{2}{3}V_{CC}$，电路状态不发生变化，只有当

$v_I < \frac{1}{3}V_{CC}$ 时，电路状态才会再次发生变化。将此时的输入电压称为下限触发电平，用 V_{T-} 表示（也称为负向阈值电压或低电平阈值电压）。所以，该电路的 $V_{T-} = \frac{1}{3}V_{CC}$。

对施密特触发器电路而言，上限触发电平 V_{T+} 不等于下限触发电平 V_{T-}，即导致电路状态发生变化的输入信号的值大小不相等。将电路的 $\Delta V = V_{T+} - V_{T-}$ 定义为施密特触发器电路的回差电压。施密特触发器所具有的 $V_{T+} \neq V_{T-}$ 的特性，称为回差特性或者回滞特性。

施密特触发器电路的电压传输特性曲线，如图 6.12 所示，也称为回差特性曲线。

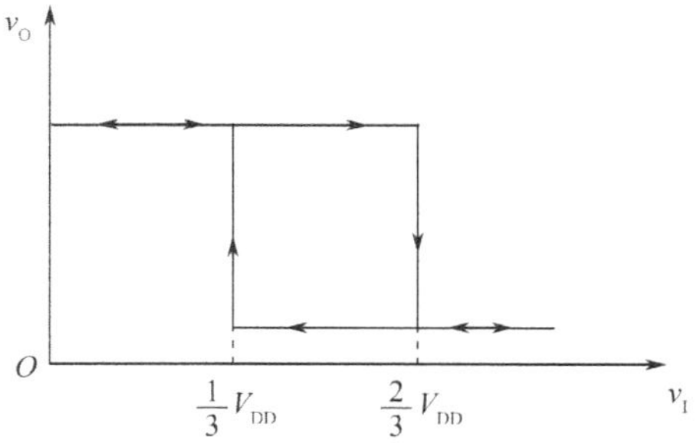

图 6.12　施密特触发器电压传输特性

在电压控制 CO 端加上可调电压 v_{CO}，可以改变比较器 C_1、C_2 参考电压，以方便调节回差电压大小。

带有施密特触发器的反相器和与非门电路如图 6.13 所示。

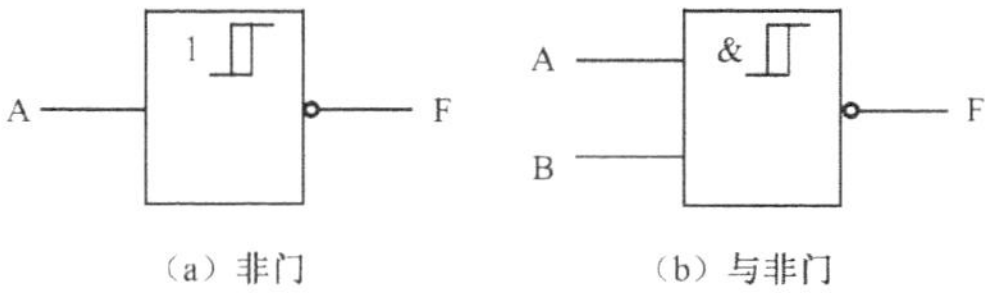

图 6.13　施密特触发非门、与非门逻辑符号

6.4.2　集成施密特触发器

数字集成电路中，多种产品带有施密特触发器。图 6.14 为带施密特触发器的四 2 输入与非门电路 74LS132。

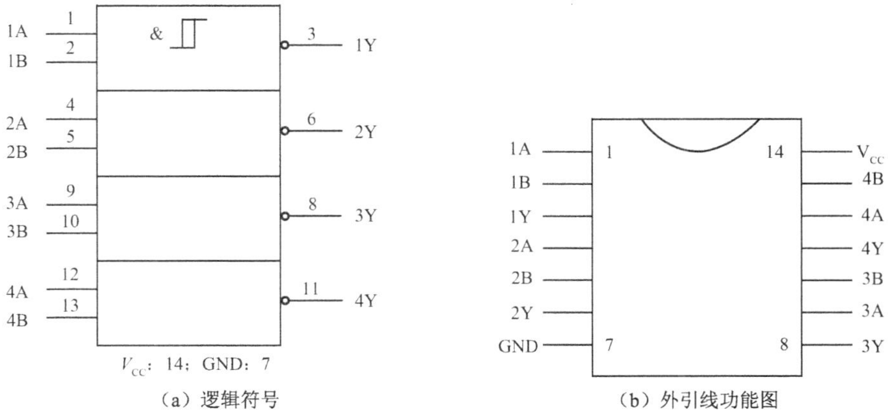

图 6.14　施密特触发与非门 74LS132

该电路集成了四个2输入的施密特触发器，每个触发器在基本电路的基础上，在输入端增加了与的功能，输出端增加了反相器，也将其称为施密特触发与非门。该电路输出与输入满足与非的逻辑关系；两输入中有一个低于V_{T-}，输出就为高电平；只有两个输入同时高于V_{T+}时，输出才为低电平。

集成施密特触发器电路 74LS132 的上限触发电平V_{T+}在 1.5～2V，下限触发电平V_{T-}在0.6～1.1V。回差电压ΔV典型值为0.8V。

6.4.3 施密特触发器的应用

1. 波形变换

利用施密特触发器可以将输入变化缓慢的脉冲波形，变换为理想矩形脉冲信号输出，如图6.15所示。

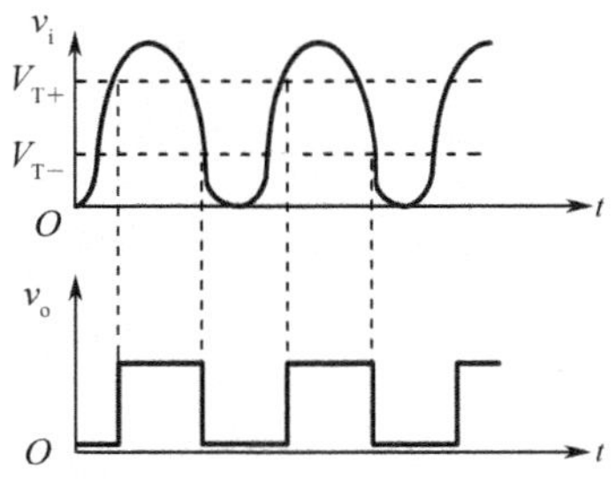

图6.15 施密特触发器的波形变换作用

2. 波形整形

数字电路中，矩形脉冲信号经过传输后，往往会发生失真，主要表现在以下方面：波形边沿变缓、边沿产生振荡、叠加干扰脉冲。利用施密特触发器可以方便地实现波形整形，将不规则的波形变化成规则的矩形脉冲，如图6.16所示。

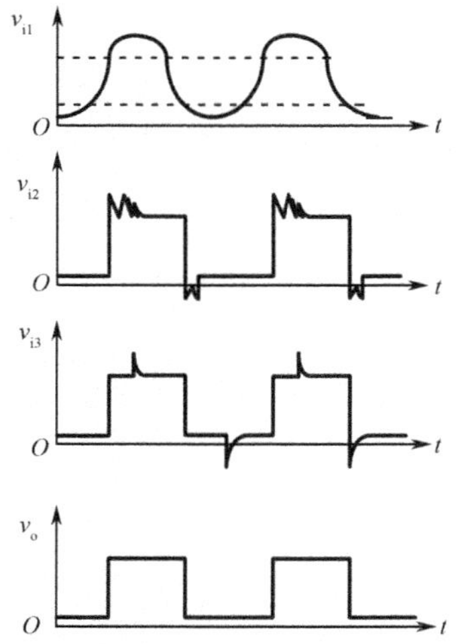

图6.16 施密特触发器的波形整形作用

3. 信号鉴幅

在施密特触发器输入端加上不同幅度的信号，当输入信号幅度达到 V_{T+} 或低于 V_{T-} 时，电路状态将发生变化，在输出端产生脉冲信号，如图 6.17 所示。

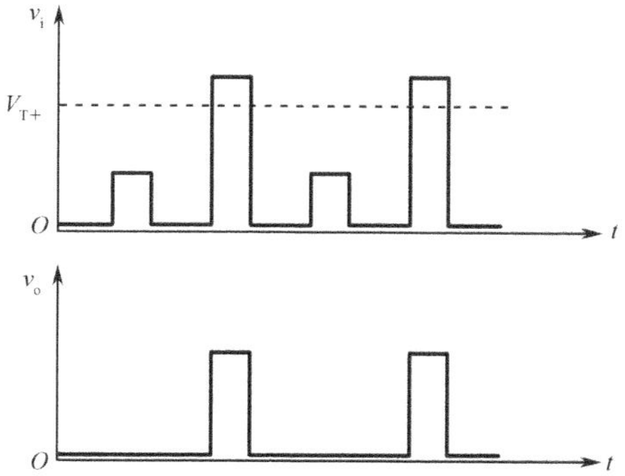

图 6.17　施密特触发器的鉴幅作用

4. 构成单稳态触发器

利用施密特触发器的回差特性，可以构成单稳态触发器电路，如图 6.18 所示。

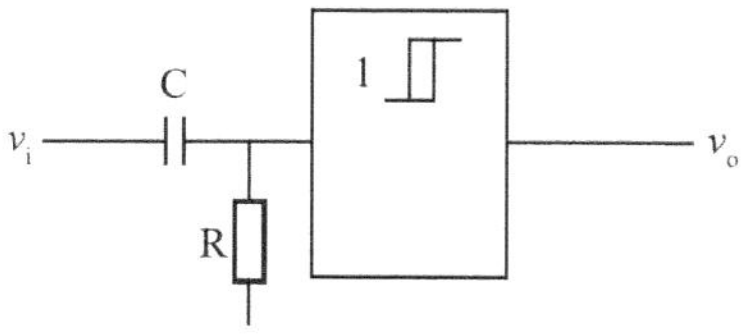

图 6.18　施密特触发器构成单稳态电路

v_i 为低电平时，v_o 也为低电平，电路处于稳态。v_i 发生正跳变时，v_R 随之发生跳变，若跳变超过 V_{T+}，将导致电路状态发生翻转，输出变为高电平，电路进入暂稳态。电容 C 被充电，随充电进行，v_R 下降，当其降至 V_{T-}，电路状态再次发生翻转，v_o 为低电平，回到稳态。

6.5 多谐振荡器

多谐振荡器是一种自激振荡电路。电路无需外加触发脉冲信号作用，接通电源后，电路就在两种状态之间相互转换，产生具有一定幅度和一定宽度的矩形脉冲信号。该电路经常用做脉冲信号源。由于矩形脉冲信号中含有丰富的谐波分量，也将产生将矩形脉冲的振荡电路称为多谐振荡器。由于要产生自激振荡，所以多谐振荡器电路没有稳定状态，是一种无稳态电路。电路工作时在两种暂稳态之间相互转换。常见的有 555 定时器组成的多谐振荡器、石英晶体振荡器等。

6.5.1 555 定时器构成多谐振荡器

555 定时器电路构成的多谐振荡器电路如图 6.19 所示。

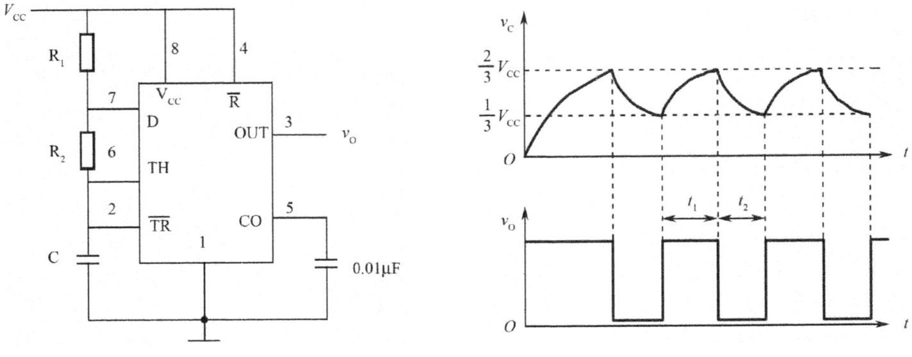

（a）　（b）

图 6.19　555 定时器构成多谐振荡器及其波形

电路接通电源后，电容 C 两端电压较低，放电管 VT 截止，555 电路输出高电平，处于第一暂稳态。

随电源电压V_{CC}对 C 充电的进行，当$v_C > \frac{2}{3}V_{CC}$时，放电管 VT 导通，触发器置 0，输出变为低电平，电路进入第二暂稳态。

此时，电容 C 开始通过电阻R_2和导通的放电管 VT 放电，v_C下降，当$v_C < \frac{1}{3}V_{CC}$时，触发器又被置 1，VT 重新截止，电路输出翻转为高电平，回到第一暂稳态。V_{CC}又开始对电容 C 充电，重复以上过程。

电路稳定工作时，两种暂稳态持续的时间分别是电容 C 充电和放电持续的时间。

电容 C 充电的时间$t_1 = 0.7(R_1 + R_2)C$；

电容 C 放电的时间$t_2 = 0.7R_2C$

电路输出矩形脉冲信号的周期为$T = t_1 + t_2$。

以上多谐振荡器电路输出的矩形脉冲信号波形不能成为方波脉冲信号，因为电阻R_1不能为零。若要输出方波信号，需要对上述电路进行改进，组成输出脉冲信号的占空比可以调整的多谐振荡器，如图 6.20 所示。

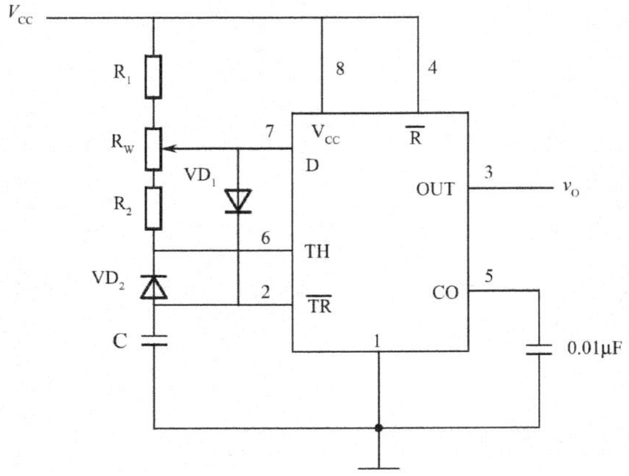

图 6.20　555 构成改进型多谐振荡器

上述电路在忽略二极管导通电阻的情况下，电容 C 充电时间为 $t_1 = 0.7R_1C$；

电容 C 放电的时间 $t_2 = 0.7R_2C$。若使电阻 $R_1 = R_2$，则 $t_1 = t_2$。电路输出方波脉冲信号。

555 定时器构成的多谐振荡器，电路简单，但存在振荡频率较低，振荡频率稳定性不高，容易受到温度等外界因素的干扰等缺点。而在许多场合对电路振荡频率的稳定性都有严格的要求，如在数字时钟电路中，脉冲基准信号来源的频率稳定性直接关系到计时的准确性。这时就需要使用石英晶体多谐振荡器。

6.5.2　石英晶体多谐振荡器

在石英晶片的两侧镀上两个电极即可制成石英晶体谐振器。当其两端加上电压信号时，随电压信号频率的不同，石英晶体的阻抗也不同。当信号频率 f 等于石英晶体本身的固有谐振频率 f_0 时，信号容易通过石英晶体，石英晶体阻抗最小。当 $f > f_0$ 时，石英晶体呈现感性阻抗；$f < f_0$ 时，石英晶体呈现容性阻抗。

当信号频率 f 偏离石英晶体的固有谐振频率 f_0 时，石英晶体的阻抗会迅速增大，石英晶体的阻抗频率特性曲线如图 6.21 所示。

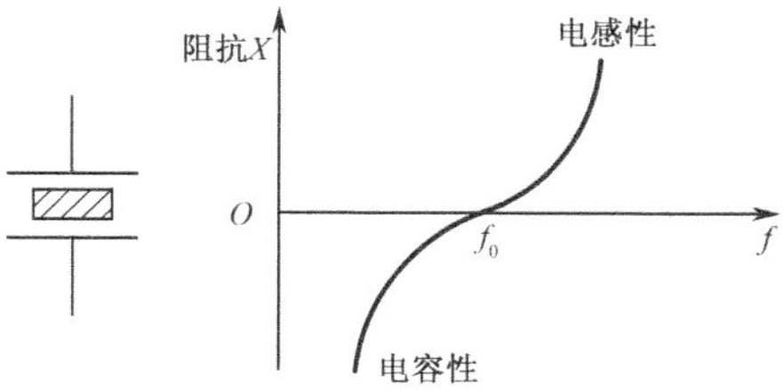

图 6.21　石英晶体及其阻抗频率特性

石英晶体的固有谐振频率 f_0 只与晶体本身的几何尺寸（石英晶体的厚度）有关。

由 CMOS 门电路和石英晶体共同组成的石英晶体多谐振荡器电路如图 6.22 所示。

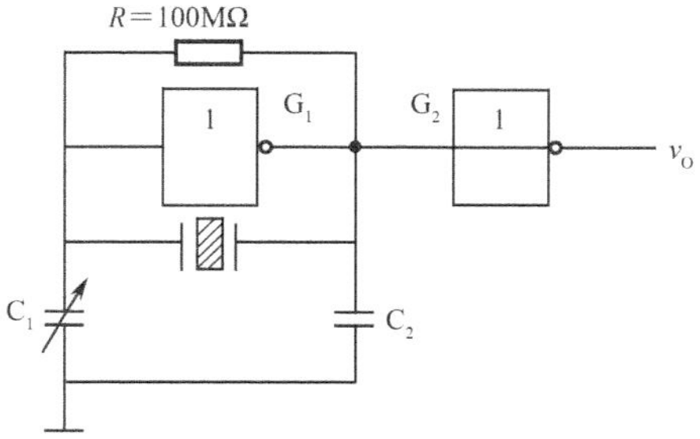

图 6.22　石英晶体多谐振荡器

其中，反相器 G_1 产生振荡，G_2 整形，以获得较理想的矩形脉冲信号。电阻 R 为 G_1 提供适当的静态工作点，电容 C_1 用于频率微调，C_2 是温度校正电容。

石英晶体振荡器的优点是频率稳定度非常高，主要用于高精度时基的数字系统中。

6.5.3　施密特触发器组成的多谐振荡器

利用施密特触发器的电压回滞特性同样可以组成多谐振荡器，如图 6.23 所示。

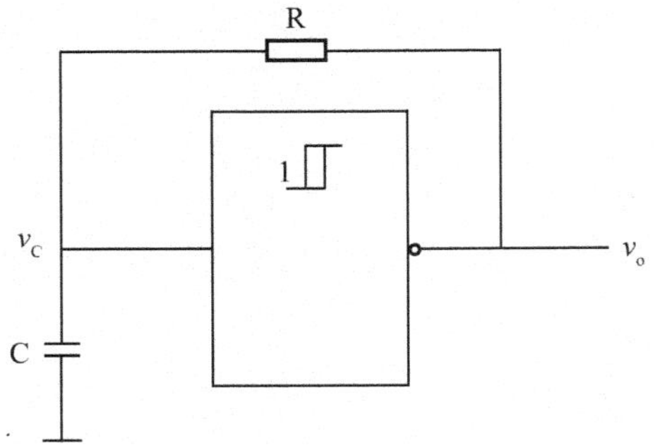

图 6.23 施密特触发器组成的多谐振荡器

接通电源后，电容尚未被充电，电路输出高电平。此后，输出的高电平通过 R 对 C 充电，v_C 上升，当 v_C 升至 V_{T+} 时，电路输出变为低电平，电容 C 放电，v_C 随之下降。当 v_C 降至 V_{T-} 时，电路状态再次发生翻转，输出高电平。重复以上过程。

6.5.4 环形振荡器

环形振荡器利用电路中的延迟负反馈产生振荡。它利用门电路的传输延迟时间，将奇数个反相器首尾相连而构成。最简单的环形振荡器由三个反相器首尾相连构成，如图 6.24（a）所示。

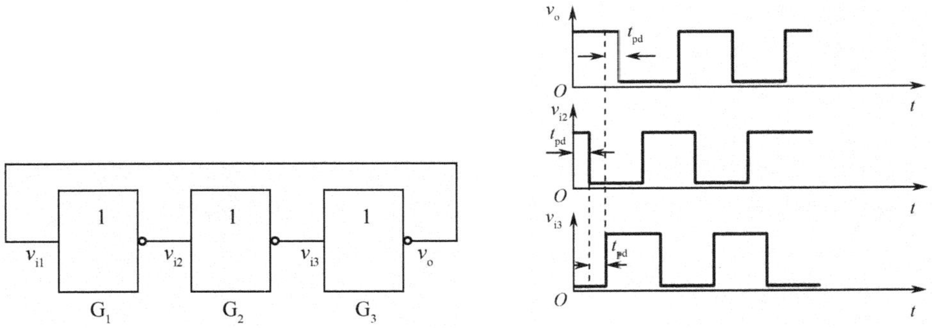

（a）环形振荡器 （b）环形振荡器工作波形

图 6.24 环形振荡器举例

设一级反相器电路产生的传输延迟时间为 t_{pd}，该电路产生自激振荡的过程如下。

接通电源后，假设 v_{i1} 发生微小的正跳变，经过 G_1 后，在 t_{pd} 时间后会使 v_{i2} 产生一个幅度相对较大的负跳变。同样，经过 t_{pd} 时间后会使 v_{i3} 产生一个幅度更大的正跳变，经 t_{pd} 延迟后，在电路输出端得到更大的负跳变，并反馈到整个电路的输入端。所以，在总共经过 $3t_{pd}$ 延迟时间后，v_{i1} 变为低电平。依次类推，再经过 $3t_{pd}$ 延迟时间后，v_{i1} 又将变为高电平。从而产生了自激振荡。电路工作波形如图 6.24（b）所示。由图可知，该电路振荡周期为 $T=6t_{pd}$。

因此，将大（等）于 3 的奇数个反相器首尾相连可构成环形振荡器，产生自激振荡，且振荡周期为 $T=2nt_{pd}$。n 为反相器的个数。图 6.25 所示是在上述电路基础上改进得到的实用型环形振荡器电路。其中，R_1C 组成电路的延迟环节，R_2 是保护电阻。

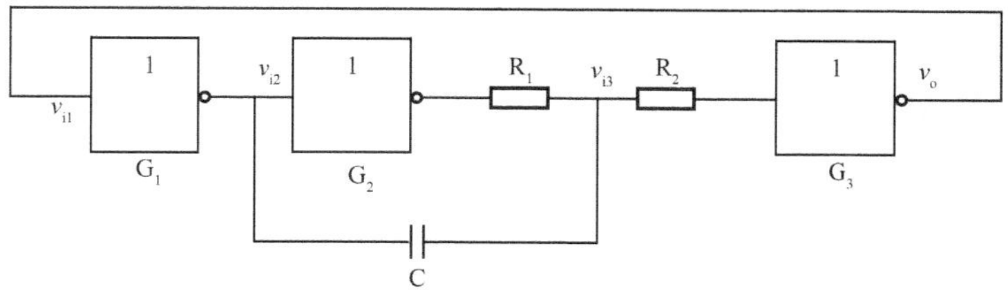

图 6.25　实用型环形振荡器

本章小结

1．矩形脉冲信号是数字电路中常用的脉冲信号之一，应熟悉常用矩形脉冲信号的描述参数。

2．555 定时器是一种常用的混合电路，应了解其内部电路结构，掌握其功能描述方法。

3．以 555 定时器为核心，可以构成单稳态触发器、施密特触发器、多谐振荡器等电路。应熟悉其组成电路，掌握电路工作原理及主要参数，掌握其主要应用。

习题 6

6.1　什么是脉冲信号？常见脉冲信号波形有哪些？

6.2　衡量实际矩形脉冲信号的参数有哪些？如何产生矩形脉冲信号？

6.3　集成单稳态触发器的特点是什么？单稳态触发器可以分为几类？根据如图 6.26（a）所示输入、输出波形，试画出在图 6.26（b）所示输入波形作用下，各种不同类型单稳态电路输出波形。

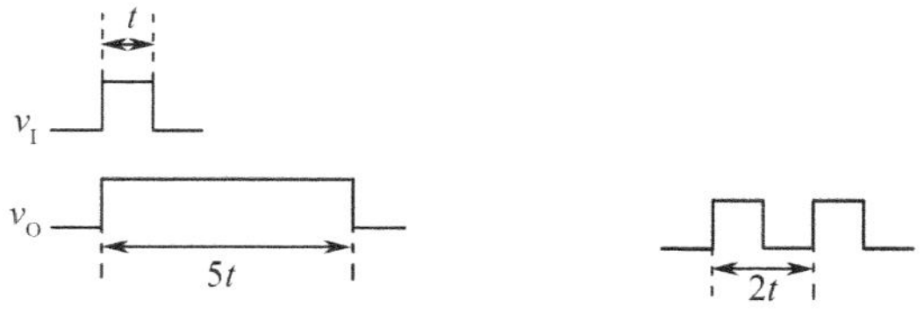

（a）输入、输出波形　　（b）输入波形

图 6.26　题 6.3 图

6.4　已知由 555 定时器构成的施密特触发器，若 V_{CC}=12V，V_{CO}=0V；V_{CC}=9V，V_{CO}=5V 时，试分别求出 V_{T+}和 V_{T-}的值。

6.5　利用施密特触发器进行鉴幅，输入、输出波形如图 6.27 所示。试画出电路图，并求出 V_{CO} 的值。

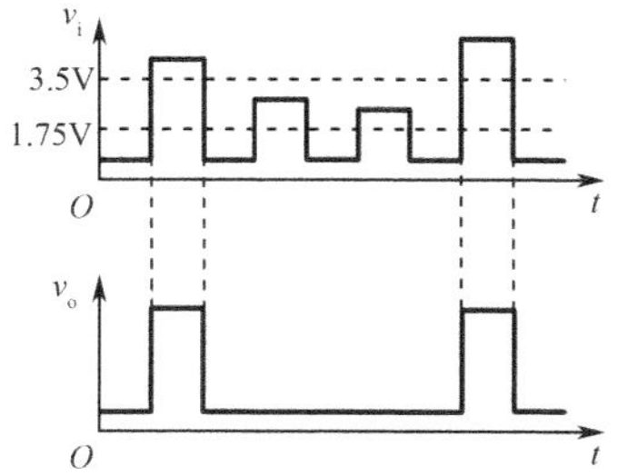

图 6.27　题 6.5 图

6.6 石英晶体多谐振荡器的振荡频率由谁决定？

6.7 555 构成的多谐振荡器电路，$R_1=R_2=6.1\text{k}\Omega$，$C=0.01\mu\text{F}$，$V_{CC}=12\text{V}$，试确定电路工作频率。

6.8 电路如图 6.28 所示。

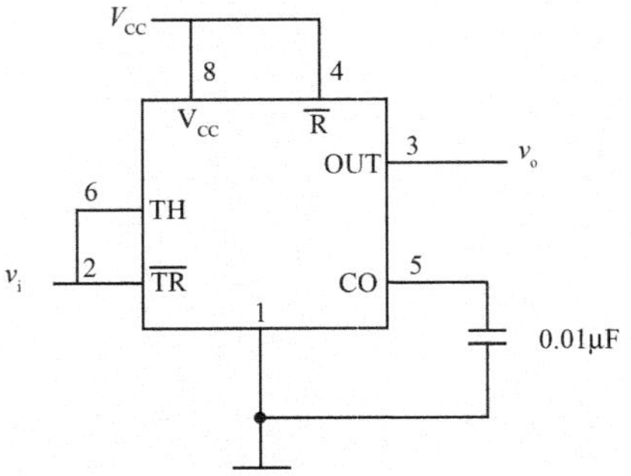

（a）图一

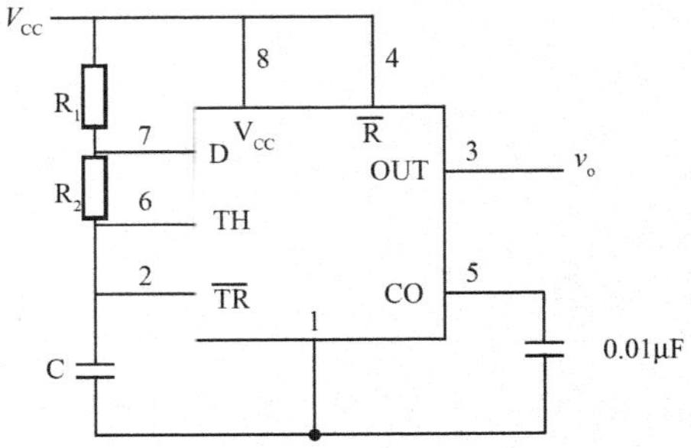

（b）图二

图 6.28 题 6.8 图

（1）指出电路名称，在（a）图中，如 $V_{CC}=5\text{V}$，则 V_{T+}、V_{T-}、ΔV 为多少？如 $V_{CO}=4\text{V}$，则 V_{T+}、V_{T-}、ΔV 为多少？

（2）已知（a）图电路输入波形如下，定性画出电路输出波形。

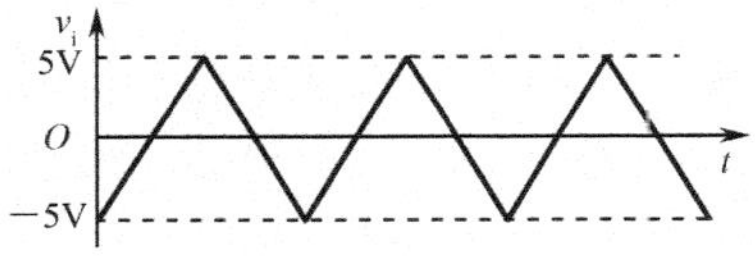

（3）在（b）图中，如 $V_{CC}=5\text{V}$，$R_1=15\text{k}\Omega$，$R_2=25\text{k}\Omega$，$C=0.033\mu\text{F}$，则输出波形的振荡频率为多少？若 $V_{CO}=4\text{V}$，则输出波形的振荡频率又为多少？

第 7 章　半导体存储器

学习指导

本章介绍半导体存储器的基本概念，只读存储器和程序存储器的特点及分类，存储器容量的扩展及用存储器实现组合逻辑函数。

7.1　概述

存储器是数字系统中用于存储信息、程序和数据的部件，在计算机、彩色电视机以及一些具有记忆功能的数字系统中广泛采用。

存储器有多种，按制造存储器的材料不同，可分为半导体存储器、磁存储器和光存储器。半导体存储器主要用来存放大量的二进制信息，它以其容量大、存取速度快、耗电低、体积小、使用寿命长等特点被广泛应用于数字系统中。

半导体存储器的种类很多，按制造工艺和材料划分，有双极型和 MOS 型两大类。

双极型存储器以双极型触发器为基本单元，它具有工作速度快、功耗大的特点，主要用于速度要求较高的场合。MOS 型存储器以 MOS 触发器或电荷存储结构为存储单元，它具有集成度高、功耗小、工艺简单等特点，主要用于大容量存储系统中，现在计算机中的内存大多为 MOS 型存储器。

从存取信息方式上分，可分为只读存储器 ROM（Read-Only Memory）和随机存取存储器 RAM（Random Access Memory）两大类。

只读存储器（简称 ROM）的存储内容是固定不变的（在出厂前事先烧录好），工作时它的存储内容只能读出，不能写入，并且所存储的内容在断电后仍能保持，即不怕掉电，因此也称为非易失性存储器，常用于存放固定程序和数据。如计算机启动时的自检程序、初始化程序便是固化在 ROM 中。

只读存储器按使用器件的类型又可以分为双极型 ROM 和 MOS 型 ROM 两种。按存储内容的变化方式分为掩膜 ROM、可编程 ROM（Programmable Read-Only Memory，PROM）和可擦可编程 ROM（Erasable Programmable Read-Only Memory，EPROM、EEPROM）三种。

随机存取存储器（简称 RAM）与 ROM 不同的是，在工作过程中信息可随时写入，也可以随时读出，并且读信息是非破坏性的，即读出信息后，存储器的内容不改变，可反复读出。故在计算机中，主要用来存放各种现场的输入/输出数据和中间结果等，但是断电后存储的信息会全部丢失，因此也称为易失性存储器。如计算机中的内存就是这一类存储器。

RAM 按制造工艺可分为双极型 RAM 和 MOS（场效应管）RAM。双极型 RAM 的存取速度高，可达10ns，但功耗较MOS型RAM大，集成度低；MOS型RAM功耗小，集成度高，但片存储容量可达几百兆，甚至更高。

按工作原理的不同，RAM的存储单元又可以分为静态存储单元RAM（Static Random Access Memory, SRAM）和动态存储单元RAM（Dynamic Random Access Memory, DRAM）。静态存储单元是在静态触发器的基础上附加以控制线或控制管而构成的，它是靠电路状态的自保功能存储数据的。动态存储单元是利用MOS管栅极电容能够存储电荷的原理制成。其电路结构可以做得非常简单，但由于栅极电容的容量很小，而漏电流又不可能为零，所以电荷的存储时间非常有限。为了及时补充漏掉的电荷以避免存储数据丢失，必须定时地给栅极电容补充电荷，我们称这种操作为刷新。因此，虽然动态存储单元的电路结构比较简单，但必须加上复杂的刷新电路，同时也使得操作复杂化了。

存储器的存储容量和存取时间是反映系统性能的两个重要指标，存储容量指存储器所能存放信息的多少，存储容量越大，说明存储的信息越多，系统的功能越强。存储器的容量一般用字数 N 同字长 M 的乘积即 $N \times M$ 来表示，如 1K×8 表明该存储器有1024个存储单元，每一单元存放8位二进制信息。存取时间一般用读/写周期来描述。读/写周期越短，即存取时间越短，存储器的工作速度就越高。

7.2 只读存储器

7.2.1 只读存储器的结构和工作原理

1. ROM的结构

ROM的电路结构主要由地址译码器、存储矩阵和输出缓冲器三部分组成。其结构框图如图7.1所示。

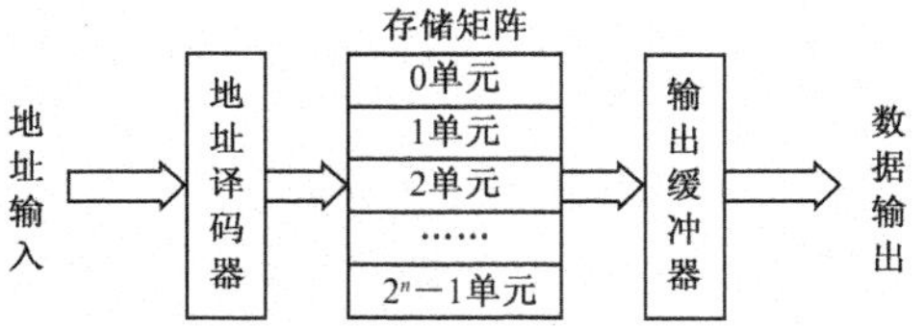

图7.1 ROM的结构框图

地址译码器：地址译码器负责把输入的 n 位二进制地址代码翻译成 2^n 个相应的控制信号，从而选中存储矩阵中相应的存储单元，以便将该单元的 m 位数据传送给输出缓冲器。

存储矩阵：存储矩阵由 2^n 个存储单元组成。每一个存储单元都有一个确定地址。每个存储单元由若干基本存储电路组成（一般为2的整数倍）。基本存储电路可以由二极管、三极管或MOS管构成。每个存储电路只能存储一位二进制代码“0”或“1”。

输出缓冲器：输出缓冲器由三态门组成，其作用一是可以提高存储器的带负载能力，二是可以实现对输出状态的三态控制，以便与系统的数据总线连接。

图 7.2（a）所示是一个存储容量为 4×4 位（4 个存储单元，每个存储单元 4 位）的只读存储器结构图。地址译码器由 2—4 线译码器构成，存储矩阵都采用了二极管结构。A_1A_0 为输入的地址码，可产生 W_0～W_3 共 4 组不同的地址，从而选中所对应的存储单元。W_0～W_3 称为字线。存储矩阵由二极管或门组成，其输出数据为 D_3～D_0。当字线 W_0～W_3 其中之一被选中时，在位线 b_3～b_0 上便输出一组 4 位二进制代码 D_3～D_0。

输出缓冲器为三态输出电路。当 $\overline{EN}=0$ 时，允许数据从 b_3、b_2、b_1、b_0 各条位线上输出；当 $\overline{EN}=1$ 时，输出端为高阻状态。

当地址码 A_1A_0=00 时，地址译码器中与 W_0 相连的二极管同时截止，字线 W_0 被选中，W_0 变为高电位，其余字线均为低电位（称 W_0 被选中）。W_0 与位线 b_2、b_1 相连的二极管导通，位线 b_2、b_1 也变为高电位，此时，位线上输出数据 $D_3D_2D_1D_0$=0110；同理，当 A_1A_0=01、10、11 时，输出数据分别为 1101、0001、1110。

所以，存储 1 就是在字线与位线交叉处接二极管，存储 0 则字线与位线交叉处不接二极管，字线与位线交叉处称为基本存储电路。读取数据时，某字线被选中变为高电平，与字线相连的二极管导通，对应的位线变为高电平，输出数据为 1，无二极管的输出数据为 0。

经常将图 7.2（a）所示的存储矩阵逻辑图简化为图 7.2（b）所示的阵列图。图中用黑点“•”代表二极管，表示存 1，无黑点的表示存 0。

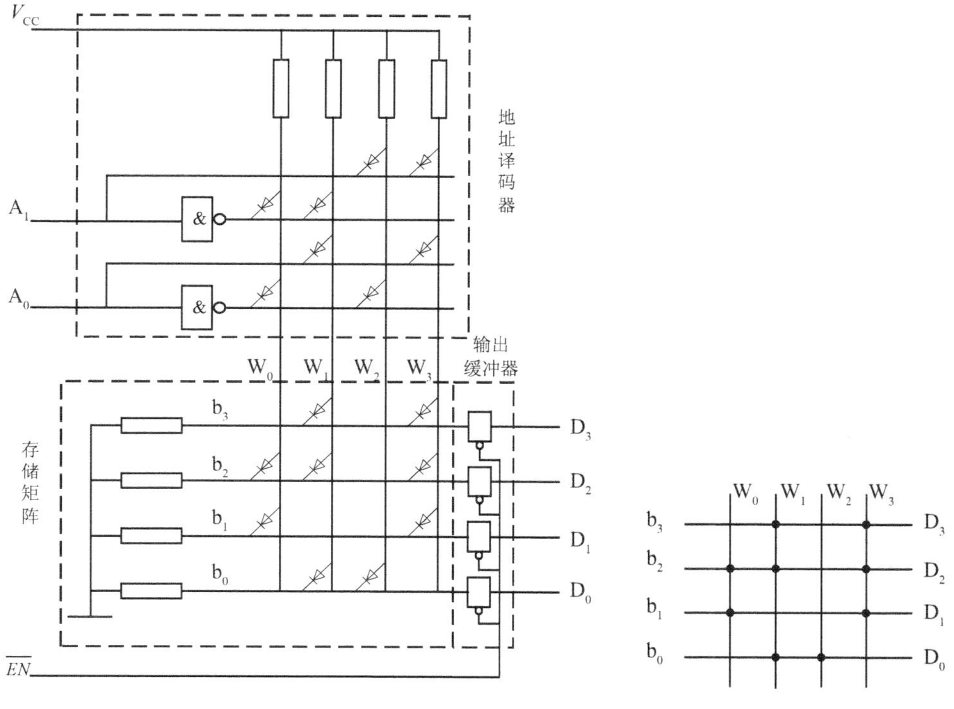

（a）存储矩阵逻辑图　　（b）存储矩阵阵列图

图 7.2　二级管存储矩阵 ROM

图 7.3 所示是用 MOS 管组成的存储矩阵。

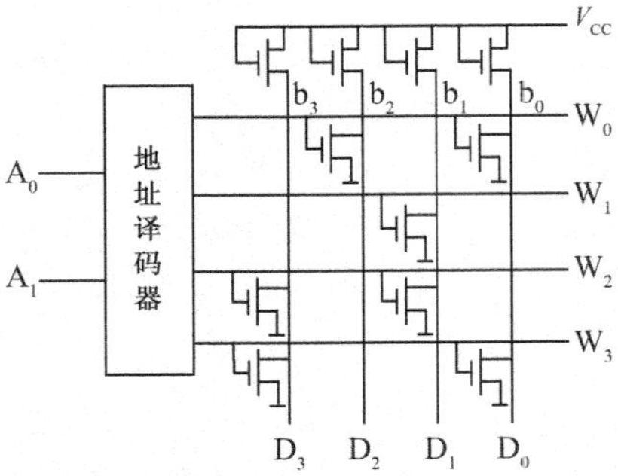

图 7.3　MOS 管组成的存储矩阵

字线 W 与位线 b 的交叉处接 MOS 管时相当于存入 0，无 MOS 管相当于存入 1。当 W_0～W_3 当中任何一条字线被选中时，这条字线变成高电平，使接在其上的 MOS 管导通，这些 MOS 管漏极所接的位线变为低电平，输出 0。而不接 MOS 管的位线为高电平，输出 1。例如，当 W_0 字线被选中时，W_0 与位线 b_2、b_0 交叉处所接的 MOS 管导通，位线 b_2、b_0 变为低电平，存储矩阵输出数据 $D_3D_2D_1D_0$=1010。同理，当 W_1～W_3 分别被选中时，存储矩阵输出数据 $D_3D_2D_1D_0$ 分别为 1101、0101、0110。

若在图 7.3 中每条位线的输出端接一个三态非门作为输出缓冲器，则接 MOS 管的存储电路相当于存 1，无 MOS 管相当于存 0。

2. ROM 的应用

ROM 广泛应用于计算机、电子仪器、电子测量设备和数控电路中。通过分析 ROM 的工作原理可知，ROM 中的地址译码器可产生地址变量的全部最小项，能够实现地址变量的与运算，即字线 W 与地址变量 A_0A_1 存在与逻辑关系，而 ROM 中的存储矩阵可实现有关最小项的或运算，即输出数据 D 与地址变量的有关最小项存在或逻辑关系。由于任何组合逻辑函数都可变换为标准与—或表达式。因此，从理论上说，利用 ROM 可以实现任何组合逻辑函数。

【例 7.1】 用 ROM 实现下列函数。

$$Y_1=AB+BC,\quad Y_2=A\overline{B}+\overline{B}C$$

解：（1）将函数转化为标准与—或式。

$$Y_1=\sum m(3,6,7),\quad Y_2=\sum m(1,4,5)$$

（2）画出用 ROM 实现的逻辑阵列如图 7.4 所示。

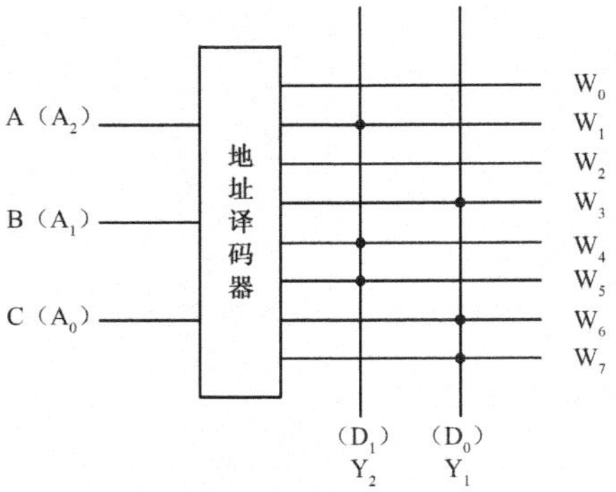

图 7.4　ROM 实现的逻辑阵列

【例 7.2】 用 ROM 实现一位全加器，并画出 ROM 的阵列图。

解：根据一位全加器的真值表，用 A_i、B_i 分别表示被加数和加数，C_{i-1} 表示低位来的进位。这三个输入变量可分别用 ROM 的地址码 A_2、A_1、A_0 表示。S_i 为本位和，C_i 为本位向高位的进位，它们分别可用 ROM 的数据输出 D_1、D_0 表示。输入变量为 3 个，输出变量为 2 个，因此，可采用 8×2 位 ROM 来完成。

根据真值表可得：

$$S_i = \overline{A}_i\overline{B_i}C_{i-1}+\overline{A}_iB_i\overline{C}_{i-1}+A_i\overline{B}_i\overline{C}_{i-1}+A_iB_iC_i = W_1+W_2+W_4+W_7$$

$$C_i = \overline{A_i}B_iC_{i-1}+A_i\overline{B_i}C_{i-1}+A_iB_i\overline{C}_{i-1}+A_iB_iC_{i-1} = W_3+W_5+W_6+W_7$$

一位全加器的 ROM 的阵列图如图 7.5 所示。

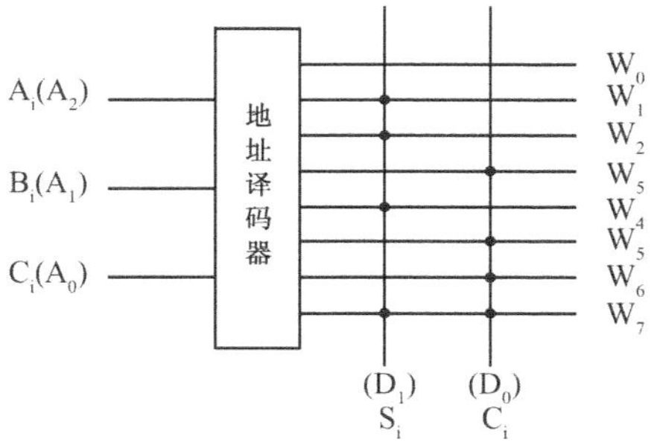

图 7.5　一位全加器 ROM 阵列图

7.2.2　ROM 的分类

1．掩膜 ROM

掩膜 ROM 中存放的信息是由生产厂家采用掩膜工艺专门为用户制作的，这种 ROM 出厂时其内部存储的信息就已经固化在里边了，它在使用时只能读出，不能写入，因此通常只用来存放固定数据、固定程序和函数表等。

2．可编程 ROM（PROM）

PROM 在出厂时，存储的内容为全 0（或全 1），用户根据需要，可将某些单元改写为 1（或 0）。这种 ROM 采用熔丝或 PN 结击穿后不能再恢复，因此 PROM 只能改写一次。

3．可擦除的可编程 ROM（EPROM）

这类 ROM 利用特殊结构的浮栅 MOS 管进行编程，ROM 中存储的数据可以进行多次擦除和改写。最早出现的是用紫外线照射擦除的 EPROM（Ultra-Violet Erasable Programmable Read-Only Memory，UVEPROM），不久又出现了用电信号可擦除的可编程 ROM（Electrically Erasable Programmable Read-Only Memory，EEPROM），后来又研制成功的快闪存储器（Flash Memory）也是一种用电信号擦除的可编程 ROM，快闪存储器具有集成度高、容量大、成本低和使用方便等优点。

7.3 随机存取存储器

7.3.1 RAM 基本结构

RAM 电路通常是由存储矩阵、地址译码器和读/写控制电路（又称输入/输出电路）三部分组成的，如图 7.6 所示。

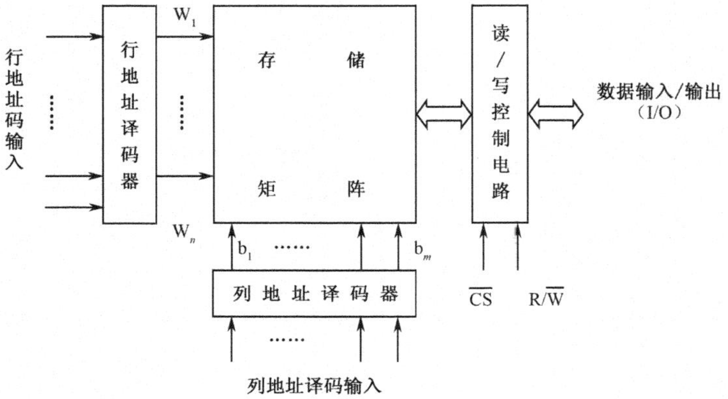

图 7.6 RAM 基本结构图

存储矩阵由许多基本存储电路组合成 n 行、m 列矩阵，共有 $n \times m$ 个基本存储电路，每个基本存储电路可以存储一位二进制代码（0 或 1）。

地址译码器分为行地址译码器和列地址译码器。行地址译码器将行地址译码，使行地址线 W（字线）其中一条被选中，变为有效电平，从而将该字线对应的存储单元选中；列地址译码器将列地址译码，使列地址线 b（位线）其中一列（或几列）被选中，变为有效电平，这样，字线与位线交叉处的基本存储电路便被选中（可以是一位或几位）。

在读/写控制电路的控制下，被选中的基本存储电路中的数据通过数据线输出或输入。在片选端 $\overline{CS}=0$ 的情况下，当读/写控制端 $R/\overline{W}=1$ 时，实现读操作；当 $R/\overline{W}=0$ 时，实现写操作。

7.3.2 存储器常用芯片简介

1. Intel 6116

常用的典型 SRAM 芯片有 Intel 公司的 6116（2K × 8）、6264（8K × 8）、62256（32K × 8）等。Intel 6116 的引脚图如图 7.7 所示。6116 的存储容量为 2K × 8 位（2K 个字，每个字 8 位），即有 2048 个存储单元，每个存储单元由 8 个基本存储电路组成，总存储容量为 2048 × 8 位（或 2KB）。共需 11 根地址线 A_0～A_{10}，7 根用于行地址译码输入，4 根用于列地址译码输入，每条列线控制 8 位。Intel 6116 的存取时间在 85ns～150ns 之间。

Intel 6116 存储器芯片的引脚功能如下。

片选信号端 $\overline{CS}$：$\overline{CS}=0$ 时，芯片工作；$\overline{CS}=1$ 时，芯片与系统总线脱离，不工作。

读/写控制端 $\overline{WE}$ ：$\overline{WE}$ =0 时，写操作；$\overline{WE}$ =1 时，读操作。

输出允许端 $\overline{OE}$ ：$\overline{OE}$ =0 时，输出数据；$\overline{OE}$ =1 时，输入数据。

行地址输入端：A_4～A_{10}。

列地址输入端：A_0～A_3。

数据输入、输出端：D_0～D_7。

电源端 V_{CC} ：工作电压+5V。

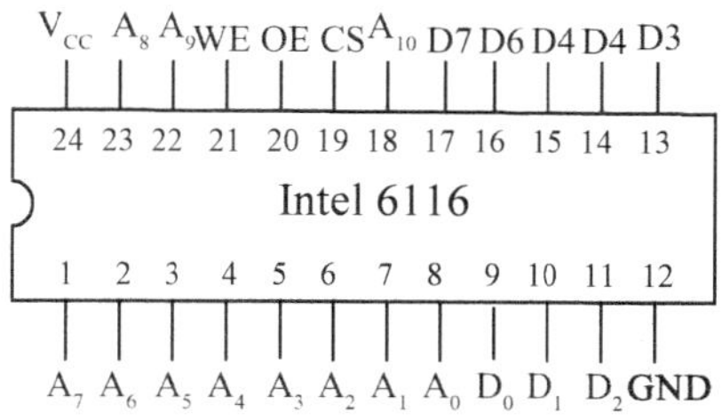

图 7.7　Intel6116 引脚排列

读操作时，$\overline{CS}$ = $\overline{OE}$ =0，$\overline{WE}$ =1，地址输入端 A_{10}～A_0 输入的地址信号选中芯片的一个存储单元（其中有 8 个存储电路），在内部控制电路的控制下，被选中单元的 8 位数据由 D_7～D_0 端输出。

写操作时，$\overline{CS}$ = $\overline{WE}$ =0，$\overline{OE}$ =1，选中某一存储单元的方法和读出相同。数据由 D_7～D_0 端输入，经内部控制电路写入被选中存储单元的 8 个存储电路中。

没有读/写操作时，$\overline{CS}$=1，即片选信号处于无效状态，存储器芯片与系统总线脱离。

2．Intel 2116

常用的动态 RAM 有 Intel 2116、2117、2118、2164、2166、2186、2187 等多种，除存储容量不同外，其基本性能都差不多。下面以 Intel 2116 为例简单介绍其芯片性能。芯片引脚如图 7.8 所示。

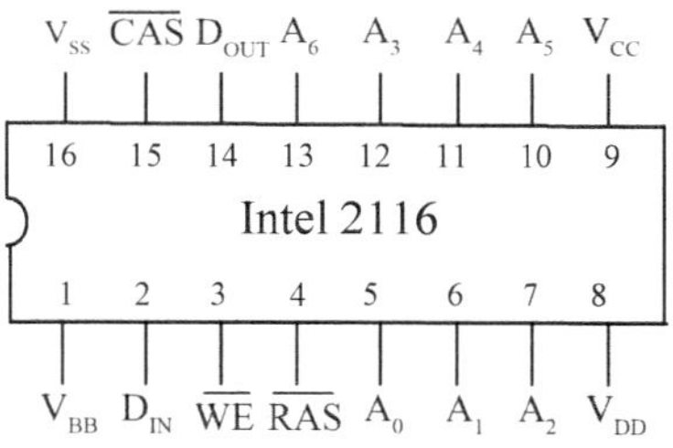

图 7.8　Intel2116 引脚排列

Intel 2116 是典型的单管动态存储芯片，采用双列直插式 16 脚封装。Intel 2116 采用 3 组电源供电，V_{DD} 为+12V，V_{BB} 为－5V，V_{CC} 为+5V。Intel 2116 的存储容量为 16K × 1 位，即有 16 × 1024 个存储单元，每个存储单元由 1 个基本存储电路组成，总存储容量为 16 × 1024 × 1 位。

Intel 2116 的地址输入端为 A_0～A_6，只有 7 条地址线输入端，而 16K × 1 位存储矩阵需要 14 位地址码(2^{14}=16384) ，Intel 2116 是采用地址线分时复用来解决的。即 14 位地址码的高 7 位为列地址码，低 7 位为行地址码，用 A_0～A_6 共 7 根地址线分两次把 14 位地址按行、列两部分送入芯片地址锁存器。

$\overline{RAS}$ 为行地址选通信号控制端，低电平有效。当 $\overline{RAS}$=0 时，引脚 A_0～A_6 共传送行地址码。$\overline{CAS}$ 为列地址选通信号控制端，低电平有效。当 $\overline{CAS}$=0 时，引脚 A_0～A_6 传送列地址码。从而实现了 A_0～A_{13} 共 14 位地址码的传送。

$\overline{WE}$ 为读/写控制端。$\overline{WE}$ 为低电平时，实现写操作；$\overline{WE}$ 为高电平时，实现读操作。D_{IN} 为数据输入端。D_{OUT} 为数据输出端。

2116 具有片选控制功能，其行地址选通信号 $\overline{RAS}$ 兼有片选功能，且在整个读/写周期中均处于有效状态。

7.4 存储器容量扩展

单片 RAM 的存储容量有限，而实际应用中，往往需要较大容量的存储器。解决的方法是将多片 RAM 通过一定方式连在一起，实现容量的扩展。如计算机的内存条通常采用 4 片、8 片甚至更多片 RAM 芯片进行组合，以实现大容量的内存。根据需要，常用的扩展方法有位数的扩展和字数的扩展两种。

1. 位数扩展

当一片 RAM 的字数够用而位数不够用时，应采取位数扩展的方法。图 7.9 所示是采用 2 片 2114（1K × 4 位）扩展成一个 1K × 8 位的 RAM 的接线图。从图中可以看出，位数扩展的方法非常简单，只需将各片 RAM 的地址输入端、读/写控制端、片选信号端分别并联即可。

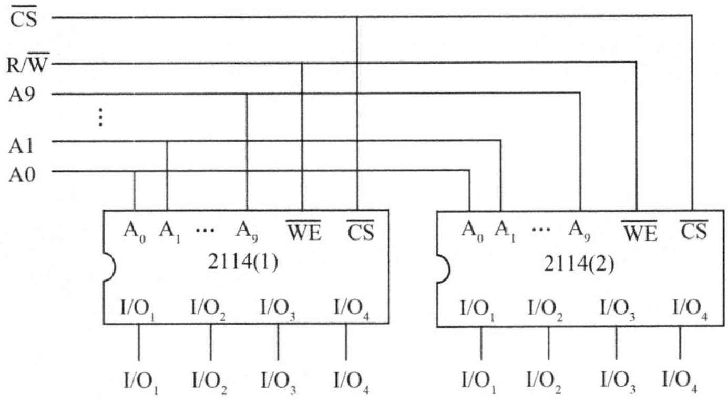

图 7.9 RAM 位数扩展

2. 字数扩展

当一片 RAM 芯片的位数够用而字数不够用时，可以采取字扩展的方式。图 7.10 所示是采用 2 片 Intel6116（2K × 8 位）扩展成一个 4K × 8 位 RAM 的接线图。

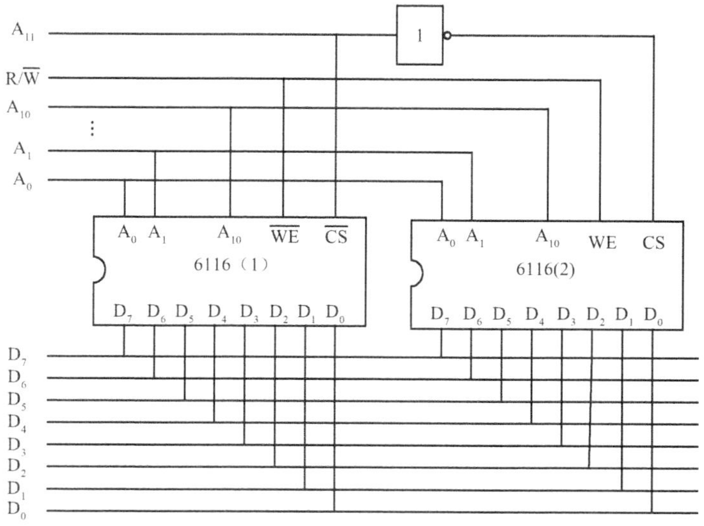

图 7.10 RAM 字扩展方式

从图 7.10 可以看出，用两片 6116 扩展成一片 2K × 8 位的 RAM，只需将两片 6116 的数据输入、输出端 D_0～D_7 并联（即位数不变），地址码输入端 A_0、A_1……A_{10} 并联，读/写控制端 $\overline{WE}$ 并联，而将两片 6116 的片选信号 $\overline{CS}$ 端通过非门连接起来，连接增加的地址线 A_{11}。当 A_{11}= 0 时，第 1 片 6116 工作，第 2 片 6116 禁止；当 A_{11}= 1 时，第 1 片 6116 禁止，第 2 片 6116 工作。

因此得到字扩展的连接方法：即将芯片的数据端、读写控制端、地址输入端分别并联。而增加的地址线条数，则根据字扩展的倍数决定。如字数扩展 2 倍，则增加一条地址线；字数扩展 4 倍，则增加 2 条地址线，依次类推。

例如，一片 RAM 的容量是 256（2^8）× 8 位，需要 1024（2^{10}）× 8 位的容量时，需将 4 片 RAM 连接。如图 7.11 所示，一片 RAM 具有 8 位（A_0～A_7）地址，而扩展后具有 10 位地址（A_0～A_9）。增加的 2 位地址 A8、A9 加至译码电路的输入端，其输出分别接至每片 RAM 的 $\overline{CS}$ 端，用于区分不同的地址单元，如表 7.1 所示。

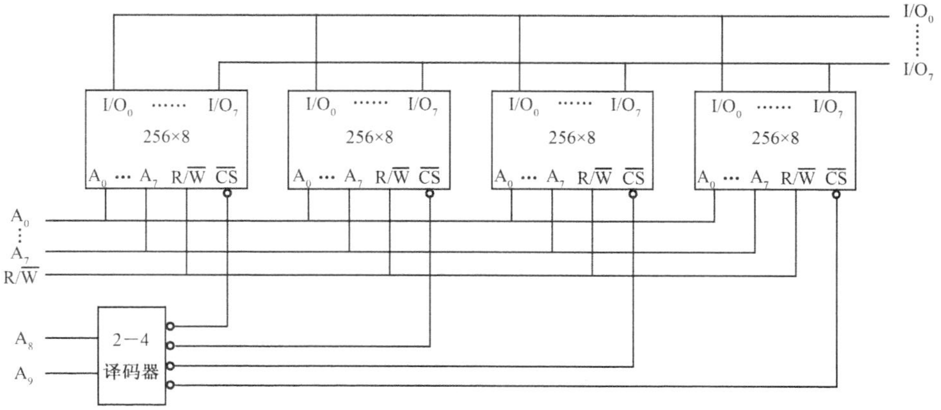

图 7.11 RAM 的字扩展

表 7.1 字扩展后 RAM 的地址分组

RAM	增加地址		译码器输出				地址分配
	A_9	A_8	$\overline{CS_1}$	$\overline{CS_2}$	$\overline{CS_3}$	$\overline{CS_4}$	
1	0	0	0	1	1	1	0～255
2	0	1	1	0	1	1	256～511
3	1	0	1	1	0	1	512～767
4	1	1	1	1	1	0	768～1023

当使用的 RAM 位数、字数均不够时，需同时进行位扩展和字扩展。

上述位扩展、字扩展的方法同样适用于 ROM。

本章小结

1．半导体存储器的种类很多，按制造工艺和材料划分，有双极型和 MOS 型两大类。从存取信息方式上分，可分为只读存储器 ROM 和随机存取存储器 RAM 两大类。

只读存储器 ROM 的存储内容是固定不变。工作时存储内容只能读出、不能写入，且存储的内容在断电后仍能保持，常用于存放固定程序和数据。随机存取存储器 RAM 在工作过程中信息可随时写入，也可以随时读出，并且读信息是非破坏性的，可反复读出。但是断电后存储的信息会全部丢失。

2．存储器容量扩展常用的方法有位数的扩展和字数的扩展两种。

习题 7

7.1 什么是只读存储器？只读存储器分为哪几种？各有什么特点？

7.2 ROM 和 RAM 的主要区别是什么？它们各使用于哪些场合？

7.3 什么是静态存储器？什么是动态存储器？它们在电路结构和读/写操作上各有何特点？

7.4 有三个存储器，它们的存储容量分别为 2048×8 位、1024×8 位、4096×1 位，哪一个存储容量最大？它们的地址线和数据线各为多少条？

7.5 用 ROM 实现下列组合逻辑函数：

$$Y_0=ABC+AB\overline{C}+\overline{A}BC+\overline{A}\,\overline{B}C$$

$$Y_1=\overline{A}+B\overline{C}\ \overline{D}$$

$$Y_2=A\overline{C}+\overline{B}CD$$

$$Y_3=\overline{A}\,\overline{B}CD+\overline{A}BC\overline{D}+ABCD$$

7.6 用 ROM 设计一个七段码译码电路，将输入的 BCD 码翻译成驱动七段数码管所要求的七位代码 a、b、c、d、e、f、g，列出 ROM 的数据表，并画出点阵图。

7.7 用 ROM 设计两个两位二进制数相乘的运算器，列出 ROM 的数据表，并画出点阵图。

7.8 容量为 16K×8 的 RAM 芯片，有多少条地址线？

7.9 用 Intel 2116（16K×1 位）扩展为 16K×4 位的 RAM，需要几片 2116，画出连线图。

7.10 用 Intel 6264（8K×8 位）扩展为 16K×8 位的 RAM，画出连线图。

7.11 用 4 片 Intel 2114（1K×4 位）扩展为 2K×8 位的 RAM，画出连线图。

7.12 用 4 片 Intel 6116（2K×8 位）扩展为 8K×8 位的 RAM。

第 8 章　数模与模数转换

学习指导

本章介绍数字信号和模拟信号相互转换的基本原理和常见转换电路。

自然界中，相当多的物理量是模拟量，电子系统中的输入、输出信号多数也是模拟信号。数字系统处理的数字信号具有抗干扰能力强、易处理等优点；利用数字系统处理模拟信号的情况也越来越普遍。由于数字系统只能对数字信号进行处理，因此要根据实际情况对模拟信号和数字信号进行相互转换。

随着计算机技术和数字信号处理技术的快速发展，在通信、自动控制等许多领域，常常需要将输入到电子系统的模拟信号转换成数字信号后，再由系统进行相应的处理，而数字系统输出的数字信号，还要再转换为模拟信号后，才能控制相关的执行机构。这样，就需要在模拟信号与数字信号之间建立一个转换接口电路——模数转换器和数模转换器。

将模拟信号转换为数字信号的过程称为模数转换（Analog to Digital），或 A/D 转换。能够完成这种转换的电路称为模数转换器（Analog Digital Converter），简称 ADC。

将数字信号转换为模拟信号的过程称为数模转换（Digital to Analog），或 D/A 转换。能够完成这种转换的电路称为数模转换器（Digital Analog Converter），简称 DAC。

随着集成电路技术的发展，现在单片集成的 ADC 和 DAC 芯片已有数百种，可以满足不同应用场合的需求。

许多连续变化的物理量，例如：温度、速度、压力、位移等都是非电量。对这类信号进行处理时，需要首先利用传感器将其转换为连续变化的模拟电信号，然后再实现与数字信号之间的转换。

8.1　数模转换器（DAC）

数模转换器即 D/A 转换器的作用是将输入的数字信号转换成与输入的数字量成正比的模拟输出量（电压或电流）。

8.1.1　基本概念

D/A 转换器原理框图如图 8.1 所示。在 D/A 转换过程中，输入的数字信号是二进制编码。通过转换，将该编码按每位权的大小换算成相应的模拟量，然后将代表各位数字的模拟量相加，得到的和就是与输入的数字信号成正比的模拟量。

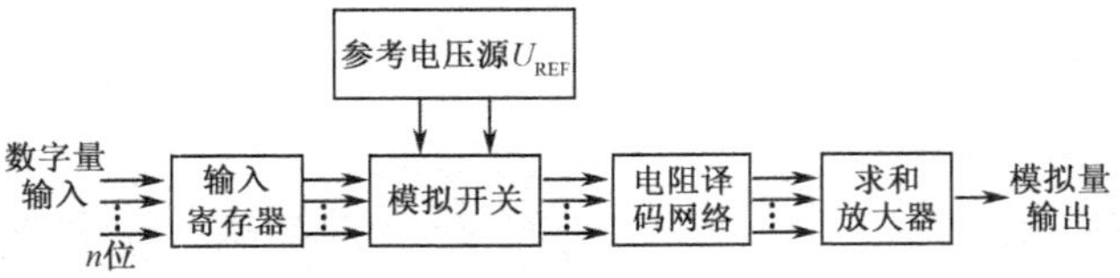

图 8.1. D/A 转换器原理框图

实现 D/A 转换的电路有多种，但电路结构基本相同。主要包括：输入寄存器、模拟开关、电阻译码网络、求和放大器、参考电压源及逻辑控制电路等。输入的数字信号有串行输入与并行输入两种方式；输入寄存器用于暂时存储输入的数字信号；输入寄存器输出的数字信号控制相应的模拟开关，使电阻译码网络输出一定的模拟量，并送至求和放大器；通过求和放大器的作用，在电路输出端得到与输入的数字信号对应的模拟量。

以电路输出电压量为例，DAC 的输出电压 v_o 与输入数字信号 D 之间的关系为：

$$v_o = KDU_{REF} = KU_{REF}\sum_{i=0}^{n-1} d_i 2^i$$

K 为比例系数，不同的 DAC 电路，K 值各不相同。D 为输入的数字信号，是 n 位无符号的二进制代码，$D=\sum_{i=0}^{n-1} d_i 2^i$。$U_{REF}$ 为实现数模转换所需要的参考电压。

由上式可知，D/A 转换电路输出的模拟量与输入的数字信号在幅度上成正比。

【例 8.1】 已知 8 位二进制 DAC，当输入数字量 $D_1=10000000_2$ 时，电路输出模拟电压为 $v_{o1}=3.2\text{V}$。若输入数字量 $D_2=10101010_2$ 时，电路输出模拟电压 v_{o2} 是多少？

解：由于 D/A 转换器输出的模拟量与输入的数字信号成正比，且 $D_1=10000000_2=128$；$D_2=10101010_2=170$。所以：

$$\frac{3.2}{128}=\frac{v_{o2}}{170}$$

得

$$v_{o2}=4.25\text{V}$$

8.1.2 常见 D/A 转换电路

1. 权电阻网络 DAC

图 8.2 所示为四位权电阻网络 DAC。主要包括四部分：参考电压源 U_{REF}、模拟开关 S_0～S_3、电阻译码网络、求和运算放大器。

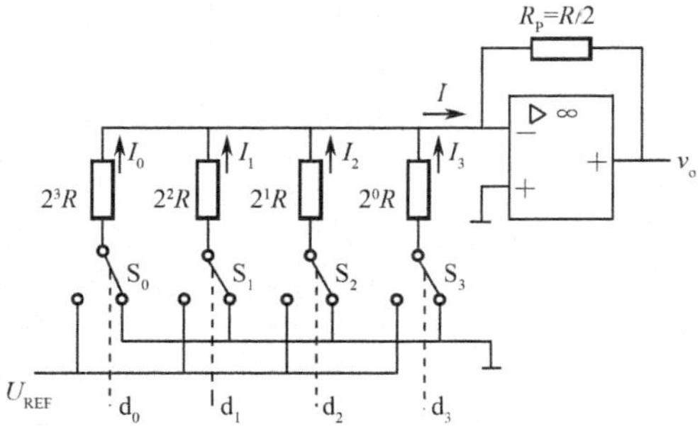

图 8.2 四位权电阻网络 DAC

设输入一个四位二进制代码 D = $d_3d_2d_1d_0$，S_3 ～ S_0 为受 d_3，d_2，d_1，d_0 控制的双向开关。根据图 8.2 所示，流入求和运算放大器输入端的电流为

$$I=I_3+I_2+I_1+I_0=\frac{U_{REF}}{R}d_3+\frac{U_{REF}}{2R}d_2+\frac{U_{REF}}{2^2R}d_1+\frac{U_{REF}}{2^3R}d_0$$
$$=\frac{U_{REF}}{2^3R}(2^3d_3+2^2d_2+2^1d_1+2^0d_0)$$

设电路反馈电阻 $R_F=\frac{R}{2}$，求出电路输出电压为

$$v_O=-IR_F=-\frac{U_{REF}}{2^4}(2^3d_3+2^2d_2+2^1d_1+2^0d_0)$$

所以，电路输出电压 v_O 与输入四位二进制代码成正比，$k=-\frac{U_{REF}}{2^4}$。

依次类推，n 位权电阻网络 DAC 的求和运算放大器输入端电流、输出电压表达式分别为

$$I=\frac{U_{REF}}{2^{n-1}R}(2^{n-1}d_{n-1}+\cdots+2^1d_1+2^0d_0)$$
$$v_O=-IR_F=-\frac{U_{REF}}{2^n}(2^{n-1}d_{n-1}+\cdots+2^1d_1+2^0d_0)$$

若输入一个四位二进制代码 D = $d_3d_2d_1d_0$ = 1010，转换成十进制数为 10，根据上述转换方法，电路输出电压为

$$v_O=-IR_F=-\frac{U_{REF}}{2^4}(2^3+2^1)=-\frac{10}{16}U_{REF}$$

由此可知，输入 n 位二进制代码的取值范围为 $\underbrace{00\cdots0}_{n}$ ～ $\underbrace{11\cdots1}_{n}$。

相应输出电压的取值范围为 0 到 $-\frac{2^n-1}{2^n}U_{REF}$。

该电路的优点是电路结构简单，使用电阻数量较少。各位数码同时进行转换，速度较快。缺点是电阻网络中电阻取值相差较大，随着输入信号位数的增多，电阻网络中电阻取值差距越大。在相当宽的范围内保证电阻取值的精度较困难，对电路的集成化不利。

2．T 型电阻网络 DAC

图 8.3 所示为四位 T 型电阻网络 DAC。由图知，它与权电阻网络 DAC 的主要区别是电阻网络不同。其电阻网络中仅有阻值为 R 和 $2R$ 的两种电阻，克服了电阻取值分散的缺点。

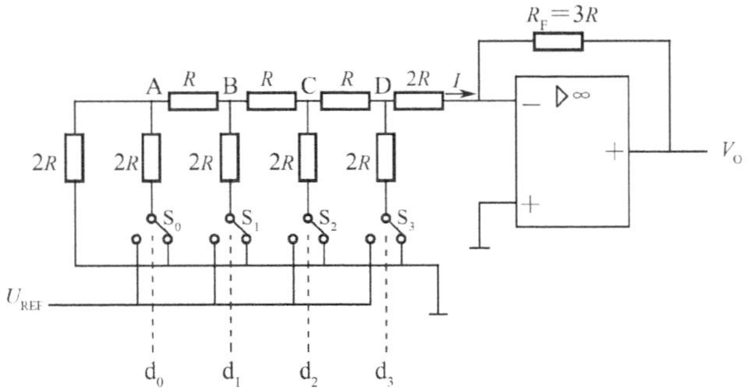

图 8.3　四位 T 型电阻网络 DAC

该电路的结构特点是从任一节点向左或向右看，其等效电阻均为 2R；从任一开关到地的等效电阻均为 $3R$。

电子开关 S_3 ～ S_0 受输入二进制代码 d_3，d_2，d_1，d_0 的控制。

当某位数码 $d_i = 1$ 时，电压 U_{REF} 在该支路产生的电流为 $\frac{U_{REF}}{3R}$。而且该电流在流向运放输入端的过程中，每经过一个节点，电流就被分成相等的两部分。例如：

当 $d_3d_2d_1d_0 = 0001$ 时，S_0 接 U_{REF}，其余开关均接地。流经开关 S_0 支路的电流为 $\frac{U_{REF}}{3R}$，该电流在流向运放输入端的过程中，需经过 A，B，C，D 四个节点。如上所述，最终流向运放的电流为 $I_0 = \frac{1}{2^4}\frac{U_{REF}}{3R}$。

当 $d_3d_2d_1d_0 = 0010$、0100、1000 时，参考上面的分析，可知，最终流向运放的电流分别为：

$$I_1 = \frac{1}{2^3}\frac{U_{REF}}{3R}$$

$$I_2 = \frac{1}{2^2}\frac{U_{REF}}{3R}$$

$$I_3 = \frac{1}{2^1}\frac{U_{REF}}{3R}$$

当 $d_3d_2d_1d_0 = 1111$ 时，根据叠加原理，流入运放输入端的电流为：

$$I=I_3+I_2+I_1+I_0 = \frac{1}{2^1}\frac{U_{REF}}{3R}+\frac{1}{2^2}\frac{U_{REF}}{3R}+\frac{1}{2^3}\frac{U_{REF}}{3R}+\frac{1}{2^4}\frac{U_{REF}}{3R} = \frac{U_{REF}}{3R}(\frac{1}{2^1}+\frac{1}{2^2}+\frac{1}{2^3}+\frac{1}{2^4})$$

由于 S_3 ～ S_0 受 d_3，d_2，d_1，d_0 控制，根据输入代码的不同，上式可表示为：

$$I = \frac{U_{REF}}{3R}(\frac{d_3}{2^1}+\frac{d_2}{2^2}+\frac{d_1}{2^3}+\frac{d_0}{2^4}) = \frac{1}{2^4}\frac{U_{REF}}{3R}(2^3 d_3+2^2 d_2+2^1 d_1+2^0 d_0)$$

设电路中反馈电阻 R_F=3R，输出电压 v_o 为：

$$v_o = -IR_F = -\frac{U_{REF}}{2^4}(2^3 d_3+2^2 d_2+2^1 d_1+2^0 d_0)$$

依次类推，n 位 T 型电阻网络 DAC 的求和运算放大器输入端电流、输出电压表达式分别为：

$$I = \frac{1}{2^n}\frac{U_{REF}}{3R}(2^{n-1} d_{n-1} + \cdots + 2^1 d_1 + 2^0 d_0)$$

$$v_o = -IR_F = -\frac{U_{REF}}{2^n}(2^{n-1} d_{n-1} + \cdots + 2^1 d_1 + 2^0 d_0)$$

T 型电阻网络 DAC 中只用到阻值为 R 和 $2R$ 的两种电阻，同时各开关上电流均相同，这种形式的 DAC 在集成电路中应用较多。

3．倒 T 型电阻网络 DAC

四位倒 T 型电阻网络 DAC 如图 8.4 所示。

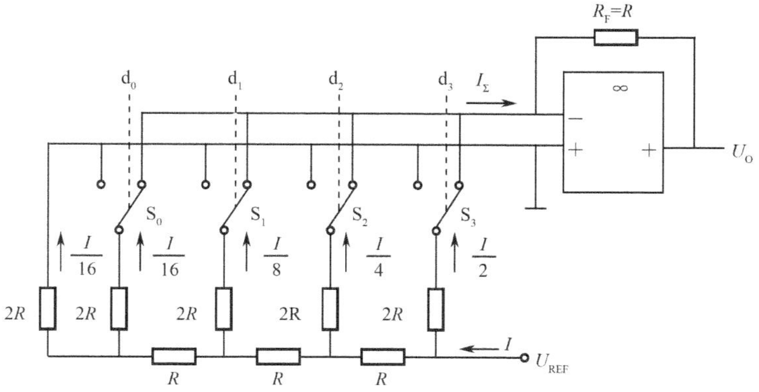

图 8.4　四位倒 T 型电阻网络 DAC

该电路与 T 型电阻网络 DAC 的区别是接入开关的位置不同：不管输入代码 d_i 的状态如何，相应的模拟开关分别接地或虚地，各节点对地的等效电阻均为 R，所以从参考电源 U_{REF} 流入倒 T 型电阻网络的电流为 $\frac{U_{REF}}{R}$，每个支路上的电流分别为 $\frac{I}{2},\frac{I}{4},\frac{I}{8},\frac{I}{16}$。

参考对 T 型电阻网络 DAC 的分析，可以求出倒 T 型电阻网络 DAC 中流入求和运放输入端的电流为：

$$I_\Sigma=\frac{U_{REF}}{2^4R}(2^3d_3+2^2d_2+2^1d_1+2^0d_0)$$

设电路反馈电阻为 $R_F=R$，则输出电压 v_O 为：

$$v_o=-I_\Sigma R_F=-\frac{U_{REF}}{2^4}(2^3d_3+2^2d_2+2^1d_1+2^0d_0)$$

依次类推，n 位倒 T 型电阻网络 DAC 输出电压表达式为：

$$v_o=-IR_F=-\frac{U_{REF}}{2^n}(2^{n-1}d_{n-1}+\cdots+2^1d_1+2^0d_0)$$

该电路的优点是有效消除了由于寄生电容充放电的影响而在电路输出端产生的尖峰效应，并进一步提高了电路的转换速度。

8.1.3　集成 D/A 转换器及应用

DAC0832 是含有倒 T 形电阻网络的 8 位数模转换器，采用 CMOS 制造工艺。由于内部具有 TTL 接口电路，所以输入数字信号和控制信号均与 CMOS、TTL 电平兼容。图 8.5 所示为 DAC0832 的控制原理框图。除转换电路外，DAC0832 内部具有两个 8 位锁存器，可以实现数字输入和数模转换分时进行的双缓冲工作模式。控制信号分别为 ILE，$\overline{CS}$，$\overline{WR1}$（控制输入缓冲锁存器）和 $\overline{WR2}$，$\overline{XFER}$（控制第二级缓冲锁存器）。当两个锁存器中任一个被固定选通时，DAC0832 工作在单缓冲模式，而两个锁存器都被固定选通时（所有控制信号直接接有效电平），DAC0832 工作在直通模式。

图 8.6 所示为 DAC0832 内部 D/A 转换器的原理图。R−2R 倒 T 形电阻网络，输出端为 I_{out1}、I_{out2} 和 R_{FB}，运算放大器需外接，反馈电阻 $R_F=R$ 内含。

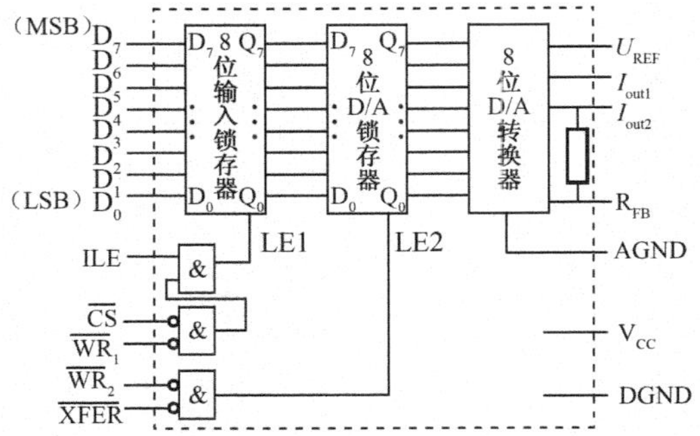

图 8.5　DAC0832 控制原理框图

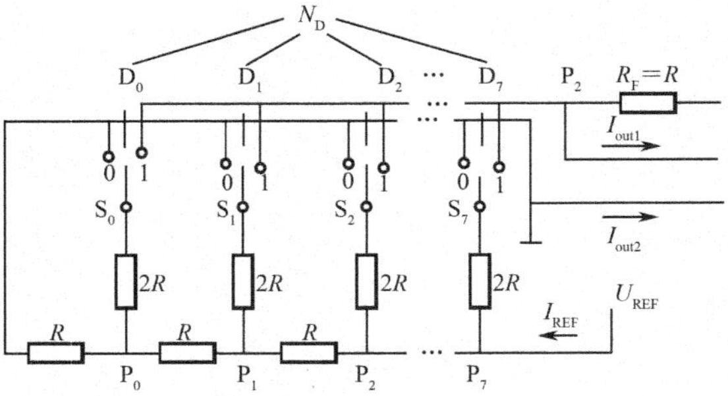

图 8.6　DAC0832 电阻网络结构图

1．单极性转换电路

图 8.7 所示为 DAC0832 直通方式单极性转换电路，由式 $U_o=-I\Sigma R_F=-KU_{REF}N_D/2n$ 且 $K=R_f/R=1$ 得

$$U_o=-U_{REF}N_D/2^8$$

输出极性为负。如果希望正极性输出，可以再接一级反相放大电路。

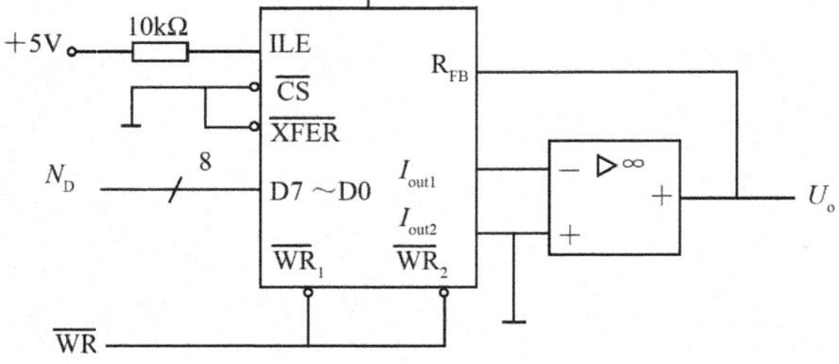

图 8.7　直通方式单极性转换电路

2．数控衰减电路

如果信号 U_i 从 DAC0832 的 U_{REF} 端输入，则输出信号为

$$U_o = -U_i N_D / 2^8$$

DAC 可看做一个可数控为 $1/2^8$～$(2^8-1)/2^8$ 的数字电位器、衰减倍数为 N_D。

3. 双极性转换电路

如果输入偏移二进制码 N_D，希望得到双极性模拟量输出，只要在单极性转换电路（见图 8.7）的输出叠加 $U_{REF}/2$，极性与原输出电压相反，如图 8.8 所示。由于叠加信号的输入电阻为 $2R$，所以输出电压为 $U_o = -(-U_{REF}N_D/2^n + U_{REF}R/2R) = U_{REF}(N_D - 2^{n-1})/2^n$，满足式 $U_o = \pm U_{REF}N_K/2^n = \pm U_{REF}(N_D - 2^{n-1})/2^n$。如果 N_D 为二进制补码，只需在数字码输入端 D_7 接一个非门，即可实现输入二进制补码的双极性数模转换。

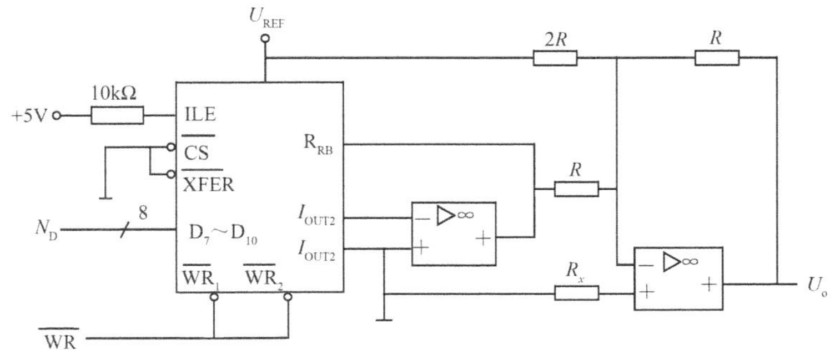

图 8.8　偏移二进制码双极性转换电路

8.2. 模数转换器（ADC）

模数转换器即 A/D 转换器的作用是将输入的模拟信号（一般为模拟电压信号）转换成与其成正比的数字信号输出。

8.2.1　A/D 转换原理

ADC 原理框图如图 8.9 所示。由于输入的模拟信号在时间上连续变化，输出的数字信号在时间上离散变化，所以在信号的转换过程中只能在选定的瞬间对模拟信号取样，并通过 ADC 电路将取样值转换成相应的数字量输出。

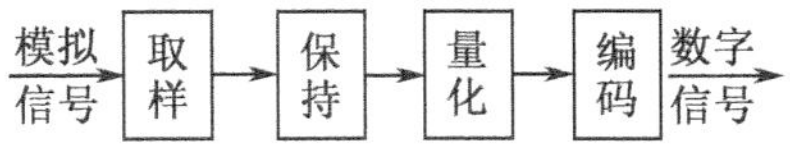

图 8.9　ADC 原理框图

实现模拟信号的 A/D 转换，需要经过四个过程：取样、保持、量化、编码。

ADC 电路输入的电压信号 U_I 与输出的数字信号 D 之间的关系为：

$$D = K\frac{U_I}{U_{REF}}$$

其中，K 为比例系数，不同的 ADC 电路，K 各不相同。U_{REF} 为实现 A/D 转换所需要的参考电压源。

由上式可以看出：ADC 电路输出的数字信号与输入的模拟信号在幅度上成正比。

1．取样与保持

取样是将时间上连续变化的模拟信号定时加以检测，取出某一时间的值，以获得时间上断续的信号。

取样的作用是将时间上、幅度上连续变化的模拟信号在时间上离散化。

取样的过程可以用一个受控开关形象表示，如图 8.10 所示。

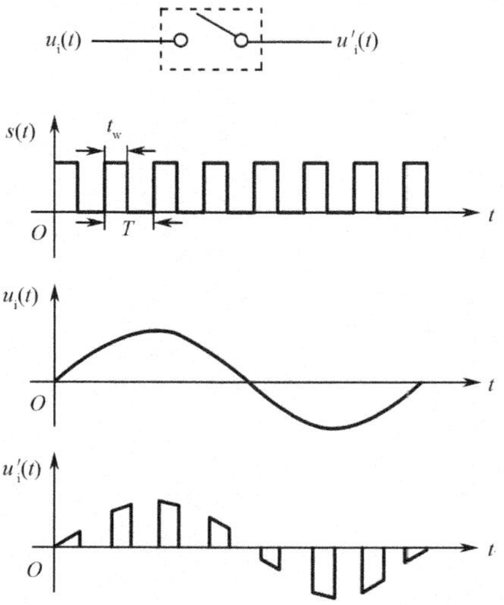

图 8.10 取样过程

图中，u_i 为输入模拟电压信号，虚框内的开关受脉冲宽度为 t_w、周期为 T 的取样矩形脉冲 $s(t)$的控制。在 t_w 时间段内，受控开关的输出电压 $u'_i = u_i$；在其余时间内，$u'_i = 0$。

由于取样后的信号与输入的模拟信号相比，发生了很大变化。为了保证取样后的信号 u'_i 能够正确反映输入信号 u_i 而不丢失信息，要求取样脉冲信号必须满足取样定理：

$$f_s \geqslant 2f_{max}$$

其中，f_s 为取样脉冲信号 $s(t)$的频率；f_{max} 为输入模拟信号 u_i 中的最高频率分量的频率。一般取 $f_s = (3 \sim 5) f_{max}$。

为了获得一个稳定的取样值，以便进行 A/D 转化过程中的量化与编码工作。需要将取样后得到的模拟信号保留一段时间，直到下一个取样脉冲到来，这就是保持。

经过保持后的信号波形不再是脉冲串，而是阶梯型脉冲信号。

取样和保持两个过程，通常使用取样保持电路一次完成的。图 8.11 所示为取样保持电路。图中，VT 是受取样脉冲信号 $s(t)$控制的模拟开关，由 N 沟道增强型 MOSFET 构成；电容 C 的作用是保持取样值；运算放大器接成电压跟随器，起缓冲作用。其工作过程为：

在取样脉冲信号 $s(t)$的 t_w 时间段内，VT 导通，开关闭合。u_i 经过模拟开关对电容 C 充电，设电容充电时间常数远小于脉冲宽度 t_w，则可以认为在 t_w 期间，u'_i 的变化与 u_i 的变化同步，即 $u_i' = u_i$。而在取样脉冲信号 $T_S \sim t_w$ 期间内，VT 截止，开关断开，在忽略电容漏电流的情况下，电容 C 上的电压 u_i' 将保持取样脉冲结束前瞬间 u_i 的值，并保持到下一个取样脉冲到来。通常将 T_S 称为取样周期，t_w 称为取样时间。

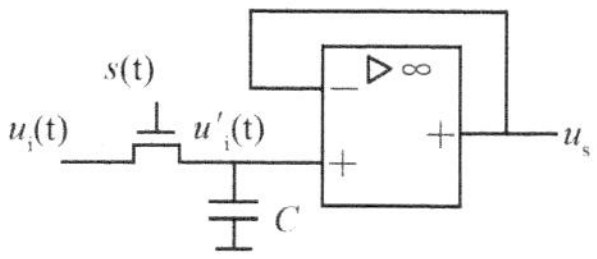

图 8.11　取样保持电路

2. 量化与编码

数字信号在时间上、幅度上均离散变化，所以数字信号的值必须是某个规定的最小数字单位的整数倍。为了将取样保持后的模拟信号转换成数字信号，还需对其进行量化与编码。

量化就是将取样保持后的时间上离散、幅度上连续变化的模拟信号取整变为离散量的过程，即将取样保持后的信号转换为某个最小单位电压 Δ 整数倍的过程。

将量化后的信号数值用二进制代码表示，即为编码。对于单极性的模拟信号，一般采用自然二进制码表示；对于双极性的模拟信号，通常使用二进制补码表示。经编码后的结果即 ADC 的输出。

由于 ADC 输入的模拟电压信号是连续变化的，而 n 位二进制代码只能表示 2^n 种状态，所以取样保持后的信号不可能与最小单位电压 Δ 的整数倍完全相等，只能接近某一量化电平，这就是量化误差。

量化方法有两种：只舍不入法和有舍有入法。

1）只舍不入法

当 $0 \leq u_S < \Delta$ 时，u_S 的量化值取 0；

当 $\Delta \leq u_S < 2\Delta$ 时，u_S 的量化值取 Δ；

当 $2\Delta \leq u_S < 3\Delta$ 时，u_S 的量化值取 2Δ；

⋮

以此类推。

可见采用只舍不入的量化方法，最大量化误差近似为一个最小量化单位 Δ。

2）有舍有入法

当 $0 \leq u_S < \frac{1}{2}\Delta$ 时，u_S 的量化值取 0；

当 $\frac{1}{2}\Delta \leq u_S < \frac{3}{2}\Delta$ 时，u_S 的量化值取 Δ；

当 $\frac{3}{2}\Delta \leq u_S < \frac{5}{2}\Delta$ 时，u_S 的量化值取 2Δ；

⋮

以此类推。

可见采用有舍有入的量化方法，最大量化误差不会超过 $\frac{1}{2}\Delta$。

例如：将 0～1V 之间的模拟电压信号转换为 3 位二进制代码。

利用只舍不入法，取 $\Delta=\frac{1}{8}$V，0～$\frac{1}{8}$V 之间的模拟电压用二进制代码 000 表示；$\frac{1}{8}$V～$\frac{2}{8}$V 之间的模拟电压用二进制代码 001 表示…，它们之间的对应关系见图 8.12(a)所示。这种量化方法存在的最大量化误差为 $\Delta=\frac{1}{8}$V。

利用有舍有入法，取 $\Delta=\frac{2}{15}$V，0～$\frac{1}{15}$V 之间的模拟电压用二进制代码 000 表示；$\frac{1}{15}$～$\frac{3}{15}$V 之间的模拟电压用二进制代码 001 表示…，它们之间的对应关系如图 8.12(b)所示。这种量化方法存在的最大量化误差为 $\frac{1}{2}\ \Delta=\frac{1}{15}$V。

量化误差不可能完全消除，只能减少。有舍有入法的量化误差比只舍不入法小，很明显，量化单位 Δ 不同，分成的量化级别就不一样。量化单位越小，则量化级别就越多，编码位数越多，电路就越复杂。

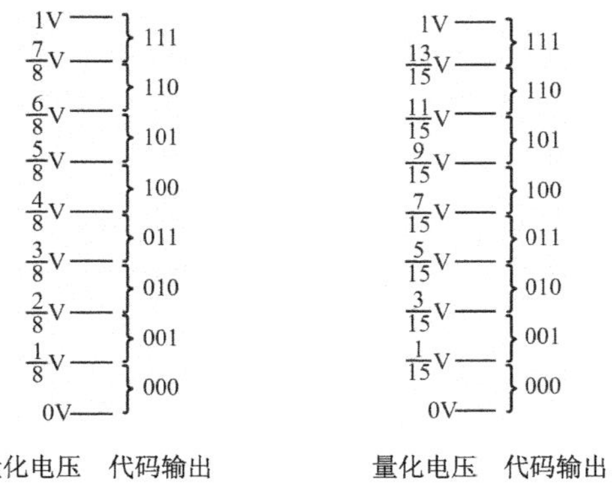

（a）只舍不入法　　（b）有舍不入法

图 8.12　划分量化电压的两种方法

8.2.2　典型 A/D 转换器

ADC 电路主要分为两大类，直接 ADC 和间接 ADC。直接 ADC 将模拟信号直接转换为数字信号，主要包括并行比较型 ADC 和逐次逼近型 ADC。间接 ADC 先将模拟信号转换成某一中间量（如时间、频率等），然后再将中间量转换成数字信号。主要包括双积分型 ADC 和 V—F 型 ADC。在单片集成 ADC 中应用比较广泛的是逐次渐近型 ADC 和双积分型 ADC。

1．并联比较型 ADC

并联比较型 ADC 如图 8.13 所示，电路由电阻分压器、电压比较器、编码器三部分组成。其中，分压器用来确定量化电压；比较器确定取样电压的量化值；编码器对比较器的输出进行编码，输出二进制代码。

参考电压源 U_{REF} 经电阻分压器分压，形成七个比较电平，分别为：$\frac{1}{8}U_{REF}$、$\frac{2}{8}U_{REF}$、…、$\frac{7}{8}U_{REF}$，接至比较器 C_1、C_2、…C_7 的反相输入端，当电路输入电压 U_i 大于比较器比较电压时，该比较器输出 1，反之输出 0。比较器的输出结果送入编码器，经编码后输出二进制代码。允许输入的模拟电压最大变化范围是 0～U_{REF}。具体编码关系表如表 8.1 所示。

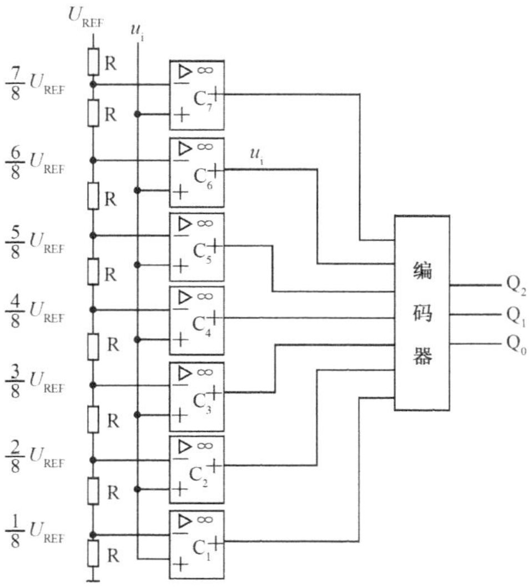

图 8.13　并联比较型 ADC

表 8.1　并联比较型 ADC 编码关系表

输入模拟电压 u_i	比较器输出							编码输出		
	C_7	C_6	C_5	C_4	C_3	C_2	C_1	Q_2	Q_1	Q_0
$0<u_i<\frac{1}{8}U_{REF}$	0	0	0	0	0	0	0	0	0	0
$\frac{1}{8}U_{REF}\leqslant u_i<\frac{2}{8}U_{REF}$	0	0	0	0	0	0	1	0	0	1
$\frac{2}{8}U_{REF}\leqslant u_i<\frac{3}{8}U_{REF}$	0	0	0	0	0	1	1	0	1	0
$\frac{3}{8}U_{REF}\leqslant u_i<\frac{4}{8}U_{REF}$	0	0	0	0	1	1	1	0	1	1
$\frac{4}{8}U_{REF}\leqslant u_i<\frac{5}{8}U_{REF}$	0	0	0	1	1	1	1	1	0	0
$\frac{5}{8}U_{REF}\leqslant u_i<\frac{6}{8}U_{REF}$	0	0	1	1	1	1	1	1	0	1
$\frac{6}{8}U_{REF}\leqslant u_i<\frac{7}{8}U_{REF}$	0	1	1	1	1	1	1	1	1	0
$\frac{7}{8}U_{REF}\leqslant u_i<U_{REF}$	1	1	1	1	1	1	1	1	1	1

并联比较型 ADC 的转换结果精度主要受量化电压划分结果的影响，Δ 越小，转换精度越高，但转换电路就越复杂。

这种转换电路的优点是并行转换，速度较快；缺点是使用电压比较器数量较多，若输出 n 位二进制代码，则需 2^n 个分压电阻、2^n-1 个电压比较器，导致该电路很难达到很高的转换精度。

2．逐次渐近型 ADC

逐次渐近型 ADC 也称为逐位比较型 ADC。电路组成原理图如图 8.14 所示。该电路主要由取样保持电路、电压比较器、控制电路、逐次逼近寄存器 SAR、D/A 转换电路、输出电路等六部分组成。

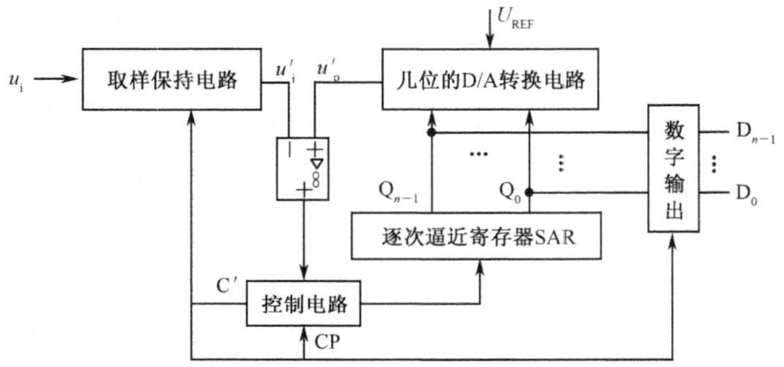

图 8.14 逐次逼近型 ADC

逐次渐近型 ADC 进行 A/D 转换的指导思想是从转换结果的最高位开始，从高到低逐位确定每位数码的值。电路工作过程如下。

首先将逐次渐近寄存器 SAR 清零。

在第一个 CP 脉冲作用下，将 SAR 最高位置 1，使其输出 $\underbrace{10\cdots0}_{n}$，并利用 D/A 转换电路将其转换成对应的模拟电压信号 u'_O，然后将该值与 ADC 输入模拟电压信号的取样值 u'_i 同时送入电压比较器进行比较。若 $u'_O > v'_i$，则比较器输出 1，说明这个数字量过大，控制电路将 SAR 最高位复位；若 $u'_O < v'_i$，则比较器输出 0，说明这个数字量较小，SAR 最高位保持 1 不变。从而确定了输出数字量的值。

在第二个 CP 脉冲作用下，控制电路在上面比较结果的基础上先将 SAR 次高位置 1，并将 D/A 转换结果送入电压比较器，以确定 SAR 次高位的输出是 1 还是 0。

依次类推，在 CP 脉冲作用下，从高到低逐位进行比较，直至确定最低位的值。此时 SAR 中寄存的值就是本次 A/D 转换的结果。

控制电路在控制 SAR 的同时，还输出一路转换控制信号 C'，以控制取样保持电路的工作。$C'=1$ 时，取样保持电路进行取样工作，$u'_i=u_i$。此时，A/D 转换电路停止转换，仅将上次转换结果输出。$C'=0$ 时，取样保持电路停止工作，输出电路禁止输出，A/D 转换电路工作，完成输入模拟电压信号取样值的转换工作。

与并联比较型 ADC 相比，逐次渐近型 ADC 的转换精度较高，但转换速度较慢。由于逐次渐近型 ADC 中只使用了一个比较器，芯片占用的面积很小，在速度要求不高的场合，具有很高的性价比。这种电路在集成 A/D 芯片中用得较多。

以上介绍了两种直接 ADC，下面再介绍两种间接 ADC。

间接 ADC 基本可以分为电压–时间（V–T）变换型和电压–频率（V–F）变换型两类。

3. 双积分型 ADC

双积分型 ADC 属于 V–T 变换型 ADC。它首先将输入模拟信号变换成与其成正比的时间间隔，在此时间间隔内对固定频率的时钟脉冲信号进行计数，所获得的计数值即为正比于输入模拟信号的数字量。

图 8.15 所示为双积分型 ADC 的电路原理图。主要由积分器、比较器、计数器、控制电路、模拟开关等部分组成。

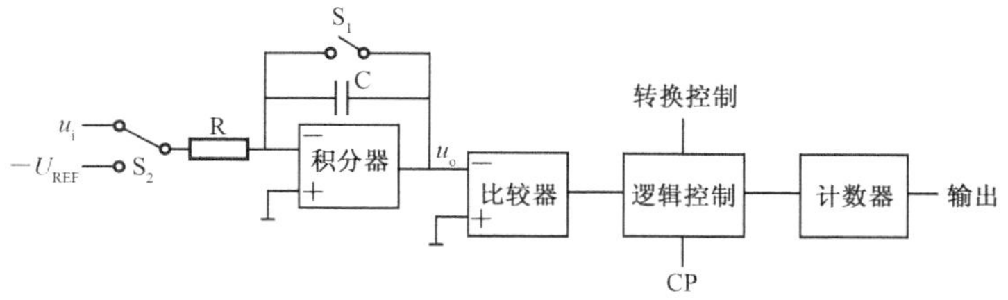

图 8.15 双积分型 ADC 的电路框图

电路工作时，开关 S_1 闭合，S_2 断开。电容 C 完全放电，计数器同时清零。

第一步，取样阶段。

开关 S_2 接输入模拟信号 u_i，u_i 通过 R 对 C 充电，积分器输出 u_o 开始由 0 下降，当 $t=T$ 时，

$$\because u_o=\frac{1}{C}\int_0^T-\frac{u_i}{R}dt=-\frac{1}{RC}\int_0^T u_i dt$$

$$\overline{u_i}=\frac{1}{T}\int_0^T u_i dt$$

$$\therefore u_o=-\frac{T}{RC}\overline{u_i}$$

其中，$\overline{u_i}$ 为 0～T 时间间隔内 u_i 的平均值。

通过上式可见，u_o 与 $\overline{u_i}$ 成正比，当 $u_o<0$ 时，比较器输出 1，控制电路允许在 CP 信号作用下计数。

第二步，量化编码阶段。

$t\geqslant T$ 时，取样结束，开关 S_2 接参考电源 $-U_{REF}$，通过 R 对 C 反向充电，u_o 逐渐上升，当 $t=T_1$ 时，$u_o=0$。所以，

$$\because u_o=\frac{1}{C}\int_T^{T_1}\frac{U_{REF}}{R}\mathrm{d}t-\frac{T}{RC}\overline{u_i}=0$$

$$\frac{T_1-T}{RC}U_{REF}=\frac{T}{RC}\overline{u_i}$$

$$\therefore T_1-T=\frac{T}{U_{REF}}\overline{u_i}$$

由上式知：反向积分时间与输入模拟电压信号的平均值成正比。设计数器在 T_1～T 这段

时间内对频率固定为f_C（$f_C=\frac{1}{T_C}$）的CP时钟信号计数，则计数结果也一定与$\overline{u_i}$成正比。即

$$D=\frac{T_1-T}{T_C}=\frac{T}{T_C U_{REF}}\overline{v_i}$$

D为表示计数结果的数字量。若取T为T_C的整数倍，即$T=NT_C$，则D为：

$$D=\frac{N}{U_{REF}}\overline{u_i}$$

双积分型ADC的特点是工作性能稳定，由于输出的数字量与积分器时间常数无关，对积分元件精度要求不高；同时电路抗干扰能力较强。主要缺点是电路转换速度较慢。

4. V-F型ADC

V-F型ADC的组成框图如图8.16所示。它由压控振荡器、寄存器、计数器、时钟控制等部分组成。

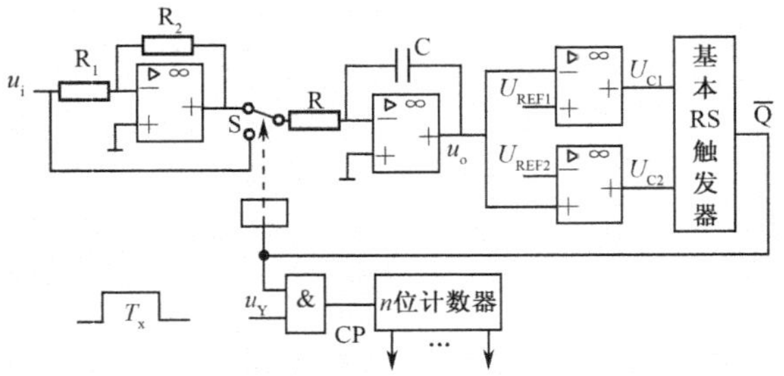

图8.16　V-F型ADC的组成框图

压控振荡器（Voltage Controlled Oscillator，VCO）是一种频率可控的振荡器，其输出信号的频率f随输入模拟电压u_i的变化而变化。

当控制信号u_G为高电平时，VCO输出频率为f的脉冲信号并由计数器计数。由于u_g脉宽固定为t_g，所以在t_g时间里通过与门控制电路的脉冲个数与f成正比，亦与输入的模拟电压u_i成正比。在一个转换过程结束后，对应于u_g脉冲信号的下降沿，将计数器中存储的转换结果存入寄存器中。

V-F型ADC的特点是抗干扰能力较强，但转换精度较低、转换速度较慢。

8.2.3　集成A/D转换器及应用

目前，集成ADC种类繁多，其中A/D0809是一种逐次逼近型的A/D集成电路。其外引线功能图如图8.17所示。

引脚排列如下。

START：启动A/D转换，当其为高电平时，开始转换；

EOC：转换结束信号，当完成A/D转换时发出一个高电平信号，表示转换结束；

A，B，C：模拟通道选择器地址输入端，C为最高位，A为最低位，根据其值选择一路进行A/D转换；

ALE：地址锁存信号，高电平有效，当 ALE=1 时，选中 CBA 选择的一路，并将其代表的模拟信号接入 A/D 转换器之中；

D_0～D_7：8 路数字量输出；

$U_{REF(+)}$和 $U_{REF(-)}$：参考电压端，提供 D/A 转换器权电阻的标准电平，$U_{REF(+)}$=5V，$U_{REF(-)}$=0V；

V_{CC}：电源端，V_{CC}=5V；

GND：地。

在设计模数转换系统时，主要根据设计指标要求，从输入模拟信号的性质和对转换精度、分辨率、转换时间的要求及其他因素全面考虑，选择性价比最合适的器件。一般从以下几个方面进行考虑。

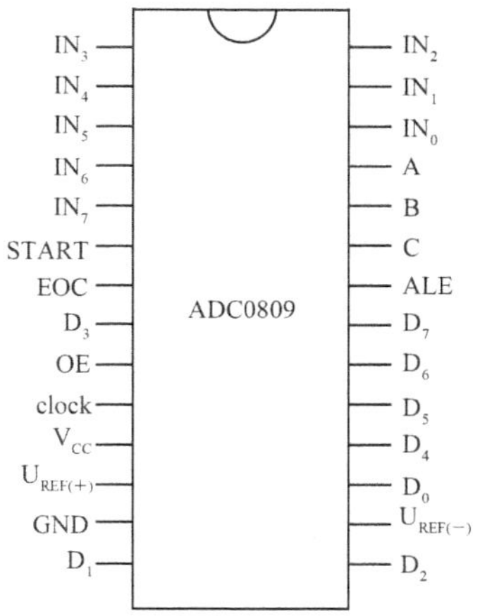

图 8.17　ADC0809

① 被测模拟信号的性质，包括输入信号的极性（单极性还是双极性）、变化率（信号频谱的最高有效频率分量）、输入方式（单端输入或双端差动输入）。

② 系统对转换分辨率、线性度、相对精度及转换时间的要求。

③ 系统对输出数字量的要求，包括数字量的码制及格式、输出电平（TTL 电平、CMOS 电平或 ECL 电平等）。输出方式（三态输出、缓冲或锁存等）。

④ ADC 芯片需要的控制信号及其时序关系。

⑤ 环境条件、功耗、体积、成本等非逻辑因素。

表 8.2 列出了部分 ADC 器件的性能及相关参数指标。

表 8.2　部分集成 ADC 器件介绍

型号	输出位数	转换时间/速率	转换精度	输入电压范围（V）	参考电压 U_{REF}（V）	说明
AD7824KN	8	2μs	±1LSB	5	5	Flash 并行、输出锁存
ADC0809	8	100μs	±1LSB	5	5	逐位比较、三态输出、8 通道
ADC1210	12	200μs	1/2LSB	10	外接	逐位比较、双极性输入、可单电源工作、输出无缓冲锁存
TS7106AC	3.5	333ms	±1LSB	2	2	双积分型、BCD 码输出直接驱动
AD574	8/12	35μs	±1LSB	20	外接	逐位比较、双极性输入、片内含时钟源、三组电源供电
M331	自定	输出脉冲最高 11kHz	±0.03% FSR	10	内设	电荷平衡式 V/F 转换；可单电源供电；OC 输出
AD650	自定	输出脉冲最高 1MHz	0.07%FSR	±18	内设	V/F 转换；外接积分电阻电容；OC 输出；外接时基和计数器
AK5326-VP	16	48kHz	±5%FSR	3.6	内设	Σ−Δ 转换、串行输出、双通道

本章小结

1．学习 D/A 转换器，应重点掌握常见 DAC 原理和集成 D/A 转换器及其应用。目前，倒 T 形电阻网络型 D/A 转换器在 CMOS 集成中较为常见。

2．A/D 转换器分为直接 A/D 转换器和间接 A/D 转换器两大类。直接 A/D 转换器主要学习并联比较型、逐次渐近型两大电路；间接 A/D 转换器主要介绍双积分型、V−T 型。

3．为了得到较高的转换精度，除了选用分辨率较高的 A/D、D/A 转换器以外，还必须保证参考电源和供电电源有足够的稳定度，并减小环境温度的变化。否则，即使选用了高分辨率的芯片，也难于得到应有的转换精度。

习题 8

8.1　常见的数模转换器有那几种？其各自的特点是什么？

8.2　某个数模转换器，要求 10 位二进制数能代表 0～50V，试问此二进制数的最低位代表几伏？

8.3　在如图 8.18 所示的电路中，若 U_R=+5V，$R_F = 3R$，其最大输出电压 u_o 是多少？

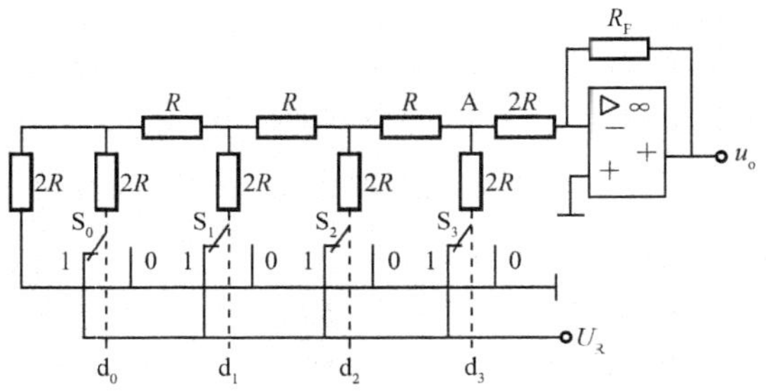

图 8.18　T 型电阻网络数模转换器

8.4　一个 8 位的 T 型电阻网络数模转换器，设 U_R=5V，R_f=3R，试求 d_7～d_0 分别为 11111111、11000000、00000001 时的输出电压 u_o。

8.5　一个 8 位的 T 型电阻网络数模转换器，R_F=3R，若 d_7～d_0 为 11111111 时的输出电压 u_o=5V，则 d_7～d_0 分别为 11000000、00000001 时 u_o 各为多少？

8.6　如图 8.19 所示电路是 4 位二进制数权电阻网络数模转换器的原理图，已知 U_R=10V，R=10kΩ，R_F=5kΩ。试推导输出电压 u_o 与输入的数字量 d_3、d_2、d_1、d_0 的关系式，并求当 $d_3d_2d_1d_0$ 为 0110 时输出模拟电压 u_o 的值。

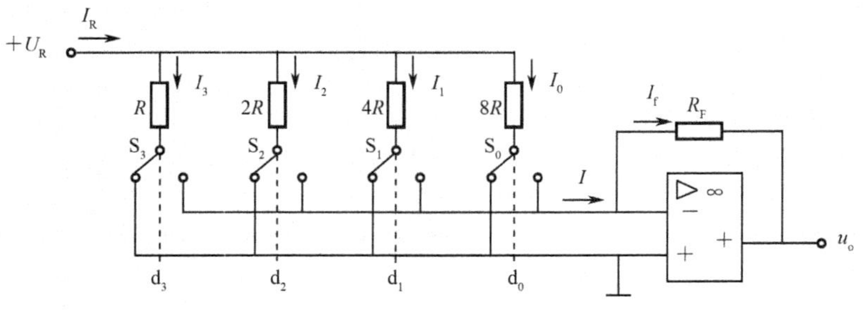

图 8.19　习题 8.6 的图

8.7　电路如图 8.20 所示，试画出输出电压 u_o 随计数脉冲 C 变化的波形，并计算 u_o 的最大值。

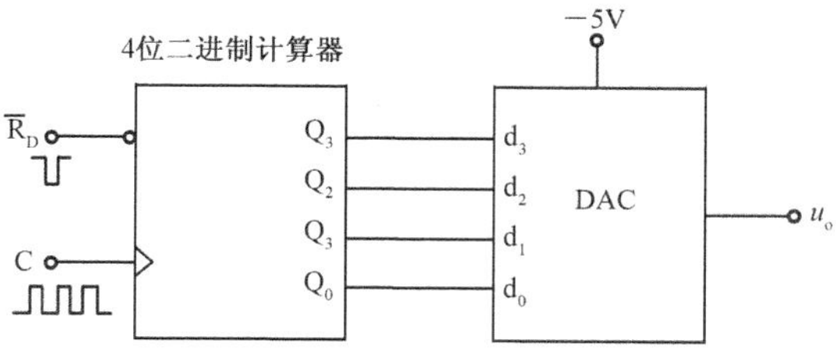

图 8.20　习题 8.7 的图

8.8　D/A 转换器和 A/D 转换器的分辨率说明了什么？

8.9　在 4 位逐次逼近型模数转换器中，D/A 转换器的基准电压 U_R=10V，输入的模拟电压 u_i=6.92V，试说明逐次比较的过程，并求出最后的转换结果。

8.10　U_R 和 u_i 的值与上题相同，如果采用 8 位逐次逼近型模数转换器，试计算转换结果，并与题 8.9 结果进行比较。

第 9 章　可编程逻辑器件

学习指导

可编程逻辑器件是目前广泛使用的大规模集成电路（LSI），是厂家作为一种通用型器件生产的半定制电路，其逻辑功能可以由用户通过编程来确定。本章介绍了各种常见的可编程逻辑器件的结构和使用方法。

9.1　可编程逻辑器件

一般的中、小规模集成电路都属于通用数字电路。其逻辑功能都比较简单、且是固定的，具有很强的通用性。从理论上讲，用这些通用数字电路可以实现任何复杂的数字系统，但是，使用的集成电路越多，系统的功耗就越大、可靠性就越差，且不利于系统的小型化。

为专门用途而设计的集成电路称专用集成电路（ASIC），它是将一个数字系统做在一片大规模集成电路上，这样不仅可以减少体积、功耗，而且会使系统的可靠性大大提高。但是，用量较少时，其设计、研制周期长、开发费用高，这是一个很大的矛盾。

可编程逻辑器件（Programmable Logic Device，PLD）的研制成功为解决这个矛盾提供了一条比较理想的途径。PLD 是厂家作为一种通用型器件生产的半定制电路，其逻辑功能可以由用户通过编程来确定。而且它的集成度很高，远远大于中小规模的 TTL 或 MOS 电路，每片可达几百门（如 PAL 和 GAL）、数千门（如 EPLD 器件）甚至上万门（如 FPGA 器件）；具有变换正负逻辑、存储功能和三态输出等；可借助于计算机软件对其进行编程和烧录。因而 PLD 是目前构成数字系统较理想的器件。目前主要的 PLD 产品有 FPLA，PAL，GAL，CPLD，FPGA 等类型。

可编程逻辑器件的出现，不仅改变了传统的数字系统设计方法，而且促进了 EDA 技术的高速发展。EDA 技术是以计算机为工具，代替人去完成数字系统设计中各种复杂的逻辑综合、布局布线和设计仿真等工作。设计者只需用硬件描述语言完成对系统功能的描述，就可以由计算机软件自行完成处理，得到设计结果。利用 EDA 工具进行设计，可以极大地提高设计的效率。

9.2　可编程逻辑器件的分类、实现与结构

9.2.1　可编程逻辑器件的分类

1．按集成密度分类

可编程逻辑器件从集成密度上可分为低密度可编程逻辑器件 LDPLD 和高密度可编程逻

辑器件 HDPLD 两类。

LDPLD 通常是指早期发展起来的、集成密度小于 700 门/片左右的 PLD 如 ROM、PLA、PAL 和 GAL 等。

HDPLD 包括可擦除可编程逻辑器件 EPLD（Erasable Programmable Logic Device）、复杂可编程逻辑器件 CPLD（Complex PLD）和 FPGA 三种，其集成密度大于 700 门/片。如 Altera 公司的 EPM9560，其密度为 12000 门/片，Lattice 公司的 pLSI/ispLSI3320 为 14000 门/片等。目前集成度最高的 HDPLD 可达 25 万门/片以上。

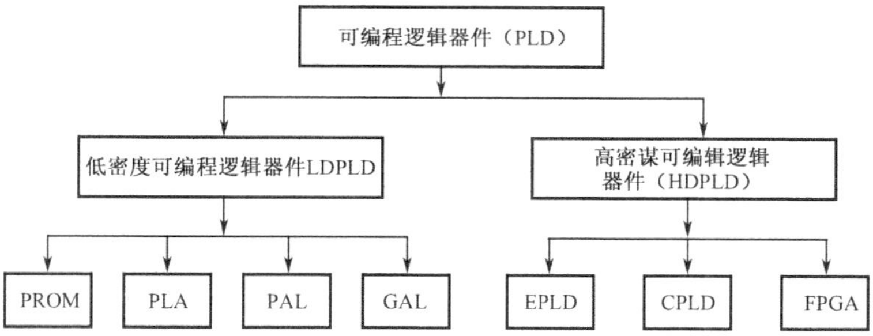

图 9.1 PLD 集成密度分类

2. 按编程方式分类

可编程逻辑器件的编程方式分为两类：一次性编程 OTP（One Time Programmable）器件和可多次编程 MTP（Many Time Programmable）器件。

OTP 器件是属于一次性使用的器件，只允许用户对器件编程一次，编程后不能修改，其优点是可靠性与集成度高，抗干扰性强。

MTP 器件是属于可多次重复使用的器件，允许用户对其进行多次编程、修改或设计，特别适合于系统样机的研制和初级设计者的使用。

根据各种可编程元件的结构及编程方式，可编程逻辑器件通常又可以分为以下四类：

① 采用一次性编程的熔丝（Fuse）或反熔丝（Antifuse）元件的可编程器件，如 PROM、PAL 和 EPLD 等。

② 采用紫外线擦除、电可编程元件，即采用 EPROM、UVCMOS 工艺结构的可多次编程器件。

③ 采用电擦除、电可编程元件。其中一种是 E2PROM，另一种是采用快闪存储器单元（Flash Memory）结构的可多次编程器件。

④ 基于静态存储器 SRAM 结构的可多次编程器件。目前多数 FPGA 是基于 SRAM 结构的可编程器件。

3. 按结构特点分类

PLD 按结构特点分为阵列型 PLD 和现场可编程门阵列型 FPGA 两大类。

阵列型 PLD 的基本结构由与阵列和或阵列组成。简单 PLD（如 PROM、PLA、PAL 和 GAL 等）、EPLD 和 CPLD 都属于阵列型 PLD。

现场可编程门阵列型 FPGA 具有门阵列的结构形式，它有许多可编程单元（或称逻辑功能块）排成阵列组成，称为单元型 PLD。

9.2.2 可编程逻辑器件 PLD 的设计实现

在 PLD 没有出现之前，数字系统的传统设计往往采用“积木”式的方法进行，实质上是对电路板进行设计，通过标准集成电路器件搭建成电路板来实现系统功能，即先由器件搭成电路板，再由电路板搭成系统。数字系统的“积木块”就是具有固定功能的标准集成电路器件，如 TTL 的 74/54 系列、CMOS 的 4000/4500 系列芯片和一些固定功能的大规模集成电路等，用户只能根据需要选择合适的集成电路器件，并按照此种器件推荐的电路搭成系统并调试成功。设计中，设计者没有灵活性可言，搭成的系统需要的芯片种类多且数目大。

PLD 的出现，给数字系统的传统设计法带来新的变革。采用 PLD 进行的数字系统设计，是基于芯片的设计或称之为“自底向上”（Bottom-Up）的设计，它跟传统的积木式设计有本质的不同。它可以直接通过设计 PLD 芯片来实现数字系统功能，将原来由电路板设计完成的大部分工作放在 PLD 芯片的设计中进行。这种新的设计方法能够由设计者根据实际情况和要求定义器件的内部逻辑关系和引脚，这样可通过芯片设计实现多种数字系统功能，同时由于引脚定义的灵活性，不但大大减轻了系统设计的工作量和难度，提高了工作效率，而且还可以减少芯片数量，缩小系统体积，降低能源消耗，提高系统的稳定性和可靠性。

IEEE 标准的硬件描述语言（如 VHDL 和 Verilog HDL）给 PLD 和数字系统的设计带来了更新的设计方法和理念，产生了目前最常用的并称之为“自顶向下”（Top-Down）的设计法。自顶向下的设计采用功能分割的方法从顶向下逐次将设计内容进行分块和细化。在设计过程中采用层次化和模块化将使系统设计变得简洁和方便，其基本设计思想如图 9.15 所示。层次化设计是分层次、分模块地进行设计描述。描述器件总功能的模块放在最上层，称为顶层设计；描述器件某一部分功能的模块放在下层，称为底层设计；底层模块还可以再向下分层，直至最后完成硬件电子系统电路的整体设计。

可编程逻辑器件的设计流程包括设计输入、设计处理和器件编程三个步骤以及相应的功能仿真、时序仿真和器件测试三个设计验证过程。

9.2.3 PLD 的基本结构

1．PLD 结构中的逻辑约定

由于 PLD 内部电路的连接十分庞大，所以对其进行描述时采用了一种与传统方法不一样的简化方法。

PLD 的输入、输出缓冲器都采用了互补输出结构，其表示方法如图 9.2 所示。

PLD 的与门表示法如图 9.3 所示。图中，与门的输入线通常画成行（横）线，与门的所有输入变量都称为输入项，并画成与行线垂直的列线以表示与门的输入。列线与行线相交的交叉点处若有“•”，表示有一个耦合元件的固定连接；“×”表示编程连接；交叉点无标记则表示不连接（被擦除）。与门的输出称为乘积项 P，图中与门的输出 $P=A\cdot B\cdot D$，或门也可以用类似的方法表示，如图 9.4。

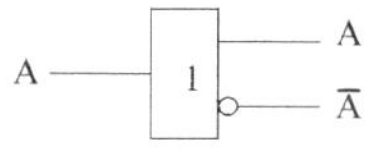

图 9.2　PLD 缓冲器表示方法

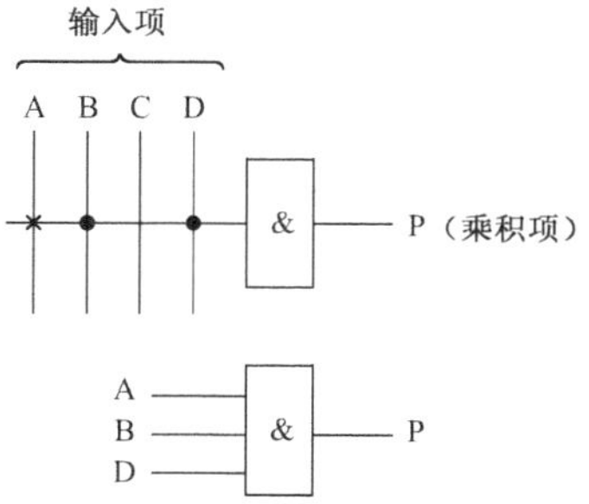

图 9.3　PLD 与门的表示方法

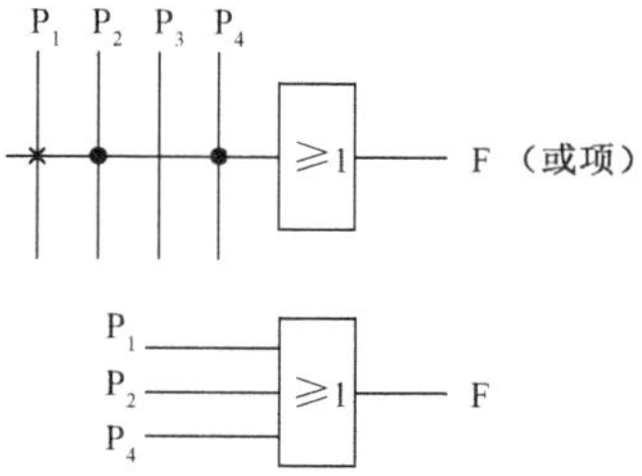

图 9.4　PLD 或门的表示方法

2．PLD 的基本结构

PLD 的基本结构框图如图 9.5 所示。电路的主体是由门构成的“与门阵列”和“或门阵列”，可以实现组合逻辑函数。输入电路由缓冲器组成，可以使输入信号具有足够的驱动能力，并产生互补输入信号。输出电路可以提供不同的输出结构，如直接输出（组合方式），或通过寄存器输出（时序方式）。此外，输出端口通常有三态门，可通过三态门控制数据直接输出或反馈到输入端。通常的 PLD 电路不是全部编程，而只有部分可编程。

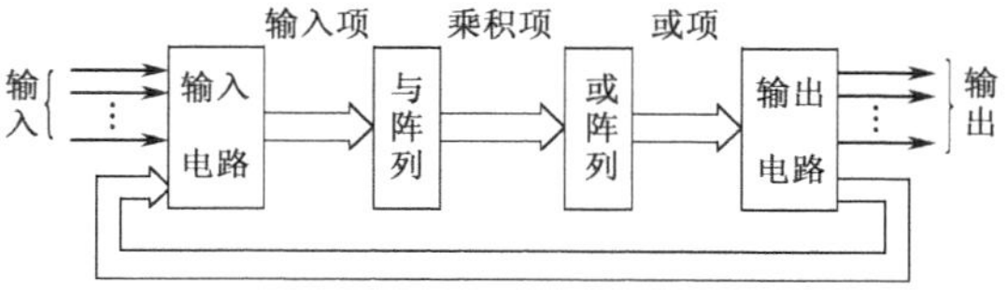

图 9.5　PLD 基本结构框图

PLD 早期产品有 PROM、PLA、PAL 和 GAL 四种结构，近期产品有 pLSI 和 ispLSI。

（1）PROM 结构。PROM 由固定的“与”阵列和可编程的“或”阵列组成，如图 9.6 所示。

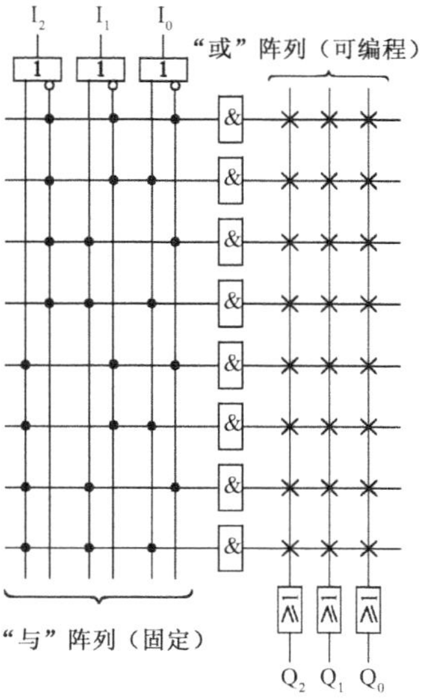

图 9.6　PROM 结构

与门阵列为全译码制，当输入为 A_1～A_n 时，与门阵列的输出共 2^n 个与项。或门阵列为可编程阵列，如果 PROM 有 m 个输出，则包含有 m 个可编程的“或门”，每一个或门有 2^n 个输入与项可供选择，由用户编程来定。所以，在 PROM 的输出端，输出表达式是最小项之和的标准与–或表达式。

（2）PLA 结构。PLA 是处理逻辑函数的一种更有效的方式，它的基本结构类似于 ROM，但它的“与”阵列是可编程的，产生函数所需的乘积项。“或”阵列也是可编程的，它选择所需的乘积项来实现“或”功能，在 PLA 的输出产生的逻辑函数是简化的“与-或”表达式。图 9.7 所示为 PLA 的基本结构。

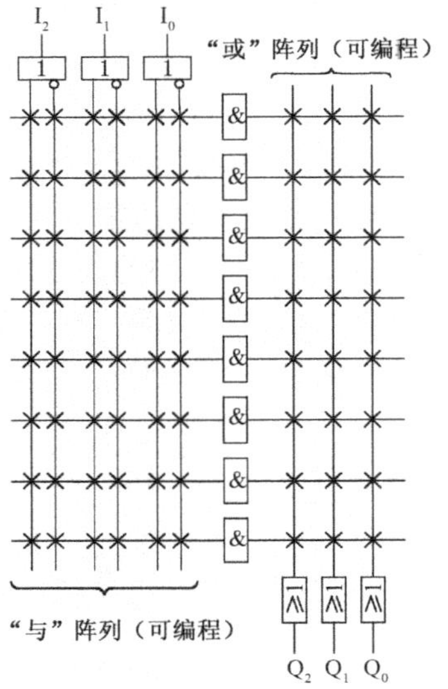

图 9.7　PLA 结构

（3）PAL 结构。PAL 是在 ROM 和 PLA 的基础上发展起来的。其基本结构是可编程的“与”阵列和固定的“或”阵列组成，如图 9.8 所示。这种结构形式为实现大多数逻辑函数提供了最有效的办法。PAL 的每一个输出包含的乘积项数目是由固定连接的“或”阵列来提供的，一般包含 3 至 4 个乘积项，而 PAL 可提供 7 至 8 个乘积项的“与-或”输出。在系统时钟 CK 的作用下，存入 D 触发器中，触发器的输出送给带公共选通（OE）的输出缓冲器。Q 端作为信号传输端，$\overline{Q}$ 作为状态反馈端送回到“与”阵列，这种反馈功能使得 PAL 器件具有记忆功能，可以记忆先前的状态，也可以改变功能状态，因而器件可构成状态时序机，实现加、减计数、移位、分支等操作。

（4）GAL 结构。GAL 结构与 PAL 相同，由可编程的“与”阵列去驱动一个固定的“或”阵列，其差别在于输出结构不同，PAL 的输出端点是一个有记忆功能的 D 触发器，而 GAL 器件的每一个输出端都有一个可组态的输出逻辑宏单元 OLMC。GAL 采用了高速可擦除的 E^2CMOS 工艺，具有速度快、功耗低、集成度高等优点，由于输出端具有可编程的逻辑宏单元，可以由用户自己定义所需的输出状态，因此，GAL 成为各种 PLD 的理想产品。

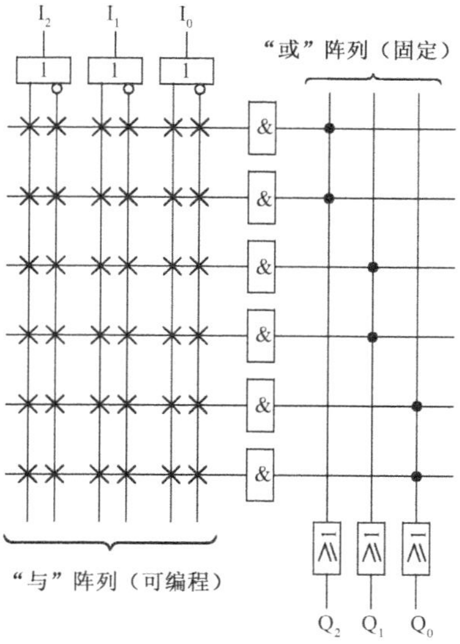

图 9.8　PAL 或 GAL 结构

9.2.4　FPGA 的结构

现场可编程门阵列（FPGA）是 20 世纪 80 年代中期出现的一种新型可编程逻辑器件。它由若干独立的可编程逻辑模块组成，用户可以通过编程将这些模块连接成所需要的数字系统。因为这些模块的排列形式和门阵列中单元的排列形式相似，所以沿用门阵列这个名称。FPGA 属于高密度 PLD，其集成度高达几万门每片以上。图 9.9 所示是一个典型的 FPGA 基本结构图。

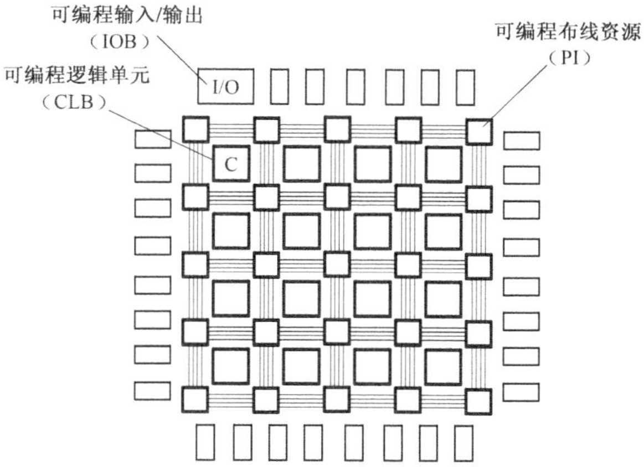

图 9.9　FPGA 的基本结构

FPGA 通常包括三类可编程资源。

1．可编程逻辑模块（CLB）

可编程逻辑模块（CLB）是排列规则的、实现基本逻辑功能的单元，又称宏单元。它遍布整个芯片。由于实现的逻辑功能难易不同，所以 CLB 的规模也不同。规模小的，只有两个晶体，规模大的完成的逻辑功能极其复杂。

2. 可编程输入/输出模块（IOB）

可编程输入/输出模块（IOB）完成的功能是连接芯片的外部封装。IOB 通常分布于可编程逻辑模块的四周，其结构因具体芯片而异。

3. 可编程内部互连（PI）

可编程内部互连（PI）是一些各种长度的连线和可编程开关，通过 PI 的配置，将内部各个 CLB、IOB 连接起来，实现系统的逻辑功能，构成用户电路。

9.3 PAL 器件结构及其应用

PAL 器件由可编程的与阵列、固定的或阵列和输出电路三部分组成。由于它的与阵列可编程，而输出结构的种类很多，因而给逻辑设计带来很大的灵活性。

9.3.1 PAL 器件结构

PAL 有许多产品型号，不同型号的器件其内部与阵列的结构基本相同，只是输出电路结构和反馈方式却不同，常见的有以下几种。

1. 专用输出结构

图 9.10 所示为专用输出结构的逻辑图。它是基本门阵列的输出加入反相器得到的。基本门阵列的输出结构也属于专用输出结构。另外，有的器件还采用了互补输出结构。

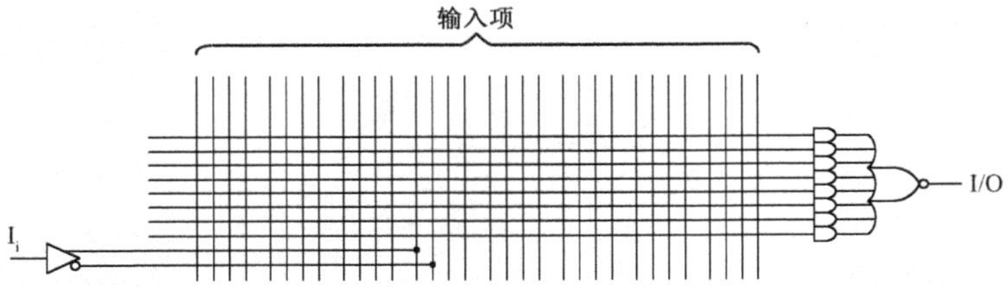

图 9.10 PAL 专用输出结构

2. 异步 I/O 输出结构

图 9.11 所示为异步 I/O 输出结构的逻辑图。该图的或门实现了 7 个乘积项的逻辑加，其输出为三态门，它受最上面的与门输出（第一项）控制。如果编程时，此项常为“0”，即该与门的所有输入项都接通，则三态门处于高阻态，此时，I/O 端可作为输入端，右面的缓冲器为输入缓冲器。相反，编程后最上面与门的所有输入项都断开，三态门被接通，I/O 端只能作为输出端，这时，右面的缓冲器将输出反馈至输入。但是，反馈来的信号能否成为与门输入，还得视编程而定。

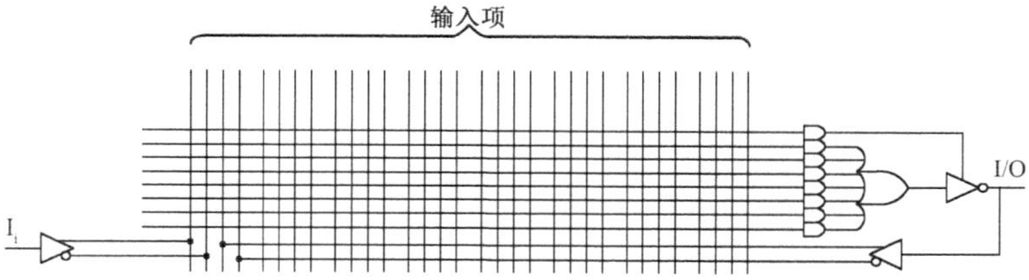

图 9.11　PAL 的异步 I/O 输出结构

3．寄存器输出结构

图 9.12 所示为寄存器输出结构逻辑图。它是在基本门阵列的基础上加入 D 触发器得到的。在时钟 CK 上升沿到达时，或门输出（乘积项之和）存入 D 触发器，，同时通过三态门送到输出端。另外，$\overline{Q}$ 通过右面的缓冲器反馈至与门阵列。这种电路能够满足时序电路设计的需要。

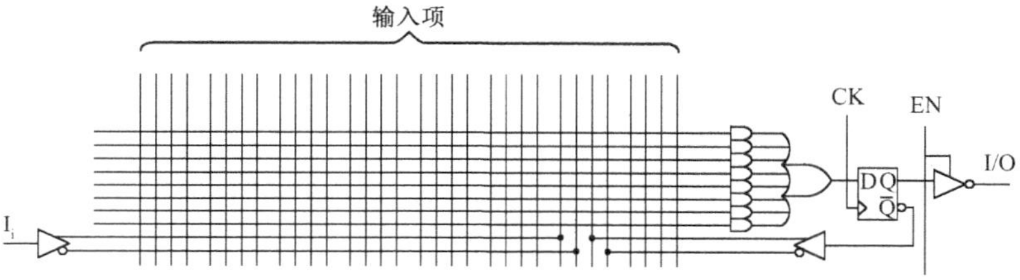

图 9.12　PAL 的寄存器输出结构

4．异或型输出结构

图 9.13 所示为异或形输出输出结构逻辑图。它是把乘积项分成两个和项，在 D 触发器输入端异或，并在 CK 上升沿到达时，存入 D 触发器。

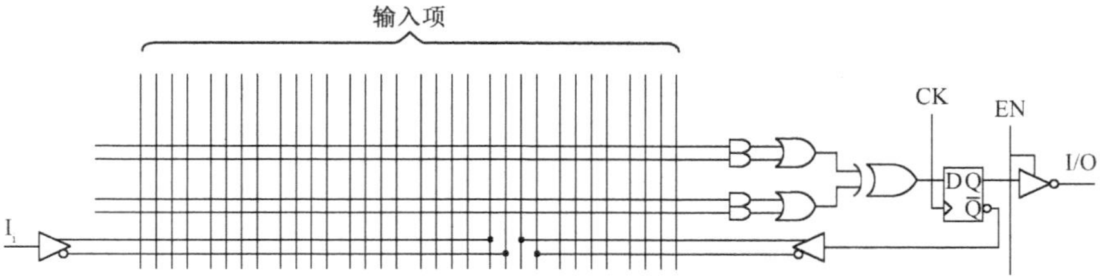

图 9.13　PAL 的异或型输出结构

PAL 器件除了以上几种结构外，还有算术选通反馈结构。另外还有许多种不同型号的 PAL 产品供用户选用。

9.3.2　PAL 器件举例及应用

PAL 器件速度快，功耗低，并且有多种结构类型，可用来设计组合逻辑电路和时序逻辑电路。设计时，主要考虑以下几个方面。

（1）一个 PAL 器件的输入/输出引出端总数是有限的。

（2）每个 PAL 器件输出乘积项数目是有限的。

（3）在具有寄存器和宏单元结构的 PAL 器件中，当逻辑单元中的寄存器作为内部反馈寄存器使用时，需要占用一个逻辑单元，则对应的输出引出端不能再作为其他用途；当逻辑单元作为组合输出时，也占用一个逻辑单元，其内部寄存器也不能使用。

（4）若具体设计要求无法用一个 PAL 器件来完成时，可以选用多个 PAL 器件。在进行逻辑划分时，既要有效地利用每个 PAL 器件的资源，又要使各个 PAL 器件间的连续数量尽量要少。

（5）若设计组合逻辑电路，可选用纯组合型 PAL 器件，也可以选用内部含有触发器的复合型或宏单元型 PAL 器件，通过编程，使之成为纯组合型器件。

【例 9.1】 用 PAL 器件实现一个带使能输出的 2—4 线译码器。

解： 表 9.1　2–4 线译码器真值表

$\overline{ST}$ A_0 A_1	$\overline{Y_3}$ $\overline{Y_2}$ $\overline{Y_1}$ $\overline{Y_0}$
× ×	1 1 1 1
0 0 0	1 1 1 0
0 0 1	1 1 0 1
0 1 0	1 0 1 1
0 1 1	0 1 1 1

第一步：列写输入输出表达式。设输入端为 A_1A_0，输出端为 $\overline{Y_3}$ $\overline{Y_2}$ $\overline{Y_1}$ $\overline{Y_0}$，使能端为 $\overline{ST}$。使能端有效时的输出表达式为

$$\overline{Y_0}=\overline{\overline{A_1}\,\overline{A_0}}\text{、}\quad \overline{Y_1}=\overline{\overline{A_1}A_0}$$

$$\overline{Y_2}=\overline{A_1\overline{A_0}}\text{、}\quad \overline{Y_3}=\overline{A_1A_0}$$

第二步：器件选择。由于输出表达式为组合型负逻辑函数，应选用输出低电平有效的基本“与-或”阵列型结构或可编程输入/输出型 PAL 器件。又要求使能输出，故应选用带三态控制的 PAL 器件。本例可选用 PAL16L8 器件。

第三步：编程（画阵列图）。

逻辑阵列图如图 9.14 所示。该图只是简化的示意图，其中使用了四个逻辑单元，每个单元只使用了两个乘积项，其他的乘积项没有画出。

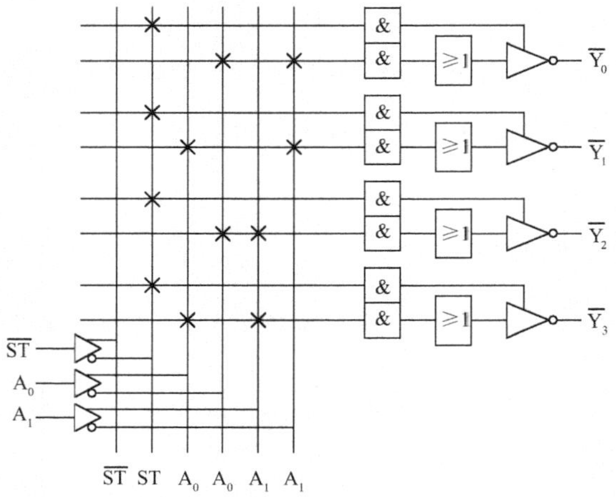

图 9.14　【例 9.1】简化示意图

9.4　GAL 器件结构及其应用

9.4.1　GAL 器件基本类型

GAL 是 Lattice 公司于 1985 年首先推出的可编程逻辑器件。它采用电擦除、电可编程的 E^2CMOS 工艺制作，可以反复编程几百次甚至更多。GAL 器件的输出端设置了可编程的输出逻辑宏单元（OLMC），通过编程可以将 OLMC 设置成不同的输出方式。同一型号的 GAL 器件可以实现 PAL 器件所有的各种输出电路工作模式，即取代了大部分 PAL 器件，因此称之为通用可编程逻辑器件。

GAL 器件分为两大类：一类为普通型 GAL，其与或阵列结构与 PAL 相似，如 GAL16V8、ispGAL16Z8、GAL20V8 等都属于这一类型；另一类更为先进，其与或阵列均可以编程，如 GAL39V8。

9.4.2　GAL 器件基本结构

以常见芯片GAL16V8为例，介绍GAL的基本结构。

GAL16V8 是 20 个引脚的集成电路芯片，图 9.15 所示是该芯片的逻辑框图。GAL16V8 的内部电路结构主要有五部分。

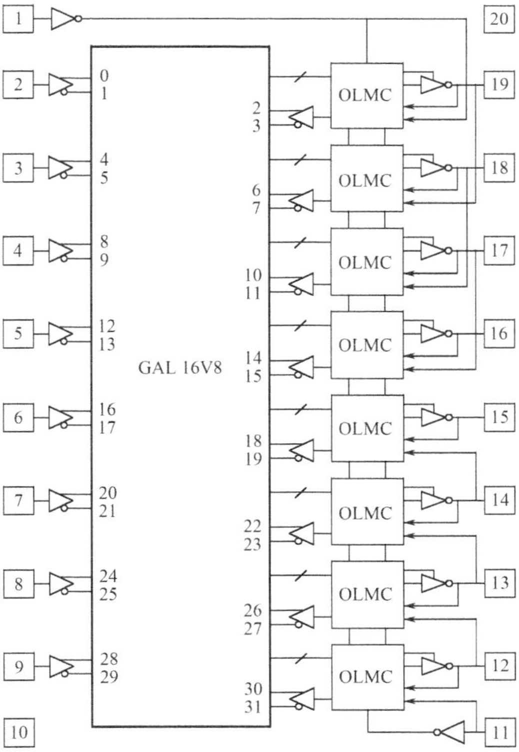

图 9.15　GAL16V8 的逻辑框图

（1）GAL16V8 的 2～9 脚是输入端，每个输入端有一个输入缓冲器，因它的 8 个输出端有时可以用作反馈输入，因此，最多可以有 16 个输入端。

（2）有 8 个输出逻辑宏单元（OLMC），输出引脚为 12～19 脚。OLMC 包括“与”门、“或”门、“异或”门、D 触发器、2 个 2 选 1、2 个 4 选 1 多路选择器、输出缓冲器等。

（3）GAL16V8 包括有 32 列×64 行的“与”阵列，32 列表示 8 个输入的原变量和反变量、8 个输出反馈信号的原变量和反变量，相当于 32 个输入变量。64 行表示 8 个输出的 8 个乘积项，相当于 64 个乘积项。故而，有 2048 个可编程单元（码点）。

（4）1 脚为系统时钟 CK。

（5）11 脚为输出三态公共控制端 OE。

另外，10 脚为公共接地端 GND，20 脚为直流电源 V_{CC}（接直流+5V）。

GAL16V8 可以模拟 20 个引脚的 PAL 器件，可以替代 21 种 PAL 产品。其他常用 GAL 器件的用途和结构也基本与之相同，如 GAL20V8，若要详细了解，可以参看相关书籍。

9.4.3 GAL 器件的输出逻辑宏单元 OLMC

GAL 器件的输出端都是输出逻辑宏单元（OLMC）结构。以 GAL16V8 为例，GAL16V8 内部有 8 个 OLMC，8 个 OLMC 在相应的控制字的控制下，具有不同的电路结构，即各种组态不同，这给 GAL 器件的设计带来了很大的灵活性和方便性。深刻了解 OLMC 的结构和原理是使用 GAL 器件设计数字系统的关键。

OLMC 由或门、异或门、D 触发器和四个 MUX 组成，其结构图如图 9.16 中虚线框部分所示。

每个 OLMC 包含或门阵列中的一个或门。一个或门有 8 个输入端，和来自与阵列的 8 个乘积项（PT）相对应。其中 7 个直接连接，第一个乘积项（图中最上边的一项）经 PTMUX 相连接，或门输出为有关乘积项之和。

异或门的作用是选择输出信号的极性。当 XOR（*n*）为“1”时，异或门起反相器的作用，否则起同相器作用。XOR（*n*）是控制字中的一位，*n* 为引脚号。

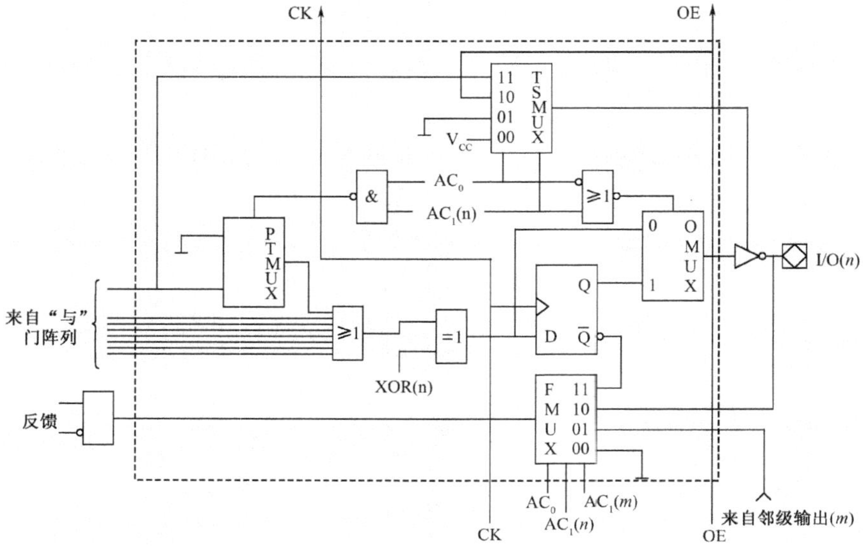

图 9.16　OLMC 逻辑框图

D 触发器（寄存器）对异或门的输出状态起记忆（存储）作用，使 GAL 适用于时序逻辑电路。4 个多路开关（MUX）在结构控制字段作用下设定输出逻辑宏单元的状态。

PTMUX 是乘积项选择器，在 $\overline{AC_1(n)\cdot AC_0}$ 控制下选择第一乘积项或地（0）送至或门输入端。

OMUX 是输出类型选择器，在 $\overline{AC_1(n)+\overline{AC_0}}$ 控制下选择组合型（异或门输出）或寄存型（经 D 触发器存储后输出）逻辑运算结果送到输出缓冲器。

TSMUX 是三态缓冲器的使能信号选择器，在 $AC_1(n)$ 和 AC_0 的控制下从 V_{CC}、地、OE 或第一乘积项中选择 1 个作为输出缓冲器的使能信号。

FMUX 是反馈源选择器。在 $AC_1(n)$ 和 AC_0 控制下选择 D 触发器的 $\overline{Q}$、本级 OLMC 输出、邻级 OLMC 的输出或地电平作为反馈源送回与阵列作为输入信号。

9.4.4　GAL 器件工作模式及应用

1．结构控制字

GAL 器件各种各样组态形式的实现是由结构控制字来控制的。控制字共 82 位，每一位的功能如图 9.17 所示。

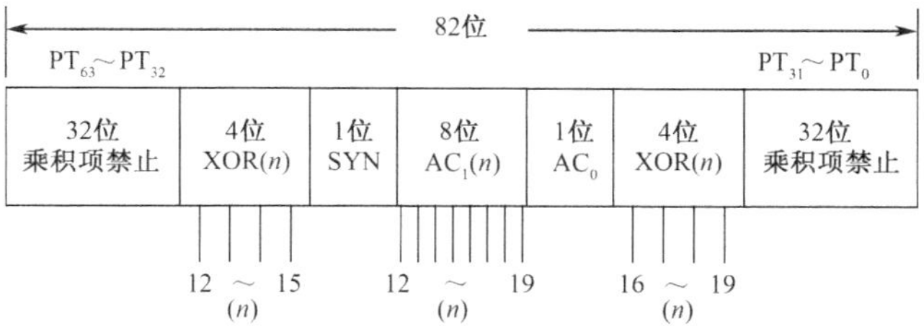

图 9.17　GAL16V8 逻辑框图

图中 XOR(n)和 $AC_1(n)$下面的数字分别表示它们控制 GAL16V8 对应各个 OLMC 的引脚号。控制字的功能如下：

① 同步位 SYN。SYN=0 时，GAL 器件具有寄存器型（时序型）输出能力；SYN=1 时，GAL 器件为纯粹组合型输出能力。在最外层的两个输出宏单元中 $\overline{SYN}$ 代替 AC_0，用 SYN 代替 $AC_1(n)$作为 FMUX 的输入，以维持与 PAL 器件结构相兼容。

② 结构控制位 AC_0。这一位对于8个OLMC是公共的，它与各个OLMC（n）中各自的 $AC_1(n)$相配合，控制OLMC中的各多路选择器。

③ 结构控制位 $AC_1(n)$。共有 8 个，每个 OLMC 都有自己单独的 $AC_1(n)$。对于 GAL16V8，n=12～19。

④ 极性控制位 XOR(n)。它控制 OLMC 中异或门的输出极性。

XOR(n)=0 时，输出信号 O(n)低电平有效；

XOR(n)=1 时，输出信号 O(n)高电平有效。

⑤ 乘积项 PT 禁止位。共 64 位，分别控制与阵列的 64 行，以便于屏蔽某些不用的乘积项。

2．OLMC 五种工作方式及应用

在控制字 SYN、AC_0、$AC_1(n)$ 的控制下，GAL 的输出逻辑宏单元（OLMC）可以有五种组态，即五种工作方式。SYN 为“0”或“1”用以决定被组态的 OLMC 是组合还是时序电路；AC_0、$AC_1(n)$用以控制 OLMC 的电路结构，AC_0 是 8 个 OLMC 共用的，而 $AC_1(n)$则是每个 OLMC 单独具有的。下面以 GAL16V8 为例来介绍 OLMC 在控制下出现的五种工作方式。

（1）专用组合输入方式。SYN、AC_0、$AC_1(n)$=101 时，相应单元的 OLMC 的电路结构为专用组合输入方式。该方式中，OLMC 是组合电路，1 脚、11 脚和 2～9 脚一样可以作为普通数据输入端使用。输出允许控制多路选择器（TSMUX）选择“地”作为输出三态门的控制端，于是三态门禁止工作而使其 I/O 端不能作输出而只能借用邻级的反馈开关作组合电路的反馈输入使用，而本单元的反馈开关被邻级占用作反馈输入。例如：18 脚的反馈开关被邻级 19 脚占用作为反馈输入；同理，17 脚、16 脚的反馈开关分别被邻级的 18 脚、17 脚占用作为反馈输入；15 脚、14 脚、13 脚、12 脚的反馈开关被邻级的 14 脚、13 脚、12 脚、11 脚占用作为反馈输入；15 脚、16 脚、因无反馈开关使用而不能作为输入，故只能作为组合输出的 100 方式而不是 101 方式。OLMC 在 101 方式时的电路结构如图 9.18 所示。

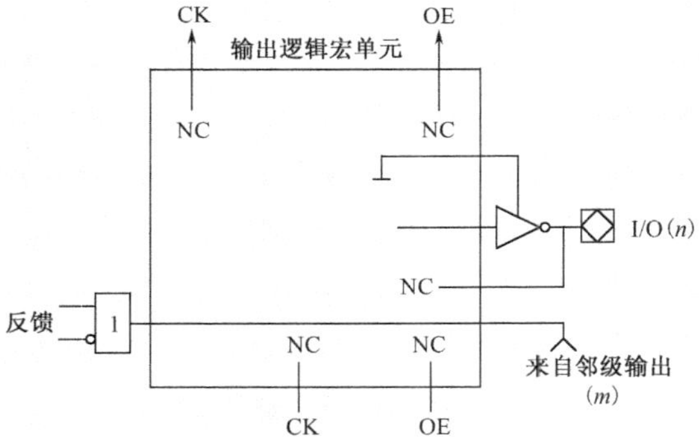

图 9.18 OLMC 专用组合输入电路结构

（2）专用组合型输出方式。SYN、AC_0、$AC_1(n)$=100 时，相应单元的 OLMC 单元电路结构为专门组合输出方式，电路结构如图 9.19 所示。该方式中，1 脚、11 脚和 2～9 脚一样是普通数据输入端。输出允许控制多路选择器（TSMUX）选择电源 V_{CC} 作为输出三态门的控制端，输出始终允许，反馈多路选择器 FMUX 接地，相应的 I/O 端只能用作纯组合输出而不能作反馈输入使用。一个 GAL 芯片的 8 个 OLMC（12～19 脚）都用作纯组合输出的 100 方式，输出函数的或项最多可有 8 项。在要求输入多而输出少的组合电路设计中，可以把除 15 脚、16 脚之外的其他输出引脚（12～14、17～19 脚）中的一个或几个用作输入，这些用作输入的输出引脚的 OLMC 就是 101 方式，用作输出就是 100 方式。

从以上的 101 和 100 两种方式中可以看出，一个 GAL 芯片的 8 个 OLMC（12～19 脚）可以都用作纯组合输出（都是 100 方式），但 8 个 OLMC 不可能都被用作组合输入（101 方式），起码有 15 脚、16 脚必须是组合输出 100 方式。即 101 方式必须与 100 方式并存于一个 GAL 芯片时才有意义。101 和 100 方式用于无反馈的纯组合逻辑电路设计中。编程时使用的语句为：输出引脚名=逻辑表达式。例如：

$$F_1=A^*/B^*C+/B^*/C$$

$$F_2=/A^*/C+B^*C+/A^*B$$

式中，F_1、F_2 是输出引脚名，等号右边的逻辑表达式中的变量 A、B、C 是输入。输出 F_1、F_2 没有出现在等号右侧的输入变量组成的表达式中，故 F_1、F_2 表示的电路就是无反馈的组合电路。

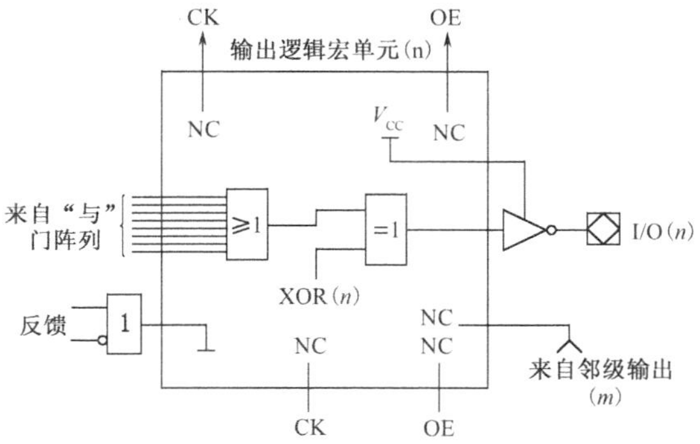

图 9.19　OLMC 专用组合型输出电器结构

下面举例说明。

【例 9.2】　用 GAL 芯片设计图 9.20 所示的 4×4～1 多路开关。

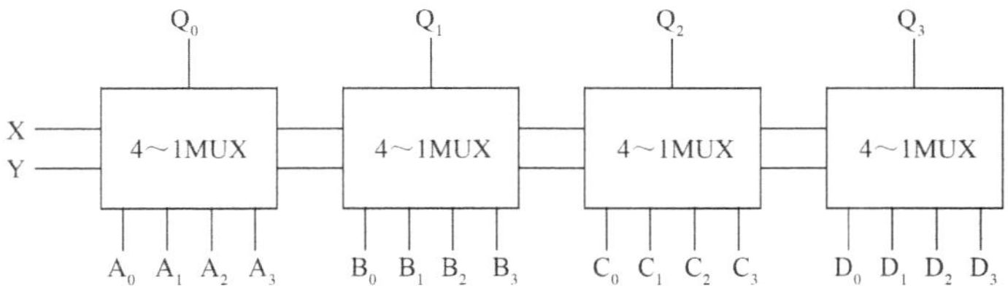

图 9.20　【例 9.2】的 4×4～1 多路开关

解： 首先分析确定要设计的 4×4～1 多路开关的输入、输出个数，以此来确定选用哪种 GAL 芯片。由图 9.20 看到，它有两个地址输入 X、Y，每个 4～1MUX 都有 4 个输入、一个输出，共 18 个输入、4 个输出。显然，用最多有 16 个输入的 GAL16V8 是不够的，故应该选用 20 个输入（1～11 脚、13、14、23 和部分输出可作为反馈输入），8 个输出（15～22 脚）的 GAL20V8。4×4～1MUX 是无反馈的纯组合电路，故应该用无反馈组合电路的编程语句“输出管脚名=逻辑表达式”来编程。源程序如下：

```
PLD20V8
X1.PLD

X   Y   A0  A1  A2  A3  B0  B1  B2  B3  C0  GND
C1  C2  C3  D0  D1  O0  O1  O2  O3  D2  D3  Vcc
O0=A0*/X*/Y+A1*/X*Y+A2*X/Y+A3*X*Y
O1=B0*/X*/Y+B1*/X*Y+B2*X/Y+B3*X*Y
O2=C0*/X*/Y+C1*/X*Y+C2*X/Y+C3*X*Y
```

O3=D0*/X*/Y+D1*/X*Y+D2*X/Y+D3*X*Y

DESCRIPTION

用户无需过问 GAL 芯片 8 个 OLMC 的工作方式，只需按要求编出正确的源程序。以上程序输入计算机，经过 FM 软件编译后，FM 软件会根据程序自动地使作为输出的 Q_0、Q_1、Q_2、Q_3 占用的 18、19、20、21 引脚所在的 OLMC 控制字为 100 方式；使占用其他 4 个输出端作为输入 C_3、D_0、D_1、D_2 的 15、16、17、22 脚的 OLMC 的控制字为 101 方式。该程序写入 GAL20V8 后，该 GAL 芯片就能实现 4×4～1MUX 的设计。

（3）带反馈的组合型输出方式。SYN、AC_0、$AC_1(n)$=111 时，被组态的 OLMC 单元为反馈组合型输出方式，电路结构如图 9.20 所示。该方式中，1 脚、11 脚和 2～9 脚一样是普通数据输入端。输出允许控制多路选择器（TSMUX）选择 8 个与项的第一个与项作为输出三态门的控制端，故输出函数最多有 7 个或项。13～18 脚的 I/O 端既可以作为输出，又可使用本单元的反馈开关反馈输入。111 方式时的编程语句为一对方程：

输出引脚名=逻辑表达式

输出引脚名 · OE=V_{CC}（或者逻辑表达式）

111 方式要注意以下两点：

① 上、下两个宏单元（即 GAL16V8 的最上和最下两个 OLMC），要用 $\overline{SYN}$ 代替 AC_0，用 SYN 代替 $AC_1(n)$作为反馈多路选择器（FMUX）的控制输入，以维持与 PAL 器件结构 JEDEC 熔丝图的完全兼容性。于是 19 脚的反馈开关被 1 脚占用，12 脚的反馈开关被 11 脚占用，使得上、下两个宏单元，即 19 脚和 12 脚因无反馈开关使用而只能作为输出而不能用作反馈输入。换句话说，用 GAL 芯片设计组合电路时，19 脚和 12 脚只能用作无反馈的输出而不能用作有反馈的组合输出函数的输出端。

② 111 方式中，只要有一个 OLMC 是 111 方式，则 8 个 OLMC 必然都是 111 方式，即使最上和最下两个 OLMC 也不例外，甚至无输出引脚也是一样。

【例 9.3】 用 GAL 芯片设计两个四位二进制数：$N_1=X_0X_1X_2X_3$，$N_2=Y_0Y_1Y_2Y_3$ 相减的四位全减器。

解：四位全减器的示意图如图 9.21 所示。

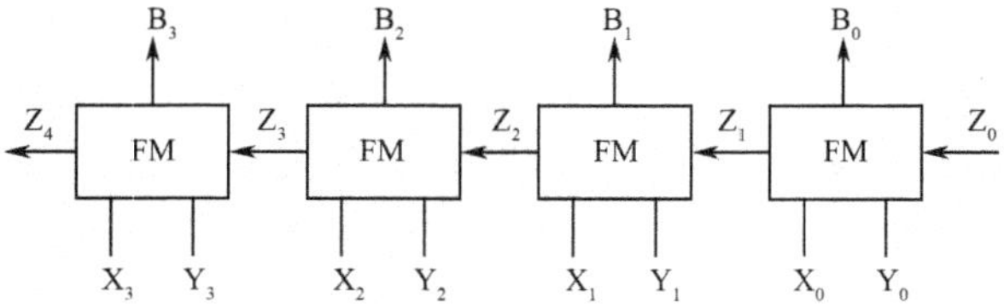

图 9.21 四位全减器示意图

此处，设 B_i 为差，Z_{i+1} 为向高位的借位。根据组合逻辑的相关知识，可以得出 B_i、Z_{i+1} 的表达式：

$$B_i = X_i \oplus Y_i \oplus Z_i = /X_i * /Y_i * Z_i + /X_i * Y_i * /Z_i + X_i * /Y_i * /Z_i + /X_i * /Y_i * Z_i$$

$$Z_{i-1} = /X_i * Y_i + /X_i * Z_i + Y_i * Z_i$$

四位全减器有最低位 Z_0，被减数 $X_3X_2X_1X_0$，减数 $Y_3Y_2Y_1Y_0$ 共 9 个输入。有 4 个本位差 $B_3B_2B_1B_0$ 和向高位的借位 $Z_4Z_3Z_2Z_1$ 共 8 个输出端；其中 Z_3、Z_2、Z_1 既是低位的借位输出

又是高位的借位输入，Z_3、Z_2、Z_1 既是输出又是反馈输入。B_3～B_0、Z_4 是无反馈的输出函数，注意不要把这三个函数放在 19 脚、12 脚，否则，FM 将不予以编辑并指出错误所在。B_3～B_0、Z_4～Z_1 这 8 个输出管脚的函数必须用上面提到的一对方程来编程，否则，尽管 FM 软件不指出错误，但三态门不能打开而是设计达不到预定的目的。四位全减器编程如下：

```
PLD16V8
M. PLD
Z0  X0  Y0  X1  Y1  X2  Y2  X3  Y3  GND
NC  B0  B1  B2  B3  Z1  Z2  Z3  Z4  Vcc
B0=/X0*/Y0*Z0+/X0*Y0*/Z0+X0*/Y0*/Z0+X0*Y0*Z0
B1=/X1*/Y1*Z1+/X1*Y1*/Z1+X1*/Y1*/Z1+X1*Y1*Z1
B2=/X2*/Y2*Z2+/X2*Y2*/Z2+X2*/Y2*/Z2+X2*Y2*Z2
B3=/X3*/Y3*Z3+/X3*Y3*/Z3+X3*/Y3*/Z3+X3*Y3*Z3
Z1=/X0*Y0 +/X0*Z0+Y0*Z0
Z2=/X1*Y1 +/X1*Z1+Y1*Z1
Z3=/X2*Y2 +/X2*Z2+Y2*Z2
Z4=/X3*Y3 +/X3*Z3+Y3*Z3
B0.OE=VCC
B1.OE=VCC
B2.OE=VCC
B3.OE=VCC
Z1.OE=VCC
Z2.OE=VCC
Z3.OE=VCC
Z4.OE=VCC
DESCRIPTION
```

可见，111 方式用于设计带反馈的组合电路。反之，若设计带反馈的组合电路，只要按 111 方式下指定的一对方程形式编程，FM 软件就会使控制字是 111 方式。

（4）时序逻辑中的组合输出方式。SYN、AC_0、$AC_1(n)$=011 时，被组态的 OLMC 单元为时序逻辑中的组合输出方式，电路结构如图 9.22 所示。该方式中，1 脚为 CK 时钟，11 脚为三态公共控制端 $\overline{OE}$，它们不再作为普通数据输入端去占用最上、最下的两个宏单元（19 脚、12 脚）的反馈开关，故 19 脚和 12 脚也和 13～18 脚一样既是输出又可以使用本单元的反馈开关作反馈输入。011 方式与 111 方式相比，有完全相同的 OLMC 电路结构，即有相同的电路功能。但 011 方式中 SYN=0，故不允许 8 个 OLMC 全是组合电路，必须有一个以上是时序型输出（010 方式）。010 方式下，OLMC 的时序输出函数最多可由 8 个或项，每个 I/O 端既可作输出又可使用本单元的反馈开关作反馈输入，编程语句为："输出引脚名：=逻辑表达式"。具体情况见下面的 010 方式介绍。

若 8 个 OLMC 都是反馈组合电路，则 8 个 OLMC 都是 111 方式；若 8 个 OLMC 都是时序单元，则 8 个 OLMC 都是 010 方式；011 方式只有和 010 方式共存于一个 GAL 芯片才有意义，故 011 方式叫做时序中的组合输出结构。因而 011 方式用于既有时序电路又有组合电路的数字系统中。用户无须直接过问 OLMC 的工作方式，只要用户按 FM 软件的语法和格式编写源程序，就会使相应的 OLMC 有一定的控制字。

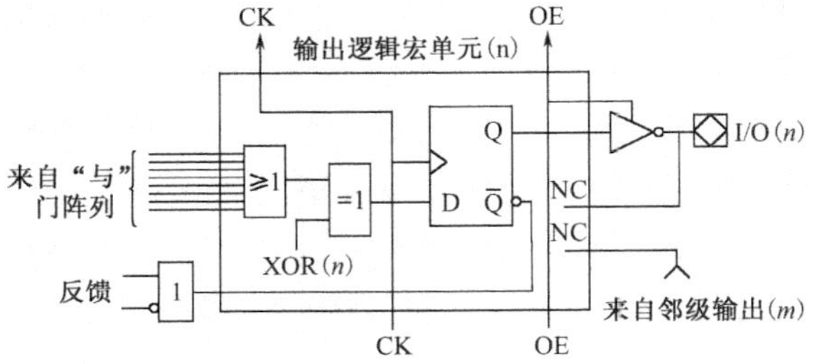

图 9.22　OLMC 时序逻辑中的组合输出电路结构

（5）时序型输出方式。SYN、AC_0、$AC_1(n)$=010 时，被组态的 OLMC 单元为时序逻辑中的组合输出方式，电路结构如图 9.23 所示。该方式中，1 脚为 CK 时钟，11 脚为三态公共控制端 $\overline{OE}$ 。8 个 OLMC 可以都是时序型输出的 010 方式，每个 I/O 端既可作输出又可使用本单元的反馈开关作反馈输入，输出逻辑函数的或项最多可有 8 项。010 方式用于纯时序电路的设计，编程语句为：“输出引脚名=逻辑表达式”。反之，只要用户用该语句编程，软件就可以使控制字为 010 方式，就可以控制相应的 OLMC 为时序单元。

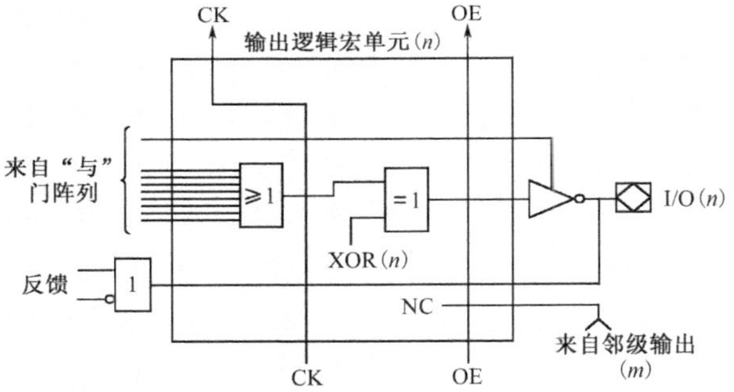

图 9.23　OLMC 的时序型输出方式

在控制字 SYN、AC_0、$AC_1(n)$的控制下，应该有 8 组三位二进制作为 OLMC 的工作方式控制字。上述五种工作组态，是在 SYN、AC_0、$AC_1(n)$=101、100、111、011、010 时形成的，那么，000、001、110 三种工作方式为何不存在呢？这是因为在 000、001 工作方式中，SYN=0，就意味着 8 个 OLMC 中起码有一个是时序型的输出，而时序型输出的特点是 AC_0、$AC_1(n)$=11 或 10，即 AC_0 肯定为 1，但这与 000、001 相矛盾，故 000、001 两种工作方式不存在。同理，110 方式中，SYN=1 就意味着 8 个 OLMC 都是组合型输出，而 110 方式中，AC_0、$AC_1(n)$=10，这是，OLMC 中的 OMUX 必然选择时序型（寄存器型）输出，这一矛盾也决定了 110 方式不可能存在。所以，OLMC 只有上述五种工作方式。

9.5　现场可编程逻辑器件 FPGA

9.5.1　概述

FPGA 是一类高集成度的可编程逻辑器件，起源于美国的 Xilinx 公司，该公司于 1985 年推出了世界上第一块 FPGA 芯片。在这二十年的发展过程中，FPGA 的硬件体系结构和软件开发工具都在不断的完善，日趋成熟。从最初的 1200 个可用门，20 世纪 90 年代时几十万个可用门，发展到目前数百万门至上千万门的单片 FPGA 芯片，Xilinx、Altera 等世界顶级厂商已经将 FPGA 器件的集成度提高到一个新的水平。FPGA 结合了微电子技术、电路技术、EDA 技术，使设计者可以集中精力进行所需逻辑功能的设计，缩短设计周期，提高设计质量。

目前生产 FPGA 的公司主要有 Xilinx、Altera、Actel、Lattice、QuickLogic 等，生产的 FPGA 品种和型号繁多。尽管这些 FPGA 的具体结构和性能指标各有特色，但它们都有一个共同之处，即由逻辑功能块排成阵列，并由可编程的互连资源连接这些逻辑功能块，从而实现不同的设计。

典型的 FPGA 通常包含三类基本资源：可编程逻辑模块（CLB）、可编程输入/输出模块（IOB）和可编程布线资源（PI）。可编程逻辑功能块是实现用户功能的基本单元，多个逻辑功能块通常规则地排成一个阵列结构，分布于整个芯片；可编程输入/输出块完成芯片内部逻辑与外部管脚之间的接口，围绕在逻辑单元阵列四周；可编程内部互连资源包括各种长度的连线线段和一些可编程连接开关，它们将各个可编程逻辑块或输入/输出块连接起来，构成特定功能的电路。用户可以通过编程决定每个单元的功能以及它们的互连关系，从而实现所需的逻辑功能。

9.5.2　FPGA 器件的基本结构

FPGA 的功能有逻辑结构的配置数据决定。工作时，这些配置数据存放在片内的 SRAM 或熔丝图上。基于 SRAM 的 FPGA 器件，在工作前需要从芯片外部加载配子数据。配置数据可以存储在片外的 EPROM、EEPROM 或计算机软、硬盘中。

可配置逻辑模块（CLB）一般有三种结构形式：①查找表结构；②多路开关结构；③多级与非门结构。不同厂家或不同型号的 FPGA，在可编程逻辑块的内部结构、规模、内部互连的结构等方面经常存在较大的差异。下面，Xilinx 公司的产品为例，介绍 FPGA 的三大模块的基本特点。

1．可编程逻辑模块（CLB）

CLB 是 FPGA 的主要组成部分。图 9.24 所示为 XC4000 系列 CLB 的基本结构框图，它主要由逻辑函数发生器、除法器、数据选择器和信号变换四部分电路组成。

CLB 中三个逻辑函数发生器分别是 G、F 和 H，相应的输出是 G_0、F_0 和 H_0，它们均为查找表结构，其工作原理类似于 ROM 实现组合逻辑函数。G 有 4 个输入变量 G_4、G_3、G_2 和 G_1；F 有 4 个输入变量 F_4、F_3、F_2 和 F_1。这两个逻辑函数发生器是完全独立的，均可以实现 4 输入变量任意组合逻辑函数。逻辑函数发生器 H 有 3 个输入信号：其中两个输入信号来自于前两个函数发生器的输出 G_0 和 H_0；另一个输入信号是来自于信号变换器电路的输出 H_1，这个函数发生器能实现 3 输入变量的各种组合函数。这三个函数发生器结合起来，可实现 4 输入、5 输入，最多可达 9 输入。这位单片 CLB 实现复杂电路提供了条件。

通过对 CLB 内部的数据选择器编码，逻辑函数发生器 G、F 和 H 的输出可以连接到 CLB 内部触发器，或者直接连到 CLB 的输出端 X 或 Y。

CLB 中有两个边沿触发的 D 触发器，它们和逻辑函数发生器一起，可以实现各种时序逻辑电路。

两个 D 触发器具有如下特点：每个触发器均通过编程确定为时钟上升沿触发或下降沿触发；每个触发器均有时钟使能信号 EC，它可以通过信号变换电路受外部信号控制或固定逻辑电平“1”；通过对 R/S 控制逻辑的编程，每个 D 触发器均可经信号变换电路，分别进行异步置位或异步清零操作，也可以对一个触发器异步置位而对另一个异步清零。CLB 的这种特殊结构，使触发器的时钟、时钟使能、置位和复位均可被独立设置，且可独立工作，彼此之间没有约束关系，从而为实现不同功能的时序逻辑电路提供了可能。

D 触发器激励端的数据来源是由编程确定的，可以从 G_0、F_0、H_0 或者信号变换电路送来的 DIN 这 4 个信号中选择一个。触发器的状态经 CLB 的输出端 Y_Q 和 X_Q 输出。

CLB 中有许多不同规格的数据选择器（4 选 1、2 选 1 等），分别用来选择触发器激励输入信号、时钟有效边沿、时钟使能信号以及输出信号。这些数据选择器的地址控制信号均由编程信息提供，从而实现所需的电路结构。

F 和 G 组合逻辑函数发生器还可以作为器件内高速 RAM 或小的可读/写存储器使用，它由信号变换电路编程控制，当信号变换电路编程设置存储功能无效时，F 和 G 作为组合逻辑函数发生器使用，4 个控制信号 C_1～C_4 分别将 H1、DIN、S/R（异步置位/复位）和 EC（使能）信号接入 CLB 中，作为函数发生器的输入可控制信号。当信号变换电路编程设置存储器功能有效时，F 和 G 作为器件内部存储器使用，4 个控制信号 C_1～C_4 分别将 WE、D_1、A_4、D_0 和 EC（不用）信号接入到 CLB 中，作为存储器的写使能、数据信号或地址信号。此时，F_1～F_4 和 G_1～G_4 输入相当于地址输入信号 A_0～A_3，以选择存储器中的特定存储单元。

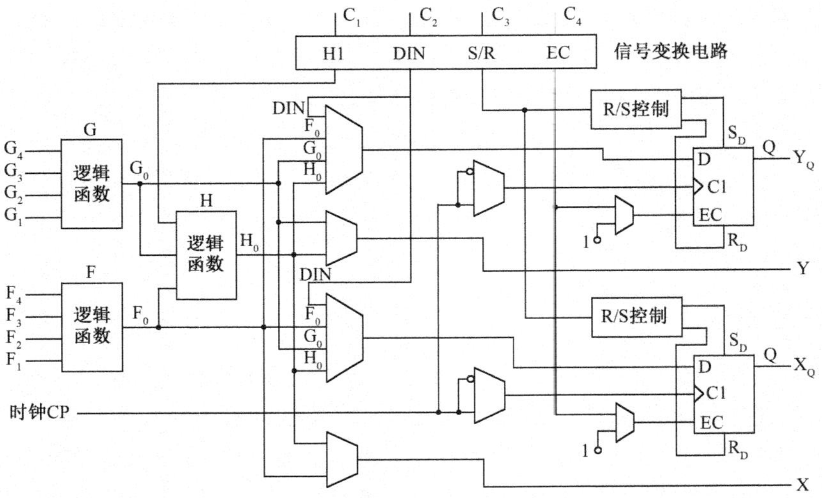

图 9.24　XC4000 系列 CLB 结构图

2. 可编程输入/输出模块（IOB）

IOB 提供了器件引脚和内部逻辑阵列的接口电路。每个 IOB 控制一个引脚（除电源线和地线引脚外），将它们可配置为输入、输出或者双向传输信号端。

图 9.25 为 XC4000 IOB 的结构图，包含以下几部分：

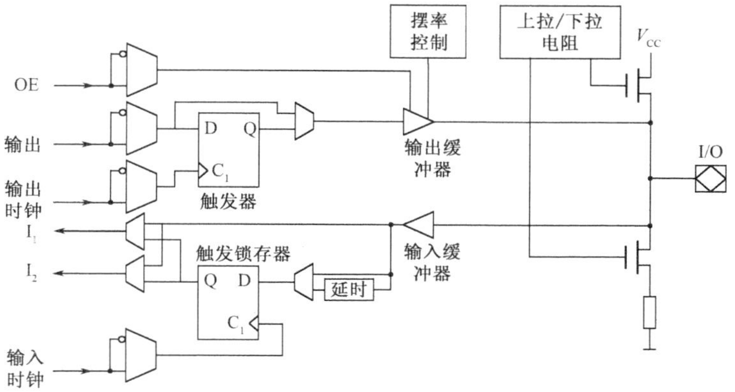

图 9.25　XC4000 IOB 的结构图

（1）输入通路。当 IOB 控制的引脚被定义为输入时，通过该引脚的输入信号先送到输入缓冲器。缓冲器的输出分为两路：一路可以直接送到 MUX；另一路经延迟几纳秒（或不延迟），送到输入通路 D 触发器，再送到数据选择器。通过编程给数据选择器不同的控制信号，确定送至 CLB 阵列的 I_1、I_2 是来自输入缓冲器，还是来自触发器。D 触发器可通过编程来确定是边沿触发还是电平触发，且配有独立的时钟。与前述 CLB 的触发器一样，也可以选择上升沿或下降沿作为有效作用沿。

（2）输出通路。当 IOB 控制的引脚被定义为输出时，CLB 阵列的输出信号 OUT（或 $\overline{OUT}$）同样可以有两条传输途径：其一是直接经 MUX 送至输出缓冲器；其二是先存入输出通路 D 触发器，在送至输出缓冲器。输出通路 D 触发器也有独立的时钟，且可以任选触发边沿。输出缓冲器既受 CLB 送来的 OE（或 $\overline{OE}$）信号控制，使输出引脚有高阻状态，还受转换速率控制电路的控制，使它可高速或低速运行，后者又有抑制噪声的作用。

（3）输出专用推拉电路。IOB 的输出配有两个 MOS 管，它们的栅极均可以编程，使 MOS 管道通或截止，分别经上拉电阻或下拉电阻接通 U_{CC}、地线或者不接通，用以改善波形和负载能力。

3. 可编程内部互连（PI）

FPGA 芯片内部单个 CLB 输入输出之间、各个 CLB 之间、CLB 和 IOB 之间的连线有许多金属线段构成，这些金属线段带有可编程开关，通过自动布线实现所需功能的电路连接。连接通路的数量与器件内部阵列的规模有关，阵列规模越大，连线数量越多。

互连线按相对长度分为单线、双线和长线三种。

单线和长线主要用于 CLB 之间的连接。在这种结构中，任意两点之间的连接都要通过开关矩阵。它提供了相邻 CLB 之间的快速互连和复杂互连的灵活性，但传输信号每通过一个可编程开关矩阵，就增加一次延时。因此，FPGA 的内部时延与器件结构和逻辑布线等有关，它的信号传输时延不可确定。

9.5.3 应用举例

FPGA 的应用有很多，这里仅简要介绍下面几个方面的内容：可编程片上系统与嵌入式系统、高性能数字信号处理系统、可重配置计算系统、基于网络的可重配置技术、IP 核的开发与复用技术。随着技术的进步和需求的发展，这方面的内容必将逐步普及，并不断得到扩充。

1. 可编程片上系统与嵌入式系统

把整个数字系统或整个系统的数字部分实现在一块可编程逻辑器件芯片上，就构成了可编程片上系统（SOPC）。SOPC 是一种比较特殊的嵌入式系统：它不仅是一个由单个芯片完成系统的主要逻辑功能的片上系统（SOC），更重要的，它是一个可编程的系统，结合了 SOC 和 FPGA 的优势，设计、实现、扩展、升级都非常灵活方便，并且具有软硬件在系统可编程的能力。

在 FPGA 上实现可编程片上系统，一般包含嵌入式处理器核、其他功能模块以及相应的接口电路，要求 FPGA 具有丰富的可编程逻辑资源，具有一定容量的片内存储器，具有较灵活的调试接口及丰富的 IP 核资源。具体设计中将涉及到嵌入式系统设计的各方面技术内容，包括处理器、嵌入式操作系统、高速电路设计等等。另外，由于主要的逻辑设计是在 FPGA 上进行，因此还涉及软硬件协同设计和仿真技术。

集成了硬核或软核 CPU、DSP、存储器、外围 I/O 及可编程逻辑模块的 SOPC，在设计和应用的灵活性以及成本方面有较大的优势。为了实现 SOPC，国际上著名的现场可编程逻辑器件厂商如 Altera、Xilinx 等都在不断努力，开发适于系统集成的新器件和开发工具，这又进一步促进了 SOPC 的发展。

2. 高性能数字信号处理系统

数字信号处理（DSP）已经广泛应用于消费电子、汽车、国防等领域。多媒体信息处理、雷达信号处理、软件无线电等应用都要求系统具有极高的数字信号处理能力。这种需求不仅导致数字信号处理器的不断改进，也推动了 FPGA、AISC 等硬件解决方案的发展。

FPGA 能够高效地实现多种 DSP 应用。目前在数字通信、网络、视频和图像等应用领域，FPGA 已经成为数字信号处理系统的核心器件。除了查找表和寄存器，很多 FPGA 芯片中还具有多个专为高性能 DSP 而设计的硬件乘法器、加法器单元、高速输入/输出接口，甚至包含 DSP 专用的逻辑单元。这些硬件资源与片内的分布式存储器、块状存储器、处理器核、可编程逻辑可以高速互连，为用户提供高性能的 DSP 处理能力。

FPGA 所具有的大规模并行处理能力和可编程的灵活性使得 DSP 系统设计能获得极高的处理性能，并且能够适应日益变化的标准、协议和性能需求。相对于高端 DSP 处理器，使用 FPGA 可以提高集成度，降低系统成本。Xilinx、Altera 等公司提供的高性能 FPGA 器件、IP 核、嵌入处理器，已经成为 DSP 应用的高效替代方案，采用基于 Matlab 的系统级设计方式，使用方便。因此，对 FPGA 和硬件描述语言不熟悉的设计者可以使用 Matlab/Simulink 以及 FPGA 厂商提供的软件工具进行基于 FPGA 的 DSP 设计。

另外，主要的 FPGA 厂商和第三方 IP 设计公司都在提供越来越多的 DSP IP 核，利用这些资源，设计者可以将精力集中在高层次设计上，无须关心底层模块的实现细节，缩短开发周期，减小开发成本。

3. 可重配置计算系统

可重配置计算又称为自适应计算，是一种新型的、介于 ASIC 和通用处理器之间的计算模式，这种计算模式同时具有硬件的灵活性和软件的可编程性，可以配置各种系统实现的模式和参数，包括：处理器个数、互连机制、存储器容量与使用模式、外部设备与接口、高级语言编程、操作系统支持，等等。

这种计算结构的硬件一般由多个可重配置的功能单元、处理器和互连结构组成。FPGA 是目前可重配置计算硬件中的关键部件，它可以很容易的通过重新下载配置信息来改变功能，这样就可以将多项工作利用同一个 FPGA 芯片以时分复用的方式分别完成，用较小规模的 FPGA 芯片实现更大规模的数字系统。

更重要的是，可重配置逻辑可以配置成不同的功能，从而为不同的应用和计算提供硬件支持。因此可重配置计算要求硬件具有动态可重配置的能力，即能够实时更新 FPGA 器件的全部或部分逻辑。在对部分逻辑功能进行更新时，不影响期间中其他逻辑单元的正常工作。因此，FPGA 器件的动态可重配置能力是可重配置计算的实现基础，目前少量高端的 FPGA 芯片能够在一定程度上支持动态可重配置。

4. 基于网络的可重配置逻辑

基于网络的可重配置逻辑，其中网络主要指的是 Internet，也可以是无线网络、电话网络、或其他的网络连接机制。基于 Internet 的可重配置逻辑（IRL）是 Xilinx 倡导的一种新的 FPGA 设计理念，这种技术的核心是通过 Internet 对远程设备的硬件设计和软件程序进行升级、重构、调试和监控。

一般来说，IRL 功能应该具有如下功能：网络接入功能（包括硬件接口和协议栈）、网络数据交换功能、FPGA 配置功能（可能需支持 JTAG 模式）、故障恢复功能等。在嵌入式 Internet 技术和处理器的支持下，这些功能目前已经可以实现，甚至可以使用 FPGA 内嵌的处理器核来实现。

设备厂商可以通过 Internet 访问远程目标机，通过 HTTP、FTP 等网络协议实现数据、文件传输和交互控制的功能。从而实现设备或产品的远程监控、调试、维护、修复、升级等操作。

采用 IRL 技术将给设备厂商带来几个好处：缩短产品上市时间、减少产品维护费用、延长产品生命周期。随着嵌入式系统和 Internet 技术的蓬勃发展，这种设计理念必将对嵌入式设备的设计模式产生深远的影响。

5. IP 核的开发与复用

数字系统一般由多个功能模块构成，其中很多模块是通用的，FPGA 和 EDA 厂商预先设计调试好这些通用单元，构成具有自主知识产权的功能模块，称之为 IP 核。IP 核的开发和复用技术是 FPGA 高级应用的技术基础和强有力的支持。

IP 复用技术是指在设计过程中，通过继承、共享或购买所需的 IP 核，然后再利用 EDA

工具进行设计、综合和验证，从而加速系统的设计过程，降低开发风险。由于系统设计复杂性的提高以及上市时间方面的压力，设计者不断寻求有效的设计方法，以缩短设计周期，提高设计效率。使用大容量 FPGA 进行复杂数字系统设计时，采用 IP 核复用技术是十分必要的，并且正在逐渐成为系统设计的重要手段，从而缩短设计周期和上市时间，降低风险，减小投入，提高系统的性能和可靠性。

IP 核是 IP 复用的载体和核心内容，对于不同的应用需求、协议规范和行业标准，IP 核也涵盖了处理器、外设控制器、DSP 算法等多个方面。为了使 IP 核易于使用，其设计必须遵循一定的规范和准则。许多研究和开发组织不仅开发了许多 IP 核，还编写了详细的 IP 核编码风格和项目模板，并倡导使用标准的互连机制，规范各种 IP 核的接口标准。

9.6 CPLD

9.6.1 CPLD 概述

CPLD（Complex Programmable Logic Device，复杂可编程逻辑器件）是一种用户根据各自需要而自行构造逻辑功能的数字集成电路。其基本设计方法是借助集成开发软件平台，用原理图、硬件描述语言等方法，生成相应的目标文件，通过下载电缆（“在系统”编程）将代码传送到目标芯片中，实现设计的数字系统。

AMD 公司最早生产的带有宏单元的 PAL22V10 成为区分 PLD 的界限：若可编程逻辑器件包含的门数大于 PAL22V10 包含的门数，就可以认为是复杂 PLD。1985 年，美国 Altera 公司在 EPROM 和 GAL 器件的基础上，推出了可擦除可编程逻辑器件（简称 EPLD），其结构与 PAL、GAL 器件类似，但集成度比 GAL 器件高的多。随之各公司纷纷推出自己的 EPLD 产品，并形成系列。一般来说，EPLD 可以包括 GAL、EEPROM、FPGA、ispLSI、ispEPLD 等器件。随器件密度的增大，原来的 EPLD 产品已经称为 CPLD。将集成度达到某一要求的 PLD 产品都称为 CPLD。

9.6.2 CPLD 的基本结构

CPLD 的结构是基于乘积项（Product－Term）的，现在以Xilinx公司的 XC9500XL 系列芯片为例介绍 CPLD 的基本结构，如图 9.26 所示，其他型号的 CPLD 的结构与此非常类似。

CPLD 可分为 3 部分：功能模块（Function Block）、快速互连矩阵（FastCONNECT Ⅱ Switch Matrix）和 I/O控制模块。每个功能模块包括可编程与阵列、乘积项分配器和 18 个宏单元，功能模块的结构如图 9.27 所示。快速互连矩阵负责信号传递，连接所有的功能模块。I/O 控制模块负责输入输出的电气特性控制，比如可以设定集电极开路输出、三态输出等。图 9.26 中的 I/O/GCK，I/O/GSR，I/O/GTS 是全局时钟、全局复位和全局输出使能信号，这几个信号有专用连线与 CPLD 中每个功能模块相连，信号到每个功能模块的延时相同并且延时最短。

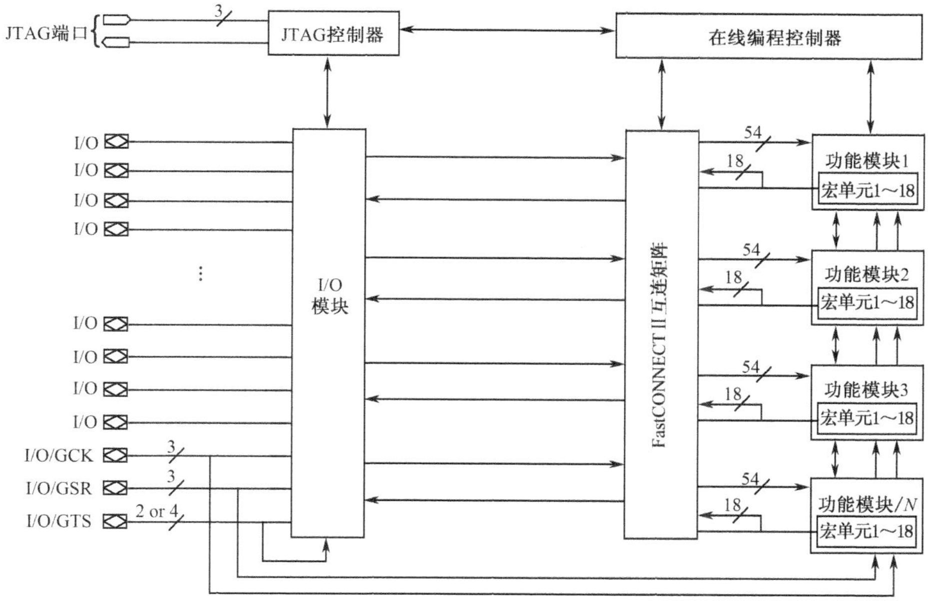

图 9.26　基于乘积项的 CPLD 内部结构

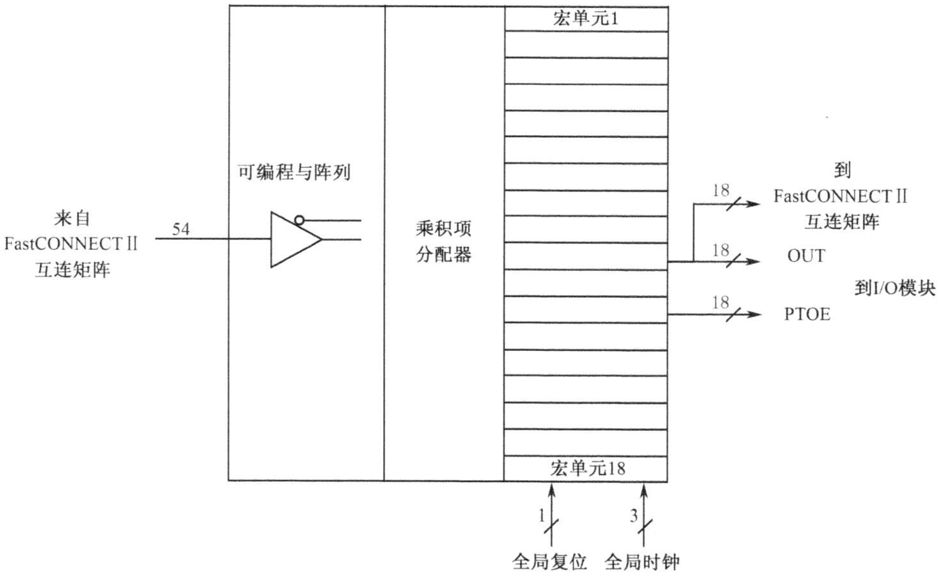

图 9.27　功能模块的结构

宏单元是 CPLD 的基本结构，由它来实现基本的逻辑功能。图 9.28 所示为宏单元的基本结构。图 9.28 中左侧是乘积项阵列，实际就是一个与或阵列，每一个交叉点都是可编程的，如果导通就实现“与”逻辑，与后面的乘积项分配器一起完成组合逻辑。图 9.28 右侧是一个可编程的触发器，可配置为 D 触发器或 T 触发器，它的时钟、清零输入都可以编程选择，可以使用专用的全局清零和全局时钟，也可以使用内部逻辑（乘积项阵列）产生的时钟和清零。如果不需要触发器，也可以将此触发器旁路，信号直接输出给互连矩阵或输出到 I/O 脚。

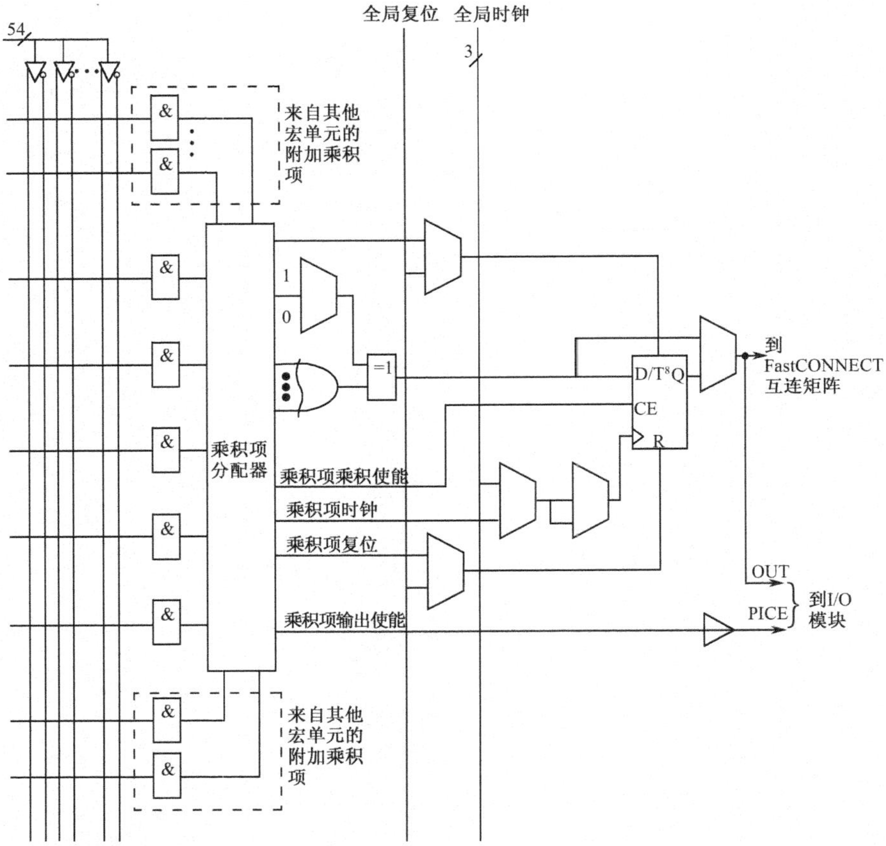

图 9.28 CPLD 的宏单元结构

9.6.3 CPLD 的设计流程

CPLD 的工作大部分是在电脑上完成的。以抢答器为例，打开集成开发软件(如 Altera 公司 Max+pluxII)→画原理图、写硬件描述语言（例如，VHDL 或 Verilog）→编译→给出逻辑电路的输入激励信号，进行仿真，查看逻辑输出结果是否正确→进行引脚输入、输出锁定（7128 的 64 个输入、输出引脚可根据需要设定）→生成代码→通过下载电缆将代码传送并存储在 CPLD 芯片中。7128 这块芯片各引脚已引出，将数码管、抢答开关、指示灯、蜂鸣器通过导线分别接到芯片板上，通电测试，当抢答开关按下，对应位的指示灯应当亮，答对以后，裁判给加分后，看此时数码显示加分结果是否正确，如发现有问题，可重新修改原理图或硬件描述语言，完善设计。设计好后，如批量生产，可直接复制其他 CPLD 芯片，即写入代码即可。如果要对芯片进行其他设计，如进行交通灯设计，要重新画原理图、或写硬件描述语言，重复以上工作过程，完成设计。这种修改设计相当于将房屋进行了重新装修，这种装修对 CPLD 来说可进行上万次。

9.6.4　CPLD 的常用芯片

经过几十年的发展，许多公司都开发出了 CPLD 可编程逻辑器件。比较典型的就是 Altera、Lattice、Xilinx 世界三大权威公司的产品，这里给出几种常用的芯片：

Altera	EPM7128S	(PLCC84)
Lattice	LC4128V	(TQFP100)
Xilinx	XC95108	(PLCC84)

9.7　HDL 语言

9.7.1　HDL 概述

HDL 语言（Hardware Description Language，HDL）以文本形式来描述数字系统硬件结构和行为，是一种用形式化方法来描述数字电路和系统的语言，可以从上层到下层来逐层描述自己的设计思想。即用一系列分层次的模块来表示复杂的数字系统，并逐层进行验证仿真，再把具体的模块组合由综合工具转化成门级网表，接下去再利用布局布线工具把网表转化为具体电路结构的实现。目前，这种自顶向下的方法已被广泛使用。概括地讲，HDL 语言包含以下主要特征：

- HDL 语言既包含一些高级程序设计语言的结构形式，同时也兼顾描述硬件线路连接的具体结构。
- 通过使用结构级行为描述，可以在不同的抽象层次描述设计。HDL 语言采用自顶向下的数字电路设计方法，主要包括 3 个领域 5 个抽象层次。
- HDL 语言是并行处理的，具有同一时刻执行多任务的能力。这和一般高级设计语言（如 C 语言等）串行执行的特征是不同的。

HDL 语言具有时序的概念。一般的高级编程语言是没有时序概念的，但在硬件电路中从输入到输出总是有延时存在的，为了描述这一特征，需要引入时延的概念。HDL 语言不仅可以描述硬件电路的功能，还可以描述电路的时序。

Verilog HDL 和 VHDL 是目前世界上最流行的两种硬件描述语言，均为 IEEE 标准，被广泛地应用于基于可编程逻辑器件的项目开发。两者都是在 20 世纪 80 年代中期开发出来的，前者由 Gateway Design Automation 公司（该公司于 1989 年被 Cadence 公司收购）开发，后者由美国军方研发。

9.7.2　HDL 开发流程

用 VHDL/VerilogHDL 语言开发 PLD/FPGA 的完整流程为：

① 文本编辑：用任何文本编辑器都可以进行，也可以用专用的 HDL 编辑环境。通常 VHDL 文件保存为.vhd 文件，Verilog 文件保存为.v 文件。

② 功能仿真：将文件调入 HDL 仿真软件进行功能仿真，检查逻辑功能是否正确（也叫前仿真，对简单的设计可以跳过这一步，只在布线完成以后，进行时序仿真）。

③ 逻辑综合：将源文件调入逻辑综合软件进行综合，即把语言综合成最简的布尔表达式和信号的连接关系。逻辑综合软件会生成.edf（edif）的 EDA 工业标准文件。

④ 布局布线：将.edf 文件调入 PLD 厂家提供的软件中进行布线，即把设计好的逻辑安放到 PLD/FPGA 内。

⑤ 时序仿真：需要利用在布局布线中获得的精确参数，用仿真软件验证电路的时序（也叫后仿真）。

⑥ 编程下载：确认仿真无误后，将文件下载到芯片中。

9.7.3 Verilog HDL 语言

Verilog HDL 既是一种行为描述语言，也是一种结构描述语言。如果按照一定的规则和风格编写代码，就可以将功能行为模块通过工具自动转化为门级互连的结构模块。这意味着利用 Verilog 语言所提供的功能，就可以构造一个模块间的清晰结构来描述复杂的大型设计，并对所需的逻辑电路进行严格的设计。

【例 9.4】 用 Verilog HDL 实现 4 位全加器。

解：
```
module adder4(cout,sum,ina,inb,cin);
output[3:0] sum;
output cout;
input[3:0] ina,inb;
input cin;
assign {cout,sum}=ina+inb+cin;
endmodule
```

【例 9.5】 用 Verilog HDL 实现“与-或-非”门电路。

解：
```
module AOI(A,B,C,D,F);        //模块名为 AOI(端口列表 A B C D F)
input A,B,C,D;        //模块的输入端口为 A B C D
output F;        //模块的输出端口为 F
wire A,B,C,D,F;                        //定义信号的数据类型
assign   F= ~((A&B)|(C&D));   //逻辑功能描述
endmodule
```

9.7.4 VHDL

VHDL 的英文全名是 Very-High-Speed Integrated Circuit Hardware Description Language，超高速集成电路硬件描述语言，诞生于 1982 年。VHDL 主要用于描述数字系统的结构、行为、功能和接口。除了含有许多具有硬件特征的语句外，VHDL 的语言形式和描述风格与句法是十分类似于一般的计算机高级语言。VHDL 的程序结构特点是将一项工程设计（或称设计实体，可以是一个元件，一个电路模块或一个系统）分成外部（或称可视部分及端口）和内部（或称不可视部分），即涉及实体的内部功能和算法完成部分。在对一个设计实体定义了外部界面后，一旦其内部开发完成后，其他的设计就可以直接调用这个实体。这种将设计实体分成内外部分的概念是 VHDL 系统设计的基本点。

VHDL 语言目前在数字设计领域已为广大设计者所接受，众多 CAD 厂商纷纷使自己新

开发的电子设计软件与 VHDL 兼容，VHDL 语言成了电子设计工程师必须掌握的工具。在目前，CPU 和可编程逻辑器件已经成为数字系统的硬件基础，从事数字系统的设计必须掌握可编程逻辑器件的设计方法，而 VHDL 语言作为可编程逻辑器件 PLD 设计时最重要的输入方法，为所有可编程逻辑器件厂商所支持。因此要从事可编程逻辑器件的设计工作，必须掌握 VHDL 语言。

1. VHDL 的特点

（1）作为 HDL 的第一个国际标准，VHDL 具有很强的可移植性。

（2）具有丰富的模拟仿真语句和库函数。

（3）VHDL 有良好的可读性，接近高级语言，容易理解。

（4）系统设计与硬件结构无关。

（5）支持模块化设计。

（6）用 VHDL 完成的一个确定设计，可以利用 EDA 工具自动地把 VHDL 描述转变成门电路级网表文件。

（7）设计灵活，修改方便。

用 VHDL 设计电路主要的工作过程是：编辑、编译、功能仿真（前仿真）、综合、布局、布线 、后仿真（时序仿真）。

2. VHDL 的基本结构

一个 VHDL 程序必须包括实体（ENTITY）和结构体（ARCHITECTURE）。除实体和结构体外，多数程序还要包含库和程序包部分。实体中定义了一个设计模块的外部输入和输出端口，即模块（或元件）的外部特征，描述了一个元件或一个模块与其他部分（模块）之间的连接关系，可以看作是输入输出信号和芯片管脚信息。结构体主要用来说明元件内部的具体结构，即对元件内部的逻辑功能进行说明，是程序设计的核心部分。库是程序包的集合，不同的库有不同类型的程序包。程序包用来定义结构体和实体中要用到的数据类型、元件和子程序等。

【例 9.6】　用 VHDL 设计一个非门（反向器）。

解：非门即 y = a，设反相器的 VHDL 的文件名是 not1.vhd，其中的.vhd 是 VHDL 程序文件的扩展名。程序结构如下：

```
--库和程序包部分
LIBRARY IEEE;                           --打开 IEEE 库
USE IEEE.STD_LOGIC_1164.ALL;            --调用库中 STD_LOGIC_1164 程序包
--实体部分
ENTITY not1 IS                          --实体名为 not1
PORT (                                  --端口说明
a: IN     STD_LOGIC;                    --定义端口类型和数据类型
y: OUT    STD_LOGIC);
END not1:                               --实体结束
--结构体部分
ARCHITECTURE inv OF not1 IS             --结构体名为 inv
```

```
BEGIN
y <= NOT a;                          --将 a 取反后赋值给输出端口 y
END inv;                             --结构体结束
```

这是一个完整的 VHDL 源程序实例。其中的第一部分是库和程序包，是用 VHDL 编写的共享文件，定义结构体和实体中要用到的数据类型、元件、子程序等，放在名为 IEEE 的库中。第二部分是实体，相当于定义电路单元的管脚信息。第三部分是结构体，用来描述电路的内部结构和逻辑功能。两条短划线是注释标识符，其右侧内容是对程序的具体注释，并不执行。所有语句都是以“；”结束，另外程序中不区分字母的大小写。

【例 9.7】 用 VHDL 设计一个判决器。

解： 判决器的 VHDL 源程序为：

```
library ieee;
use ieee.std_logic_1164.all;
use ieee.std_logic_unsigned.all;
entity panjueqi is
port(a : in std_logic_vector(2 downto 0);
b :in std_logic_vector(2 downto 0);
c :buffer std_logic --定义的是数据 buffer);
end panjueqi;
architecture bh of panjue is
begin
c<='1' when a>=b else '0'; --当 a>=b 时 c<='1'，其他 c<='0'
end bh;
```

本章小结

1．大规模集成电路是数字系统中的重要器件。本章重点介绍可编程逻辑器件 GAL、FPGA 和 CPLD。

2．可编程逻辑器件 PLD 电路的主体是由门构成的“与门阵列”和“或门阵列”，可以实现组合逻辑函数。通常的 PLD 电路只有部分可编程。PLD 早期产品有 PROM、PLA、PAL 和 GAL 四种结构，近期产品有 pLSI 和 ispLSI。

3．现场可编程门阵列（FPGA）是 20 世纪 80 年代中期出现的一种新型可编陈逻辑器件。它由若干独立的可编程逻辑模块组成，用户可以通过编程将这些模块连接成所需要的数字系统。因为这些模块的排列形式和门阵列中单元的排列形式相似，所以沿用门阵列这个名称。FPGA 属于高密度 PLD，其集成度高达几万门/片。

FPGA 通常包括三类可编程资源。

可编程逻辑模块（CLB）、可编程输入/输出模块（IOB）、可编程内部互连（PI）。

4．CPLD 可分为 3 部分：功能模块、快速互连矩阵和 I/O控制模块。

5．HDL 语言以文本形式来描述数字系统硬件结构和行为，是一种用形式化方法来描述数字电路和系统的语言。

6．Verilog HDL 和 VHDL 是目前世界上最流行的两种硬件描述语言。

习题 9

9.1　可编程阵列逻辑 PAL

1．PAL 的常用输出结构有（　　　）、（　　　）、（　　　）和（　　　）4 种。

2．字母 PAL 代表（　　　）。

3．PAL 与 PROM、EPROM 之间的区别是（　　　）。

（a）PAL 的与阵列可充分利用

（b）PAL 可实现组合和时序逻辑电路

（c）PROM 和 EPROM 可实现任何形式的组合逻辑电路

4．具有一个可编程的与阵列和一个固定的或阵列的 PLD 为（　　　）。

（a）PROM　　（b）PLA　　（c）PAL

5．一个三态缓冲器的三种输出状态为（　　　）。

（a）高电平、低电平、接地　　（b）高电平、低电平、高阻态

（c）高电平、低电平、中间状态

6．查阅资料，确定下面各 PAL 器件的输入端个数、输出端个数及输出类型。

（a）PAL12H6　　（　　　）（　　　）（　　　）

（b）PAL20P8　　（　　　）（　　　）（　　　）

（c）PAL16L8　　（　　　）（　　　）（　　　）

9.2　通用阵列逻辑 GAL

1．GAL 具有（　　　）

（a）一个可编程的与阵列、一个固定的或阵列和可编程输出逻辑

（b）一个固定的与阵列和一个可编程的或阵列

（c）一次性可编程与或阵列

（d）可编程的与或阵列

2．GAL16V8 具有（　　　）种工作模式。

3．GAL16V8 在简单模式工作下有（　　　）种不同的 OLMC 配置；在寄存器模式工作下有（　　　）种不同的 OLMC 配置；在复杂模式工作下有（　　　）种不同的 OLMC 配置。

4．GAL16V8 具有（　　　）。

（a）16 个专用输入和 8 个输出

（b）8 个专用输入和 8 个输出

（c）8 个专用输入和 8 个输入/输出

（d）10 个专用输入和 8 个输出

5．如果一个 GAL16V8 需要 10 个输入，那么，其输出端的个数最多是（　　　）。

（a）8 个　　（b）6 个　　（c）4 个

6．若用 GAL16V8 的一个输出端来实现组合逻辑函数，那么此函数可以是（　　　）与项之和的表达式。

（a）16 个　　（b）8 个　　（c）10 个

7．与、或、非、异或逻辑运算的 ABEL 表示法分别为（　　　）。

8．逻辑表达式 $F=AB+A\overline{B}+\overline{A}B$ 用 ABEL 语言描述时，应写为（　　　）。

9.3　CPLD、FPGA

1．PLD 器件的设计一般可分为（　　　）、（　　　）和（　　　）三个步骤以及（　　　）、（　　　）和（　　　）三个设计验证过程.

2．ISP 表示（　　　　）。

（a）在系统编程的

（b）集成系统编程的

（c）集成硅片程序编制器

3．CPLD 表示（　　　　）。

（a）简单可编程逻辑阵列　　（b）可编程交互连接阵列

（c）复杂可编程逻辑阵列　　（d）现场可编程逻辑阵列

4．FPGA 是（　　　　）。

（a）快速可编程门阵列　　（b）现场可编程门阵列

（c）文档可编程门阵列　　（d）复杂可编程门阵列

5．FPGA 是采用（　　　　）技术实现互连的。

（a）熔丝　　（b）CMOS

（c）EECMOS　　（d）SRAM

6．PLD 的开发需要有（　　　　）的支持。

（a）硬件和相应的开发软件

（b）硬件和专用的编程语言

（c）开发软件

（d）专用的编程语言

第 10 章　实验与实训

实验 1　门电路逻辑变换及功能测试

一、实验目的

① 熟悉数字实验系统的使用方法。
② 掌握各种门电路的逻辑符号，熟悉集成电路外引线排列图。
③ 验证常用集成门电路的逻辑功能。
④ 掌握各种逻辑变换。

二、实验原理

集成逻辑门电路是最基本的数字集成器件，将它们进行适当连接，可以构成任何复杂的组合逻辑电路和时序逻辑电路。在电子工程中，为了掌握电路的逻辑功能，了解芯片是否完好，常需对集成电路进行测试。其测试手段除可用集成电路测试仪测试外，还可以自接测试电路。测试门电路逻辑功能有两种方法：

① 静态测试法。给门电路输入端加固定的高、低电平，用万用表或发光二极管测出门电路的输出状态。

② 动态测试法。给门电路输入端加连续脉冲信号，用示波器观测输入、输出波形间的同步关系。

本试验选用 TTL 门电路中应用较为广泛的 74LS（低功耗肖特基）系列为例进行，该电路具有工作速度快、种类多、不宜损坏等优点。对于双列直插式封装形式的电路，识别其引脚时，将其正面凹口朝左放置，左下角即为第 1 引脚，其他引脚逆时针依次排列。至于各引脚的逻辑功能，可查阅相关手册获得。TTL 电路所使用电源电压 V_{CC} 为直流电压“+5V”。

任何逻辑函数均包含三种基本运算：逻辑“与”、逻辑“或”、逻辑“非”，因此，用“与”门、“或”门、“非”门可以构成具有任意逻辑功能的电路。利用逻辑代数的基本规则，可将任意函数化简为“与非”表达式，并用实际中被大量应用的“与非”门来加以实现，是很有实际意义的。实验图 1.1 说明用“与非”门来实现“与”、“或”、“非”三种基本逻辑的方法。

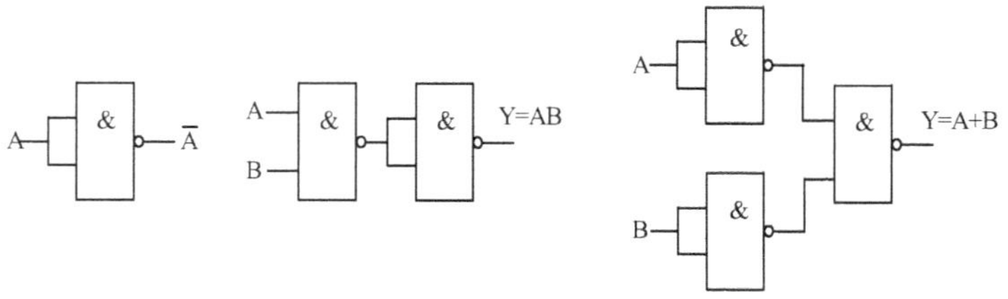

实验图 1.1　逻辑电路图

三、试验仪器及器材

① 数字电路试验系统。
② 直流稳压电源。
③ 双踪示波器。
④ 万用表。
⑤ 集成电路 74LS00、74LS04、74LS10、74LS32、74LS86、CMOS 电路等。

四、试验内容

1．验证 74LS00 的逻辑功能

74LS00 是四 2 输入与非门，实验图 1.2 中（a）为引脚排列图，（b）为逻辑符号。

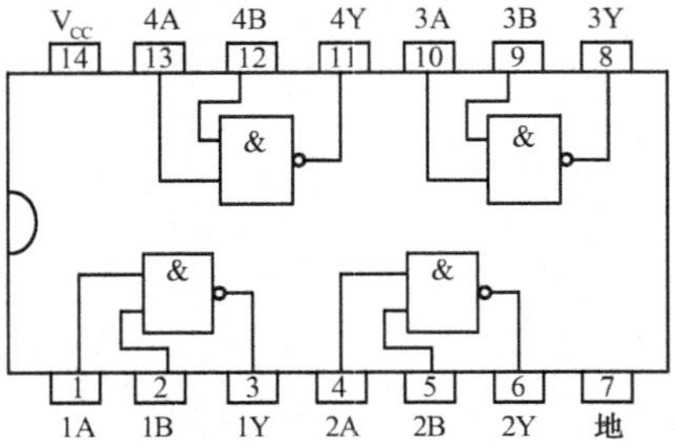

（a）引脚排列

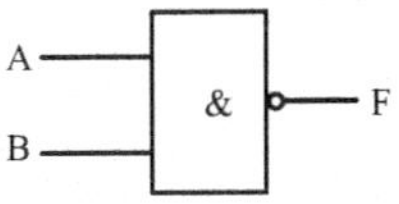

（b）逻辑符号

实验图 1.2　74LS00 外形引脚排列和与非门逻辑符号

将 74LS00 插入集成电路座中，加上电源电压：14 引脚（V_{CC}）接“+5V”，7 引脚（GND）接“地”（⊥）。按实验表 1.1 的要求，给其中一逻辑单元输入端加上信号 V_A，V_B，将输出端接 LED 显示。观察并记录试验结果，填入实验表 1.1。

实验表 1.1　74LS00 功能测试

输入		输出	
V_A	V_B	输出	输出状态说明
0	1		
0	1		
1	0		
1	1		
0	悬空		
1	悬空		
悬空	0		
悬空	1		
悬空	悬空		

2．组成“非”运算电路

3．组成“与”运算电路

① 根据逻辑表达式：$Y=AB=\overline{\overline{AB}}$ 可知，“与”门可由两个“与非”门组成。
② 画出“与”运算测试电路的实验接线图。

实验表 1.2

A	B	Y

③ 从逻辑电平开关处任取两位，作为 A、B 信号输入（往上拨输出 1，往下拨输出 0 ），在电平显示处任选一个指示灯用来显示实验结果（灯亮为 1，灯不亮为 0），填入实验表 1.2。

4．组成“或”运算电路

① 根据摩根定律，“或”逻辑表达式：$Y=A+B=\overline{\overline{A}\cdot\overline{B}}$，即可由三个“与非门”组成“或”门。
② 画出“或”运算测试电路的实验接线图。
③ 从逻辑电平开关处任取两位，作为 A、B 信号输入，在电平显示处任选一个指示灯用来显示实验结果，填入自制表格。

5．组成“与或”运算逻辑电路

$$Y=AB+CD$$

6．组成“异或”门（或同或门）

$$Y=A\oplus B=\overline{\overline{\overline{A}B}\cdot\overline{A\overline{B}}}$$

7*．组成“禁止”门

$$Y=(AB+CD)\overline{E}$$

8*．验证 74LS04 的逻辑功能

74LS04 为六反相器（非门），实验图 1.3 中（a）为引脚排列图，（b）为逻辑符号。

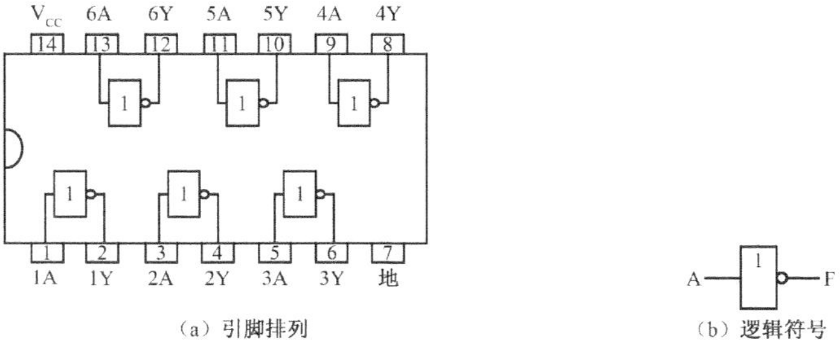

实验图 1.3　74LS04 外形引脚排列和与非门逻辑符号

将 74LS04 插入集成电路座中，加上电压：14 引脚（V_{CC}）接“+5V”，7 引脚（GND）接“地（⊥）”。

注意：不要将“电源”和“地”接反，否则集成块容易烧坏。

按实验表 1.3 的要求，给其中一逻辑单元输入端加上输入信号 V_{IN}（逻辑电平 1 或 0），将输出端接 LED 显示：输出高电平“1”时灯亮、输出低电平“0”时灯灭。观察并记录试验结果，填入表中。

实验表 1.3　74LS04 功能测试

输入	输出	输出状态说明
0		
1		

9*．查手册一

通过集成电路手册查找以下器件的逻辑符号与外引线功能图：74LS08（四 2 输入与门）、74LS10（三 3 输入与非门）、74LS32（四 2 输入或门）、74LS86（四 2 输入异或门），参考试验步骤 1 和 2，进行功能验证。自己设计表格，将试验结果填入表中。

10*．查手册二

通过集成电路手册查找与以上器件逻辑功能相同的 CMOS 型集成电路的型号、逻辑符号与外引线功能图，进行功能验证。自己设计表格，将试验结果填入表中。

五、试验报告要求

1．根据实验结果对集成电路逻辑功能进行说明。
2．根据实验结果对 TTL 电路输入端“悬空”这一处理方式进行总结。
3．总结在使用数字电路试验系统过程中出现的问题及解决方法和步骤。
4*．比较 TTL 型器件与 CMOS 型器件电源电压的不同，说明其区别。

实验 2　TTL 门电路主要参数测试

一、实验目的

① 了解 TTL 集成逻辑门各参数的意义。
② 掌握 TTL 集成逻辑门主要参数的测试方法。
③ 掌握 TTL 器件的使用规则。

二、实验原理

随着现代电子技术的飞速发展，集成电路具有体积小、重量轻、可靠性高、寿命长、功耗小、成本低和工作速度快等优点，因此，它在数字电路领域中几乎取代所有分立元件电路。集成逻辑门是构成各种数字电路的基本逻辑单元，而 TTL 与非门是目前使用较普遍的一种基本逻辑门电路。逻辑门主要参数的测量是选择、判断器件与设计数字电路时必须掌握的。

本实验以二–4 输入与非门 74LS20 集成芯片为例进行参数测试，其外形引脚排列及逻辑符号如实验图 2.1 所示。

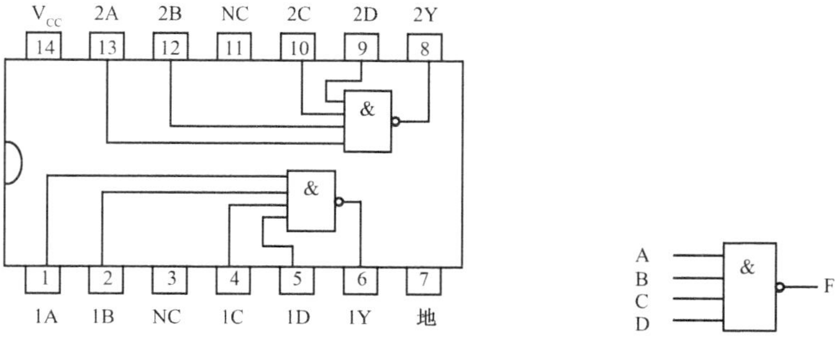

（a）引脚排列　　（b）逻辑符号

实验图 2.1　74LS20 外形引脚排列和逻辑符号

描述 74LS20 与非门电路的主要参数有：

① 导通电源电流 I_{CCL}。导通电源电流又叫空载导通电流，是指输入端全部悬空、输出端空载、与非门工作在导通状态时电源供给的电流。I_{CCL} 的大小标志着门电路的功耗 P_L 的大小，$P_L=V_{CC}\cdot I_{CCL}$。门电路导通时的功耗 P_{ON} 大于截止时的功耗 P_{OFF}。74LS20 的 $I_{CCL}\leqslant 14$mA，即 $P_{ON}\leqslant 70$mW。

② 低电平输入电流 I_{IS}。又叫输入短路电流，是指一个输入端接地、其余输入端悬空时流出接地输入端的电流。I_{IS} 的大小直接影响前一级门电路所带负载的个数。一般 $I_{IS}\leqslant 1.6$ mA。

③ 高电平输入电流 I_{IH}。又叫输入漏电流，是指一个输入端接高电平，其余输入端接地时流入接高电平输入端的电流，该电流主要为前一级门输出为高电平时的拉电流。74LS20 的 $I_{IH}\leqslant 50$ μA。

④ 输出高电平 V_{OH}。是指与非门有一个以上输入端接地或接低电平时的输出电平值。此时门电路工作于截止状态。如果输出空载，V_{OH} 约为 3.6V；若输出接拉流负载，V_{OH} 将下降。74LS20 的 $V_{OH}\geqslant 2.4$V。

⑤ 输出低电平 V_{OL}。是指与非门的所有输入端均接高电平时的输出电平值。此时门电路工作于导通状态。如果输出空载，V_{OL} 约为 0.1V；若输出接灌流负载，V_{OL} 将上升。74LS20 的 $V_{OL}\leqslant 0.4$V。

⑥ 开门电平 V_{on}。是指与非门输出处于额定低电平时允许输入高电平的最小值。测量时可取 $V_{OL}=0.4$V 所对应的输入电平作为 V_{on}，一般 $V_{on}\leqslant 1.8$V。

⑦ 关门电平 V_{off}。是指与非门输出处于高电平时允许输入低电平的最大值。测量时用 $V_{OH}=2.7$V（或 2.4V）所对应的输入电平作为 V_{off}。74LS20 的 $V_{off}\geqslant 0.8$V。

⑧ 扇出系数 N_O。指门电路所能驱动同类电路门的数目，是用来衡量门电路负载能力的一项参数。74LS20 的 $N_O\geqslant 8$，取 $V_{OL}=0.4$V。

⑨ 电压传输特性。是指输出电压 U_o 随输入电压 U_i 变化的关系曲线。

⑩ 平均传输延迟时间 t_{pd}。是衡量门电路开关速度的一个重要指标，按平均传输延迟时间的不同，TTL 门电路有中速、高速和超高速之分，一般中速门电路的 t_{pd} 为 10ns～50ns，高速为 2ns～10ns，超高速 $t_{pd}\leqslant 2$ns。

三、试验仪器与器材

① 数字电路试验系统。
② 直流稳压电源。
③ 双踪示波器。
④ 万用表。
⑤ 集成电路 74LS20、部分电阻、电位器等。

四、试验内容

1．输出高电平 V_{OH}、输出低电平 V_{OL} 的测试。测试电路如实验图 2.2（a）、（b）所示。适当设置输入端的状态，使输出分别为高电平 V_{OH}、低电平 V_{OL}，观察记录 V_{OH}、V_{OL} 的值。

2．导通电源电流 I_{CCL}、空载导通功耗 P_{ON}、空载截上功耗 P_{OFF} 的测试。测试电路如实验图 2.3 所示。

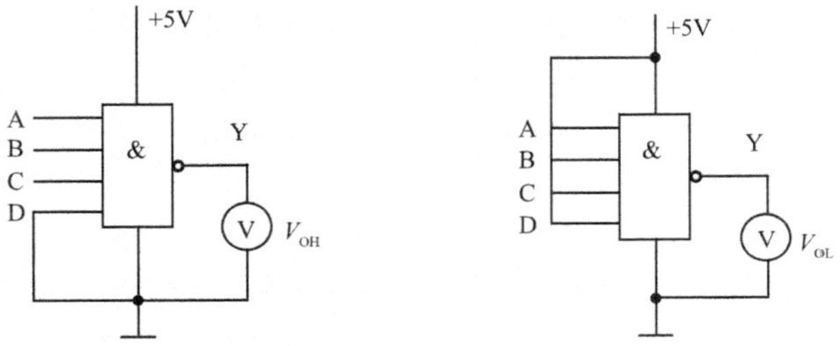

（a）测试电路一　（b）测试电路二

实验图 2.2　输出高、低电平测试电路

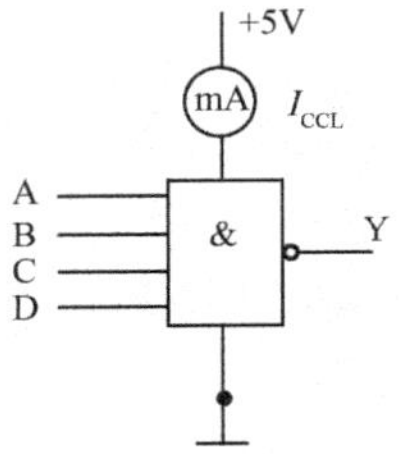

实验图 2.3　电流、功耗测试电路

当输出为低电平时，根据万用表的读数，读出此时电源电流的值，并求出空载导通功耗 P_{ON} 的值；当输出为高电平时（输入端送低电平信号），根据万用表的读数，读出此时电源电流的值，并求出空载截止功耗 P_{OFF} 的值。

3．低电平输入电流 I_{IS}、高电平输入电流 I_{IH} 的测试。测试电路如实验图 2.4（a）、（b）所示。当测量输入漏电流时，由于该值较小，应认真观察测量结果，准确记录。

（a）测试电路一　（b）测试电路二

实验图 2.4　输入电流测试电路

4．扇出系数 N_O 的测试。测试电路如实验图 2.5 所示。接通电源，调节电位器 R_L，使电压表读数为 0.4V，读出此时电流表的读数 I_o，根据 $N_O = I_o/I_{IS}$，确定扇出系数。

5．电压传输特性曲线的测试。测试电路如实验图 2.6 所示，根据实验结果，利用描点法绘制 74LS20 的电压传输特性曲线。

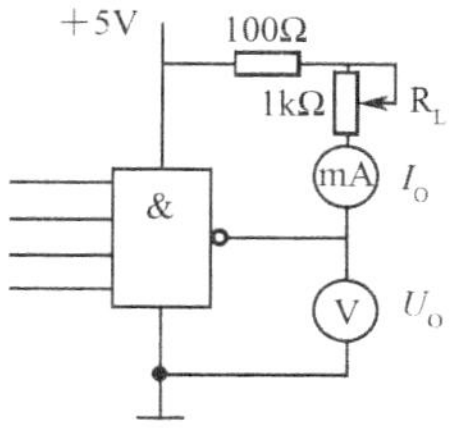

实验图 2.5　扇出系数测试

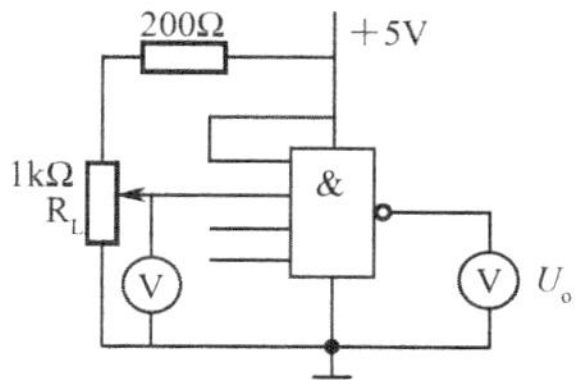

实验图 2.6　电压传输特性曲线测试

五、试验报告要求

① 记录整理实验所测数据，并对所测结果的对错进行直观的判断。

② 将获得的实验结果与理论值进行比较，分析误差存在的原因。

实验 3　OC 门和三态门

一、实验目的

① 掌握集电极开路门的使用方法。

② 掌握三态门的逻辑功能及使用方法。

二、实验原理

1．集电极开路门（OC 门）

在数字系统中，有时需要把两个或两个以上门电路的输出端连接起来，去完成一定的逻辑功能。但普通 TTL 门电路的输出是不允许直接连接的，因为它们的输出部分是推拉式电路结构。

集电极开路门就是将推拉式输出改为三极管集电极开路输出的特殊 TTL 电路。实验图 3.1（a）是与非型 OC 门的逻辑符号。OC 门在使用中必须外接集电极负载电阻 R_L 和电源 V_{CC}，才能获得正确的逻辑功能，且输出可以并联使用，构成一个简单的“线与”电路，如实验图 3.1（b）所示。它实现的功能为：

$$F=F_A \cdot F_B = \overline{A_1A_2} \cdot \overline{B_1B_2} = \overline{A_1A_2+B_1B_2}$$

即完成“与或非”的逻辑功能。

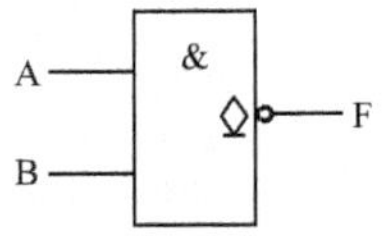

(a) OC与非门逻辑符号

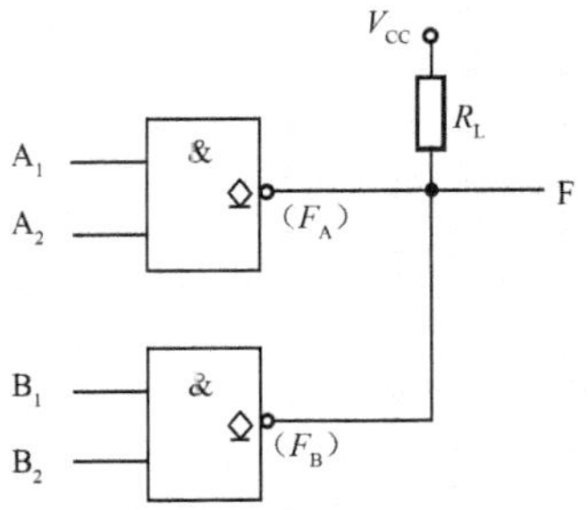

(b) 简单“线与”电路

实验图 3.1　OC 门

OC 门的应用主要有三个：①组成“线与”电路，完成某些特定的逻辑功能。②组成信息通道（总线），实现多路信息采集。③实现逻辑电平的转换，以驱动 MOS 器件、继电器、三极管等电路。

2. 三态门

TTL 三态输出门又叫 TS 门，与普通的 TTL 门电路相比，其输出端除了通常的高、低电平（均为低阻态）外，还有第三种状态—高阻态，处于这种状态时，电路与负载之间相当于开路。

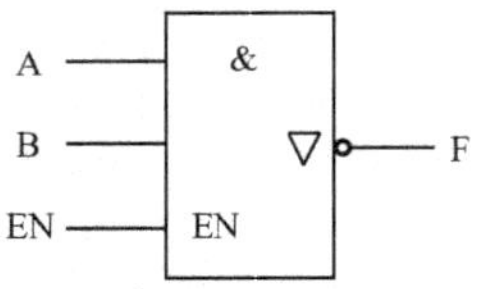

(a) EN高电平有效

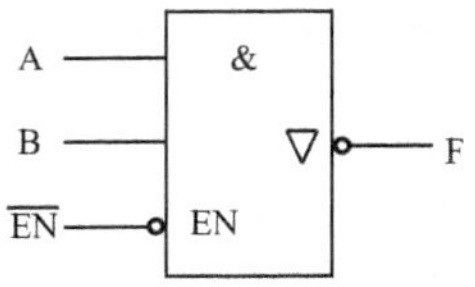

(b) EN低电平有效

实验图 3.2　三态门逻辑符号

实验图 3.2 所示是三态门的逻辑符号，它有一个控制端（又称禁止端或使能端）EN，(a) 中，当 EN=0 时，呈现高阻态；当 EN=1 时，电路实现正常与非功能，称做 EN 高电平有效。(b) 则相反，EN 低电平时有效。

三态电路最主要的用途是实现多路信息的采集，即用一个传输通道（总线）以选通的方式传送多路信号。

三、试验仪器与器材

① 数字电路试验系统。
② 直流稳压电源。
③ 双踪示波器。
④ 万用表。
⑤ 集成电路 74LS01、74LS00、74LS125、部分电阻、电位器。

四、试验内容与步骤

1. OC 门实验

本实验选用 74LS01 与非门（OC 门），其外引线排列如实验图 3.3（a）所示。

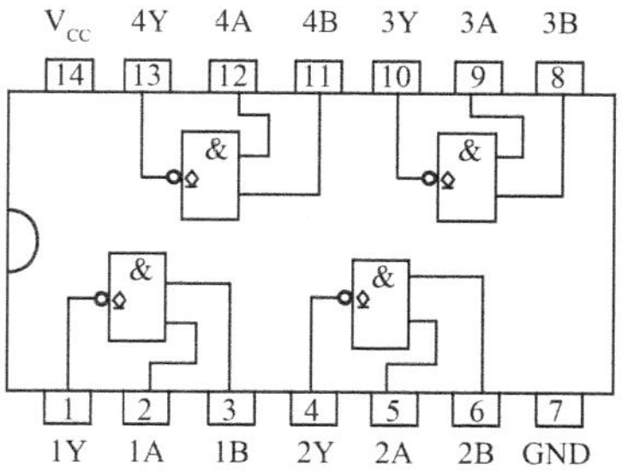

（a）外引线排列

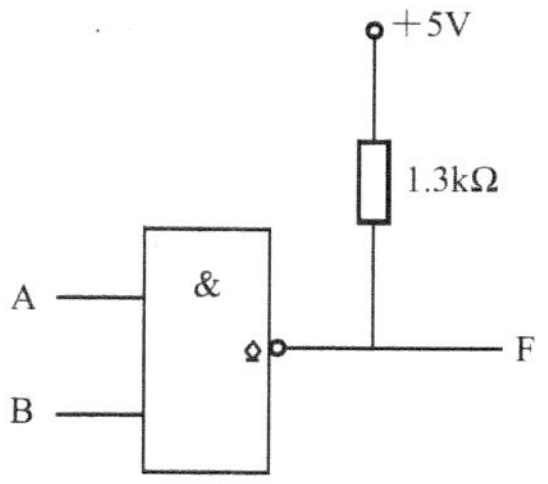

（b）连线图

实验图 3.3　74LS01

① 验证 74LS01OC 门的与非功能，按实验图 3.3（b）连线。

② 验证 OC 门的“线与”逻辑功能，按实验图 3.3（b）连线，R_L 取 1.3kΩ。列表记录测试结果。

③ OC 门负载电阻 R_L 的确定。参见课本有关内容，自己设计实验方案。

2. 三态门实验

本实验选用 74LS125 三态门，其外引线排列如实验图 3.4 所示。

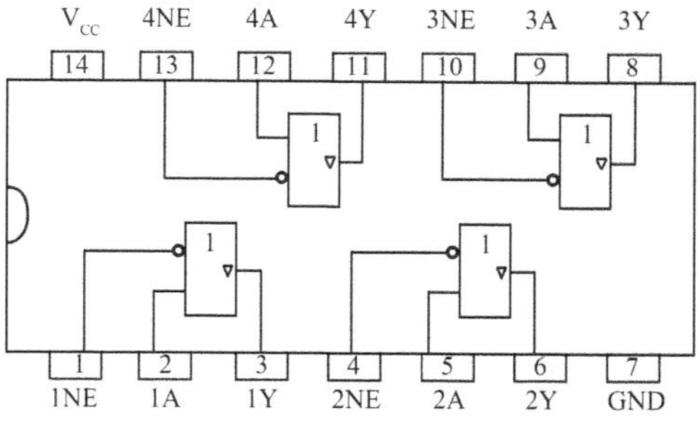

实验图 3.4　74LS125 外引线排列图

测试三态门的逻辑功能，并将测试结果填入实验表 3.1。

实验表 3.1

输入		输出
NE	A	Y
0	0	
0	1	
1	0	
1	1	

五、试验报告要求

① 记录整理实验所测结果。

② 画出实验电路。

③ 总结 OC 门、三态门与普通 TTL 门的相同与不同之处。

实验 4　组合逻辑电路

一、实验目的

① 熟悉组合逻辑电路的特点。

② 掌握组合逻辑电路分析与设计的方法及功能测试方法。

③ 观察组合电路的竞争冒险现象，探讨其消除方法。

二、实验原理

组合逻辑电路是重要的数字逻辑电路之一。电路特点是任意时刻的输出仅仅取决于同一时刻电路的输入，而与电路原来所处的状态无关，这是组合逻辑电路与时序逻辑电路（后述）的显著区别之一。

用集成电路进行组合逻辑电路设计的一般步骤是：

① 根据要求，确定输入变量（事件的起因）和输出变量（事件的结果），列出真值表。

② 得出最简逻辑表达式，并根据设计要求所指定的门电路或自选门电路，将最简逻辑表达式变换成与所指定或自选门电路相应的形式。

③ 画出逻辑电路图。

④ 用逻辑门连接成实际电路，调试并检验其逻辑功能；检查有无竞争冒险现象，若有则应予消除。

例：1 位数值比较器的逻辑电路图如实验图 4.1 所示：（使用 74LS01、04、86 芯片）

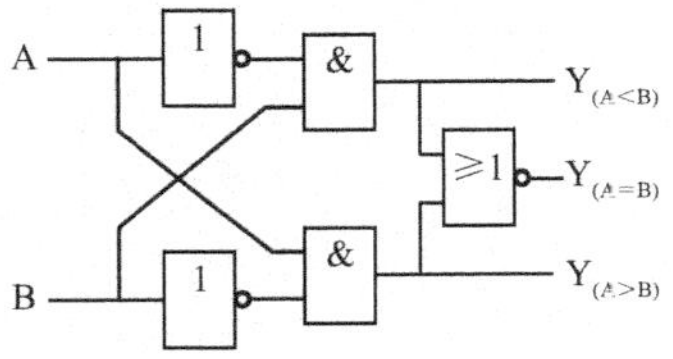

实验图 4.1　1 位数值比较器

三、实验仪器及器材

① 数字电路试验系统。

② 直流稳压电源。

③ 万用表。

④ 集成电路 74LS00、74LS10、74LS20、74LS86 等。

四、实验内容与步骤

1．设计一个 ABC 三人表决电路

该表决器的表决原则是：少数服从多数。要求用于非门实现（或自定）。
参考逻辑电路如实验图 4.2 所示。

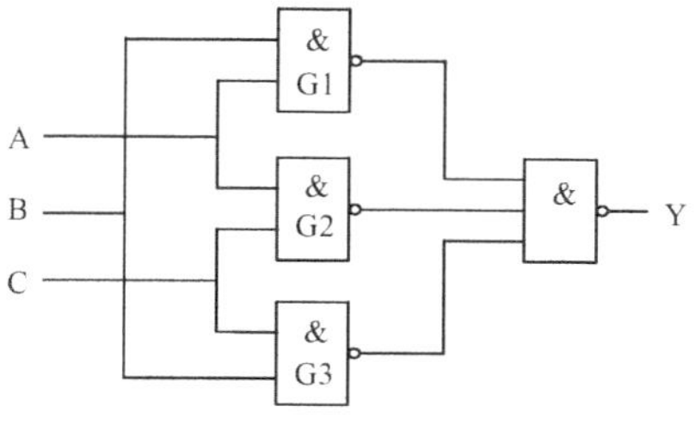

实验图 4.2　三人表决电路图

2．设计一个三变量相异电路，用与非门实现

$F=\overline{A}C+B\overline{C}+A\overline{B}=\overline{\overline{\overline{A}C+B\overline{C}+A\overline{B}}}=\overline{\overline{\overline{A}C}\cdot\overline{B\overline{C}}\cdot\overline{A\overline{B}}}$

参考逻辑电路如实验图 4.3 所示。

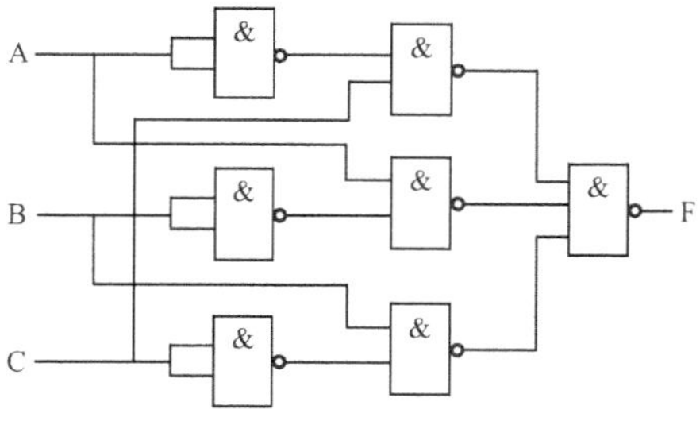

实验图 4.3　三变量相异电路图

3．设计一个 4 位奇偶校验电路

检验 4 个信号中含 1 的个数是奇数，还是偶数。要求用或门实现（或自定）。

4．设计一个一位全加器，分别用或非门和异或门实现

5*．设计一个电灯控制电路

要求用 3 个开关控制一个电灯，改变任何一个开关的状态都能控制电灯由亮变灭或由灭变亮。电路器件自定。

消除竞争冒险现象的方法通常有：接入滤波电容、引入选通脉冲和修改逻辑设计等。

五、实验报告要求

① 写出设计过程，画出实验电路图，并记录测试所得数据。

② 总结组合逻辑电路的设计方法。

实验5 译码显示电路

一、实验目的

① 熟悉译码器的逻辑功能及典型应用。
② 了解译码显示电路的构成原理。
③ 掌握BCD—七段译码/驱动器的使用方法。

二、实验原理

译码是将给定的代码翻译成相应输出信号或另一种形式代码的过程。能够完成译码工作的器件称作译码器。常见译码电路包括：二进制译码器、二–十进制译码器、显示译码器等。

1. 二进制译码器

如2–4线译码器74LS139；3–8线译码器74LS138等。

74LS138的外引线功能如实验图5.1所示。其中，A_0 A_1 A_2为3个译码输入端，$\overline{Y_0}\sim\overline{Y_7}$为8个译码输出端，低电平有效。$S_1$，$\overline{S_2}$，$\overline{S_3}$为使能选通端。当$S_1$ = "1"，$\overline{S_2}+\overline{S_3}$ = "0"时，不论输入A_2，A_1，A_0为何状态，$\overline{Y_0}\sim\overline{Y_7}$中将出现仅有一个为有效电平"0"，而且有效输出端的下标序号与输入二进制码所对应的十进制数相同。

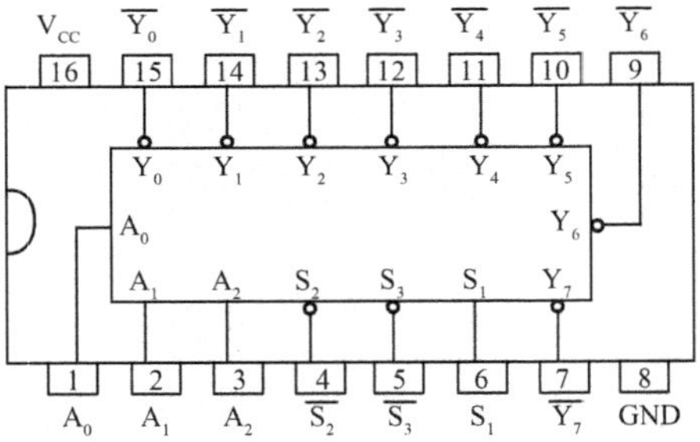

图5.1 74LS138外引线图

2. 二—十进制译码器

实现各种代码之间的转换，如BCD码–十进制译码器74LS145等。

3. 显示译码器

用来驱动各种数字显示器，如共阴极数码管译码驱动器74LS48（74LS248），如共阳极数码管译码驱动器74LS47（74LS247）。

74LS48与74LS248的差别仅在于前者输出信号可直接与数码管的对应笔画相连，而后者的每一路输出信号必须通过限流电阻（240Ω～1kΩ）连至数码管的对应笔段上。

74LS48与74LS248的差别仅在于前者输出信号可直接与数码管的对应笔画相连，而后者的每一路输出信号必须通过限流电阻（240Ω～1kΩ）连至数码管的对应笔段上。

LC5011 是一种共阴极的 LED 显示器件，引脚排列如实验图 5.2 所示。图中 DP 端表示小数点显示端。

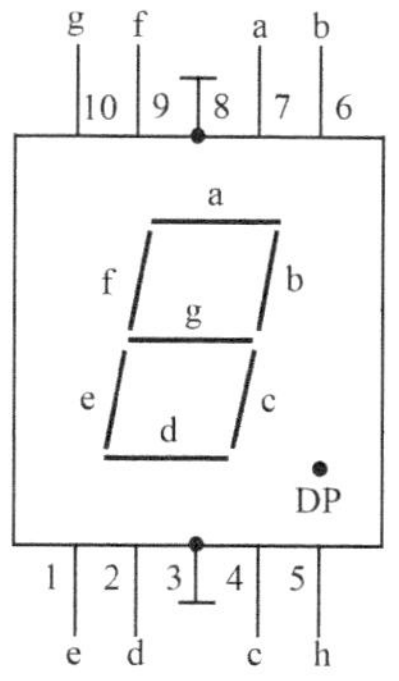

实验图 5.2　共阴极数码管 LC5011 引脚排列图

三、实验仪器及器材

① 数字电路试验系统。
② 直流稳压电源。
③ 双踪示波器。
④ 万用表。
⑤ 集成电路 74LS138、74LS145、74LS48、LC5011、部分电阻等。

四、实验内容与步骤

1. 测试 74LS138 的逻辑功能

根据本章介绍的相关知识，按照实验表 5.1 的要求，进行测试。

实验表 5.1

输入						输出							
S_1	$\overline{S_2}$	$\overline{S_3}$	A_2	A_1	A_0	$\overline{Y_7}$	$\overline{Y_6}$	$\overline{Y_5}$	$\overline{Y_4}$	$\overline{Y_3}$	$\overline{Y_2}$	$\overline{Y_1}$	$\overline{Y_0}$
0	×	×	×	×	×								
×	1	×	×	×	×								
×	×	1	×	×	×								
1	0	0	0	0	0								
1	0	0	0	0	1								
1	0	0	0	1	0								
1	0	0	0	1	1								
1	0	0	1	0	0								
1	0	0	1	0	1								
1	0	0	1	1	0								
1	0	0	1	1	1								

2. 画出实验电路连接图

利用课本上介绍的译码器功能扩展方法，利用两片74LS138完成4—16线译码功能。

3. 按照实验图5.3验证74LS145的逻辑功能

按动拨码开关，观察输出 LED 是否和拨码开关所指示的十进制数字一致。记录实验结果。

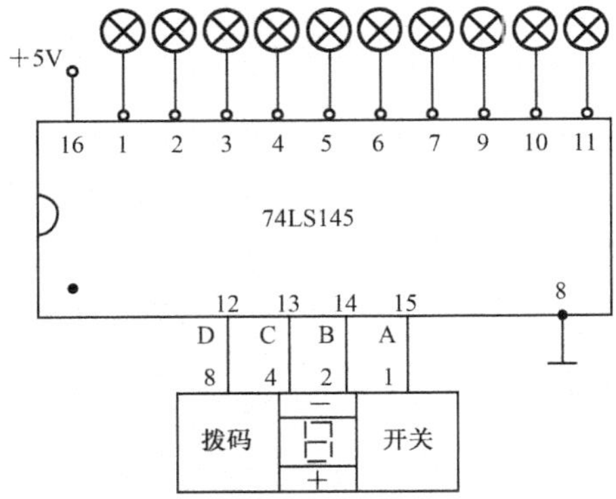

图5.3 BCD码—十进制译码器实验线路图

4. 记录实验结果

将译码驱动器74LS248和共阴极数码管LC5011插入实验箱空IC插座中，按实验图5.4接线，接通电源后，观察数码管显示结果是否和拨码开关指示数据一致。

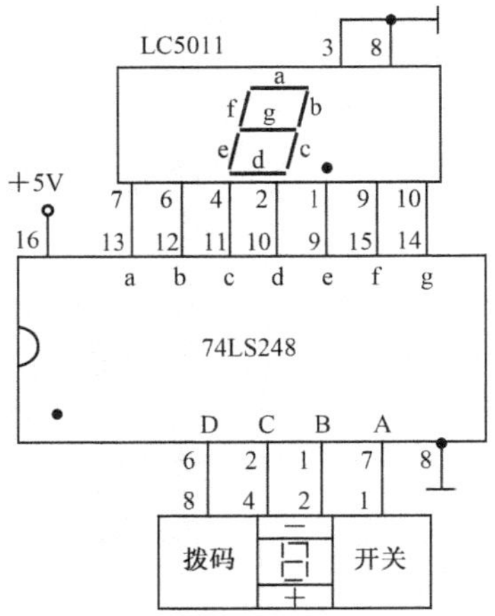

图5.4 译码显示实验图

五、实验报告要求

① 画出各实验线路图及相关表格。

② 记录和整理实验数据和结果，并总结收获。

③ 总结用集成电路进行各种扩展电路的方法。

实验 6　数据选择器

一、实验目的

① 熟悉数据选择器工作原理，掌握逻辑功能。
② 熟悉数据选择器的典型应用。

二、实验原理

数据选择器又称多路选择器、多路开关。它是一个多输入、单输出的组合逻辑电路。数据选择器在地址码（或叫选择控制）电位的控制下，从多个数据中选择一个，并将其送到输出端。它在计算机和数字通信中，被广泛用于多输入单输出的数据传输网络。

74LS153 为双 4 选 1 数据选择器，该电路逻辑表达式为：

$$Y=(\overline{A_1}\,\overline{A_0}D_0+\overline{A_1}A_0D_1+A_1\overline{A_0}D_2+A_1A_0D_3)\overline{ST}$$

它包括两个完全相同的 4 选 1 数据选择器，实验图 6.1 所示是它的引脚图。其中 A_1、A_0 是两个数据选择器公共的地址输入端；D_0 ～ D_3 是 4 个数据输入端；Y 为输出端。$\overline{S}$ 是电路的选通端。当 $\overline{S}$=0 时，电路具有四选一功能；当 $\overline{S}$=1 时，Y =0。

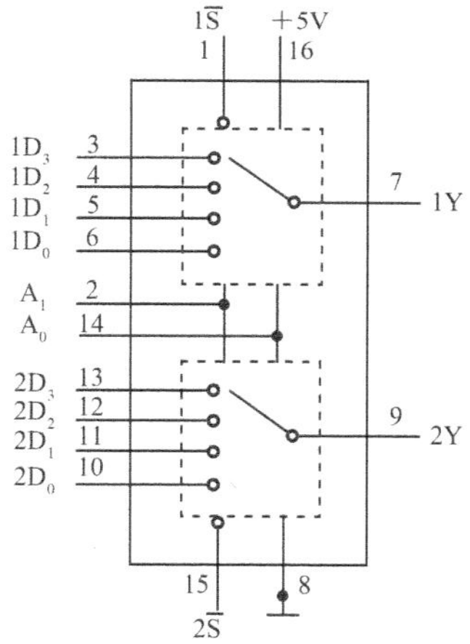

实验图 6.1　74LS153 的引脚图

数据选择器的主要应用包括：

① 多路信号共用一路通道传输。

② 并行码输入变成串行码输出。

③ 实现逻辑函数。

④ 组成数码比较电路。利用数据选择器可以对一位二进制数进行比较。设进行比较的两个数分别为 A 和 B，将它们分别接至数据选择器的地址输入端，按照实验图 6.2 方式连接，当 A>B 时，1Y 输出为 1；当 A<B 时，2Y 输出为 1；当 A=B 时，输出均为 0。

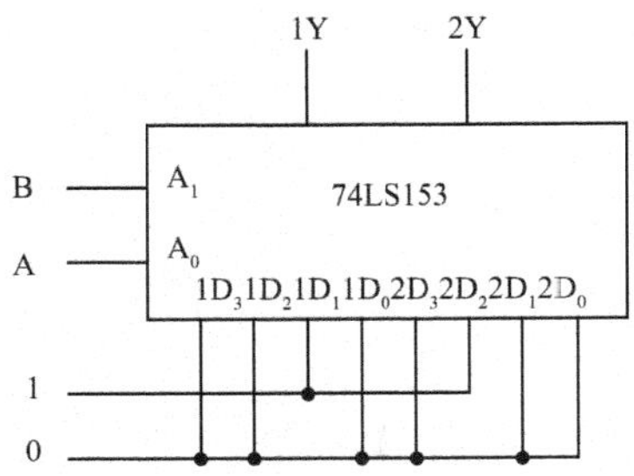

实验图 6.2　数码比较电路连线图

三、实验仪器及器件

① 数字电路试验系统。
② 直流稳压电源。
③ 万用表。
④ 集成电路 74LS153、74LS00、74LS04 等。

四、实验内容

1．验证 74LS153 的逻辑功能，填入实验表 6.1。

实验表 6.1

输入							输出
$\bar{S}$	A_1	A_0	D_3	D_2	D_1	D_0	Y
1	×	×	×	×	×	×	
0	0	0	×	×	×	0	
0	0	0	×	×	×	1	
0	0	1	×	×	0	×	
0	0	1	×	×	1	×	
0	1	0	×	0	×	×	
0	1	0	×	1	×	×	
0	1	1	0	×	×	×	
0	1	1	1	×	×	×	

2．利用 74LS153 完成全加器的逻辑功能。按照实验图 6.3 方式连接。

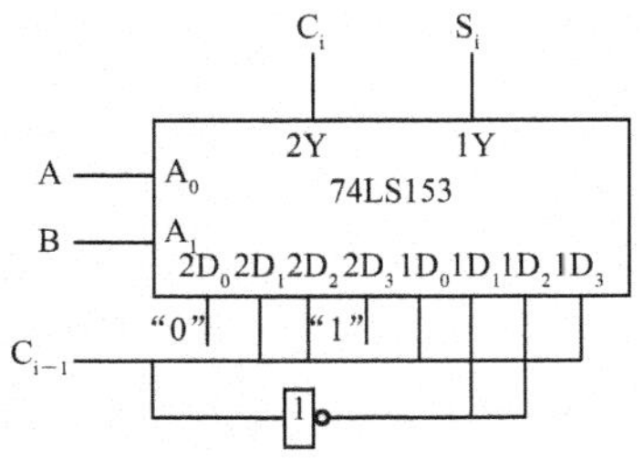

实验图 6.3　全加器电路连线图

3．利用 74LS153 完成 8 选 1 的逻辑功能。

4．利用 74LS153 及外围电路，实验逻辑函数：

$$F=ABC+\overline{A}\overline{B}+\overline{A}C$$

5．验证数据选择器的数值比较功能。

五、实验报告要求

① 画出各实验电路图及相关表格。

② 记录、整理实验数据。

实验 7　触发器逻辑功能测试

一、实验目的

① 熟悉常用触发器的逻辑功能及测试方法。

② 了解触发器逻辑功能的转换。

③ 掌握触发器的基本应用。

二、实验原理

触发器是构成时序逻辑电路的基本单元，它的两个基本特点是：①可以维持在两种稳定状态（0 或 1 状态）之一而保持不变；②在不同的输入信号（电平和时钟脉冲）下，可以从一种稳态转变成另一种稳态 。因此，触发器能够记忆一位二进制信息 0 或 1，被用做二进制的存储单元。

触发器可以根据时钟脉冲输入分为两大类：一类是没有时钟输入的触发器，称为基本触发器；另一类是有脉冲输入端的触发器，成为时钟触发器。

三、实验仪器与器材

① 数字电路试验系统。

② 直流稳压电源。

③ 双踪示波器。

④ 万用表。

⑤ 集成电路：74LS00、74LS74、74LS112 等。

四、实验内容

1．基本 RS 触发器逻辑功能测试

与非门构成的基本 RS 触发器如实验图 7.1 所示。

当 $\overline{R_D}$ 、$\overline{S_D}$ 加不同逻辑电平时，记录输出 Q、$\overline{Q}$ 端相应的状态，并把结果记入实验表 7.1 中。

验证 $\overline{R_D}\ \overline{S_D}$ =01、10、00（置 0、置 1、不变）状态时，注意观察 $\overline{R_D}$ 、$\overline{S_D}$ 电平变化的先后顺序。

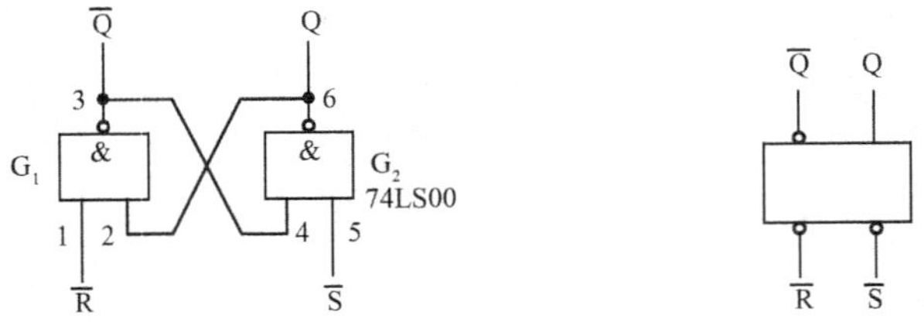

（a）逻辑图　　（b）逻辑符号

实验图 7.1　由与非门组成的基本触发器

观察 $\overline{R_D}\ \overline{S_D}$ =11→00→11 的不定状态时，应将 $\overline{R_D}$ 、$\overline{S_D}$ 接在同一逻辑开关上，以保证 $\overline{R_D}$ 、$\overline{S_D}$ 同时变化。对于不同的与非门组成的基本 RS 触发器，由于门电路的电气特性各异，$\overline{R_D}\ \overline{S_D}$ =11→00→11 的实验结果各不相同，而同一具体触发器来说，反复做几次所得结果应是相同的。

实验表 7.1　基本 RS 触发器功能表

输　入		输　出		说　明
$\overline{R_D}$	$\overline{S_D}$	Q^n	Q^{n+1}	
0	0	0		
0	0	1		
0	1	0		
0	1	1		
1	0	0		
1	0	1		
1	1	0		
1	1	1		

2．JK 触发器逻辑功能测试

实验图 7.2 所示是 JK 触发器 74LS112 的逻辑符号与外引线功能图；实验图 7.3 所示是 JK 触发器 74LS76 的逻辑符号与外引线功能图；实验表 7.2 所示是 74LS76 的功能表。任选其中一个触发器，进行逻辑功能测试。

实验表 7.2

输入					输出	
$\overline{S_D}$	$\overline{S_D}$	CP	J	K	Q^{n+1}	$\overline{Q^{n+1}}$
0	1	×	×	×	1	0
1	0	×	×	×	0	1
0	0	×	×	×	×	×
1	1	↓	0	0	Q^n	$\overline{Q^n}$
1	1	↓	0	1	0	1
1	1	↓	1	0	1	0
1	1	↓	1	1	$\overline{Q^n}$	Q^n
1	1	1	×	×	Q^n	$\overline{Q^n}$

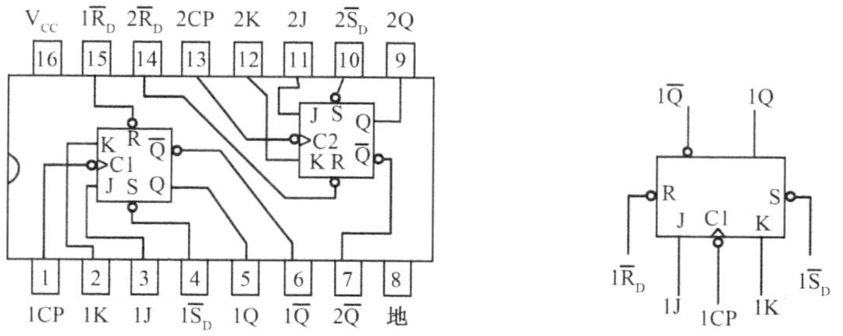

（a）外引线图　　（b）逻辑符号

实验图 7.2　双 JK 触发器 74LS112 的外引线功能图与逻辑符号

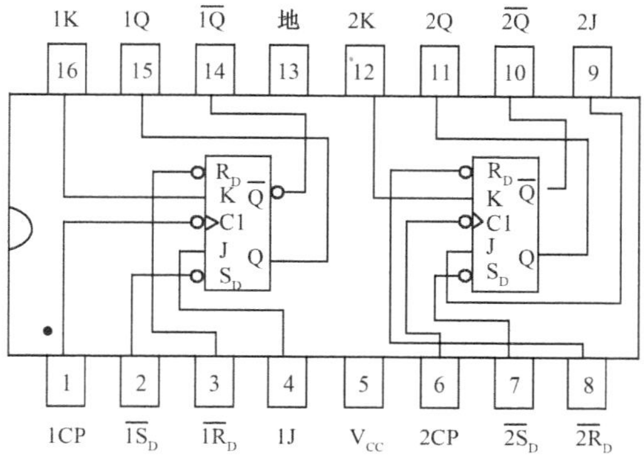

实验图 7.3　双 JK 触发器 74LS76 的外引线功能图与逻辑符号

1）异步置位端 $\overline{S_D}$ 和异步复位端 $\overline{R_D}$ 的功能测试

J、K、CP 为任意状态，当 $\overline{R_D}$、$\overline{S_D}$ 加不同的逻辑电平时，记录输出 Q、$\overline{Q}$ 端相应的状态，并把结果记入实验表 7.3 中。在 $\overline{R_D}$ 或 $\overline{S_D}$ 作用期间，任意改变 J、K、CP 端的状态，观察输出端 Q、$\overline{Q}$ 的状态是否变化。

实验表 7.3　JK 触发器置位复位功能表

输入		输出	
$\overline{R}_D$	$\overline{S}_D$	Q	$\overline{Q}$
1	0		
1	1		
0	1		
1	1		
0	0		
1	1		

2）JK 触发器逻辑功能测试

① 用 $\overline{S_D}$，$\overline{R_D}$ 的置位、复位功能使现态 Q^n 为 0 或 1。

② 使 $\overline{S_D}$ $\overline{R_D}$ =11，根据给定的 J、K 值，在 CP 脉冲信号作用下，观察输出端 Q^{n+1} 状态

的变化，并把结果记入实验表 7.4 中。

实验表 7.4　JK 触发器功能表

输入		时钟脉冲	输出	
			Q^{n+1}	
J	K	CP	$Q^n=0$	$Q^n=1$
0	0	↓		
0	1	↓		
1	0	↓		
1	1	↓		

3）JK 触发器的应用

按实验图 7.4 所示电路连接线路，在 CP 端输入 f =1kHz 连续方波脉冲信号，在示波器上在观察输出端 Q_2 和 Q_1 的变化，说明此电路能够完成的逻辑功能。

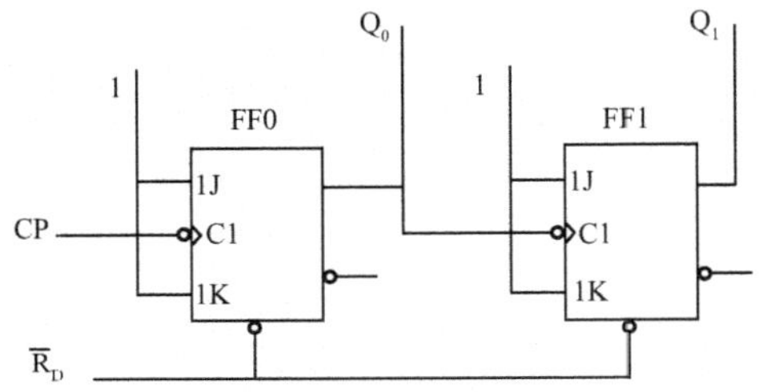

实验图 7.4　JK 触发器应用电路

4）用 JK 触发器构成 T 触发器和 T′ 触发器。

3．D 触发器逻辑功能测试

通过集成电路手册，查找 D 触发器 74LS74 的逻辑符号与外引线功能图。任选其中一个 D 触发器，进行逻辑功能测试。

1）异步置位端 $\overline{S_D}$ 和异步复位端 $\overline{R_D}$ 的功能测试

D、CP 为任意状态，测试 D 触发器置位端 $\overline{S_D}$ 和复位端 $\overline{R_D}$ 的功能，测试方法及步骤同 JK 触发器。

2）D 触发器功能测试

测试方法及步骤同 JK 触发器，将测试结果填入实验表 7.5。

实验表 7.5　D 触发器功能测试

输入	时钟脉冲	输出	
		Q^{n+1}	
D	CP	$Q^n=0$	$Q^n=1$
0	↑		
1	↑		

3）D 触发器应用

按实验图 7.5 所示电路连接线路，在 CP 端输入 f=1kHz 连续方波脉冲信号，在示波器上观察输出端 Q 的变化，说明此电路能够完成的逻辑功能。

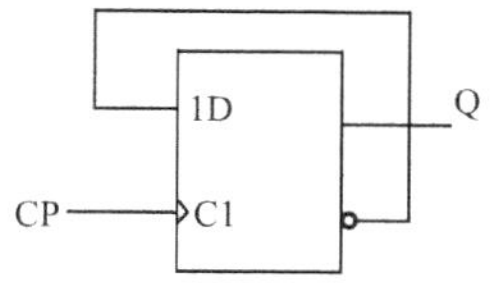

实验图 7.5　D 触发器应用电路

4）用 D 触发器构成 T 触发器和 T′ 触发器

五、实验报告要求

① 比较基本 RS 触发器、JK 触发器、D 触发器的逻辑功能和触发方式有何不同？
② 如何用 JK 触发器和 D 触发器构成 T 触发器和 T′触发器？画出电路图。
③ 试分析实验图 7.4 和实验图 7.5 电路的工作原理。

实验 8　计数器

一、实验目的

① 熟悉计数器的工作原理。
② 掌握同步十进制计数器 74LS160（或异步计数器 74LS90）的功能。
③ 掌握 74LS160（90）构成 N 进制计数器的方法。

二、实验原理

统计输入脉冲个数的过程叫计数，能够完成计数工作的电路称为计数器。计数器的应用十分广泛，不仅用来计数，也可用做分频、定时等。

根据计数体制的不同，可分为二进制和非二进制计数器；根据计数趋势的不同，可分为加法和减法计数器；根据计数脉冲引入方式的不同，可分为同步计数器和异步计数器（计数脉冲不是直接加到所有触发器的时钟脉冲输入端）。

通过集成电路手册，查找 74LS112（下降沿触发的双 JK 触发器），74LS160（集成十进制同步加法计数器）的逻辑符号与外引线功能图。

三、实验仪器与器材

① 数字电路试验系统。
② 直流稳压电源。
③ 双踪示波器。
④ 万用表。
⑤ 集成电路 74LS160、74LS90、74LS00、集成二—十进制译码器、数码管。

四、实验内容

1．连接线路

JK 触发器构成异步二进制加法计数器。按实验图 8.1 连接线路。在 CP 端加上单脉冲，记录 $Q_0Q_1Q_2$ 的状态，记入实验表 8.1 中，画出波形图。

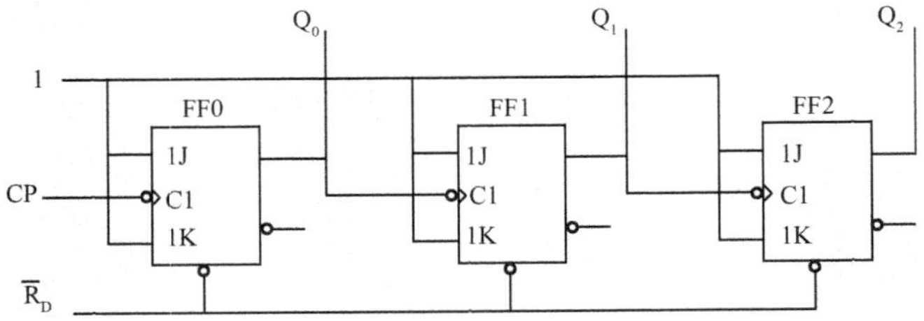

实验图 8.1　异步二进制加法计数器

实验表 8.1　计数器状态转换表

CP	Q_0	Q_1	Q_2
0			
1			
2			
3			
4			
5			
6			
7			

2．验证 74LS160 逻辑功能

实验图 8.2 所示为同步计数器 74LS160（161）的引脚引线图及功能表。

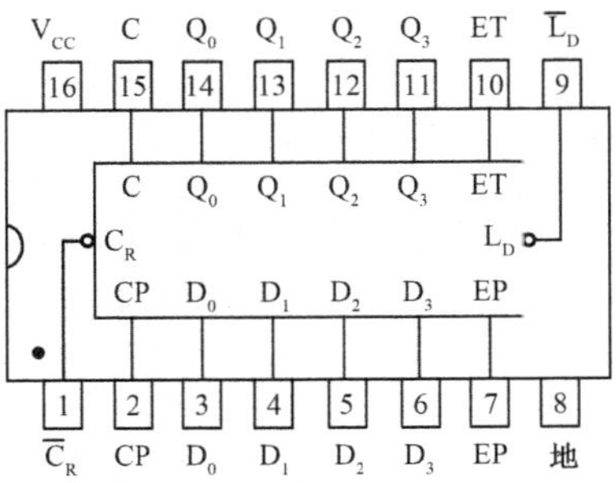

（a）外引线图

实验图 8.2　同步计数器 74LS160（161）外引线图及功能表

CP	$\overline{C_R}$	$\overline{L_D}$	EP	ET	功　能
↑	1	0	×	×	置　数
↑	1	1	0	×	保　持
↑	1	1	×	0	保　持
↑	1	1	1	1	计　数
×	0	×	×	×	清　零

（b）功能表

实验图 8.2　同步计数器 74LS160（161）外引线图及功能表（续）

按实验表 8.2 验证 74LS160 逻辑功能，并填表。

实验表 8.2　74LS160 功能表

输入									输出			
$\overline{C_R}$	$\overline{L_D}$	EP	ET	CP	D_3	D_2	D_1	D_0	Q_3	Q_2	Q_1	Q_0
0	×	×	×	×	×	×	×	×				
1	0	×	×	↑	d_3	d_2	d_1	d_0				
1	1	1	1	↑	×	×	×	×				
1	1	0	×	×	×	×	×	×				
1	1	×	0	×	×	×	×	×				

3. 连接线路

实验图 8.3 所示为同步计数器 74LS90 的引脚引线图及功能表。通过不同的连接方式，可以得到不同的逻辑功能。

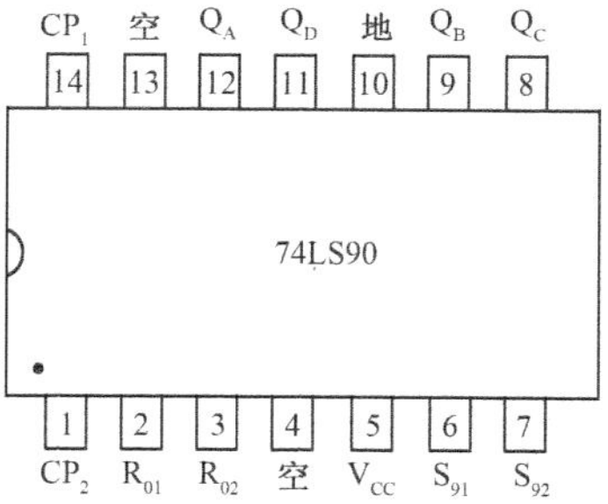

（a）外引线图

输入				输出			
R_{01}	R_{02}	S_{91}	S_{92}	Q_D	Q_C	Q_B	Q_A
1	1	0	×	0	0	0	0
1	1	×	0	0	0	0	0
×	×	1	1	1	0	0	1
×	0	×	0	计　数			
0	×	0	×	计　数			
0	×	×	0	计　数			
×	0	0	×	计　数			

（b）功能表

实验图 8.3　异步计数器 74LS90 外引线图及功能表

1）验证 74LS90 的复 0、置 9 功能

由逻辑电平开关处任选四位，分别引至复 0（$R_{0\ 1}$ 、$R_{0\ 2}$）和置 9（$S_{9\ 1}$ 、$S_{9\ 2}$）端，将计数器的输出端 Q_A Q_B Q_C Q_D 引至电平显示处的任四位，按照实验图 8-2 的步骤验证 74LS90 的复 0、置 9 功能。

2）组成二进制计数器

将单次时钟脉冲引入计数器的计数脉冲 CP1 输入端，Q_A 作为输出端，观察简单二进制计数器的逻辑功能。

3）组成五进制计数器

将单次或几赫兹的连续时钟脉冲引入计数器的 CP_2 输入端，Q_B Q_C Q_D 作为输出端，验证异步五进制计数器的逻辑功能，并将结果填入实验表 8.3。

4）组成十进制计数器

将计数器的 CP2 与 Q_A 连接，实验线路如实验图 8.4 所示，将单次或几 Hz 的连续时钟脉冲引入计数器的 CP1 输入端，Q_A Q_B Q_C Q_D 作为输出端，验证异步十进制计数器的逻辑功能，并将结果填入实验表 8.4。

实验表 8.3

CP	Q_D	Q_C	Q_B

实验表 8.4

CP	Q_D	Q_C	Q_B	Q_A

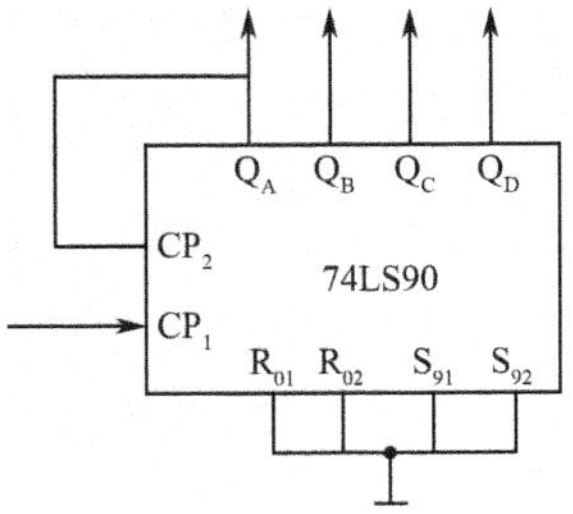

实验图 8.4　十进制计数器实验电路

5）用 74LS90、74LS00、74LS20 设计一个模 N=60 的计数器

画出计数器的实验接线图，自行搭试实验电路，并验证其计数功能。

6）用 74LS160 构成六进制计数器

自行设计电路，记录输出 $Q_0Q_1Q_2Q_3$ 的状态，并画出波形图。

7）用 74LS160 构成二十四进制计数器

自行设计电路，观察输出端的状态，并用译码显示器显示结果。

*8）用 74LS160 构成六十进制计数器

自行设计电路，观察输出端的状态，并用译码显示器显示结果。

五、实验报告要求

① 用 JK 触发器构成异步二进制减法计数器，画出电路图和时序图，分析工作原理。

② 用两片 74LS161 构成二十四进制计数器，画出电路图。

③ 用 74LS90 构成异步二-五-十进制计数器和六十进制计数器。

实验 9　寄存器

一、实验目的

① 熟悉移位寄存器的工作原理。

② 掌握集成移位寄存器的逻辑功能及典型应用。

③ 学会用 74LS194 构成环形和扭环计数器。

二、实验原理

数字系统中，能够暂时存放代码或数据的部件称为寄存器。具有使寄存的数码逐位左移或右移功能的寄存器称为移位寄存器，根据移位寄存器存取信息的方式不同分为：串入串出、串入并出、并入并出、并入串出四种形式。

三、实验仪器与器材

① 数字电路试验系统。

② 直流稳压电源。

③ 双踪示波器。

④ 万用表。

⑤ 集成电路 74LS74、194。

四、实验内容

1. 利用 D 触发器构成移位寄存器

按实验图 9.1 所示电路连接线路。CP 端输入单脉冲，在串行输入端 D 顺序加上 1011，观察输出 $Q_0Q_1Q_2Q_3$ 的状态，填入实验表 9.1，画出 $Q_0Q_1Q_2Q_3$ 的波形。

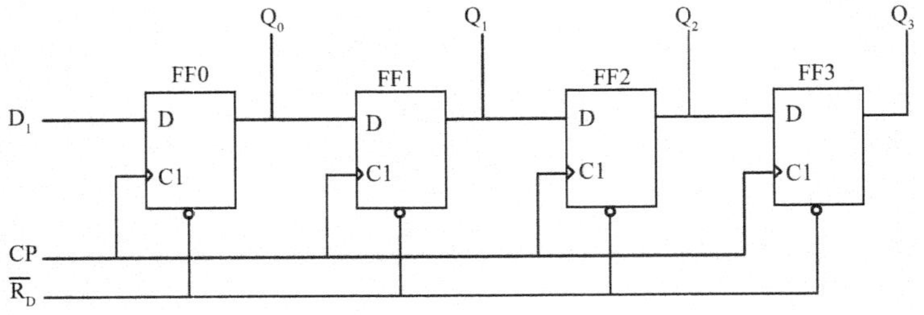

实验图 9.1　由 D 触发器构成的移位寄存器

实验表 9.1　移位寄存器状态表

移位脉冲	输入数据	Q_0	Q_1	Q_2	Q_3
0					
1	1				
2	0				
3	1				
4	1				

2．验证双向移位寄存器 74LS194 逻辑功能

实验图 9.2 是四位双向通用移位寄存器 74LS194 的外引线排列图，它具有清除、保持、置位、右移、左移功能。按实验表 9-2 验证 74LS194 逻辑功能，将结果填入实验表 9.2 中。

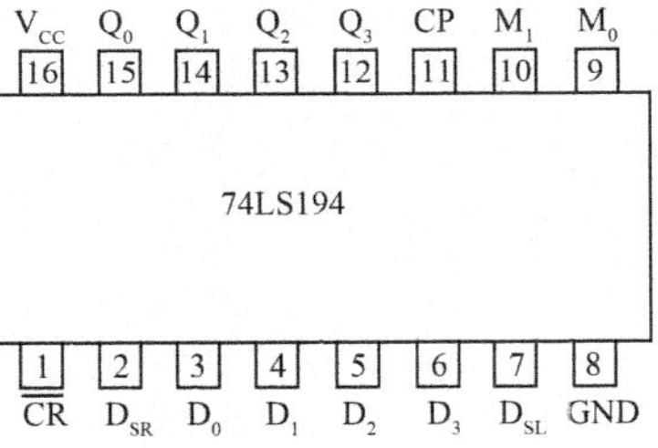

实验图 9.2　4LS194 外引线排列图

实验表 9.2　74LS194 功能测试

输入										输出				说明
$\overline{CR}$	M_1	M_0	CP	D_{SL}	D_{SR}	D_0	D_1	D_2	D_3	Q_0	Q_1	Q_2	Q_3	
0	×	×	×	×	×	×	×	×	×					
1	×	×	0	×	×	×	×	×	×					
1	1	1	↑	×	×	d_0	d_1	d_2	d_3					
1	0	1	↑	×	1	×	×	×	×					
1	0	1	↑	×	0	×	×	×	×					
1	1	0	↑	1	×	×	×	×	×					
1	1	0	↑	0	×	×	×	×	×					
1	0	0	×	×	×	×	×	×	×					

3．串行信号与并行信号的转换

若使串行输入信号最高位在前，应采用右移方式。

1）串行变并行

先将 74LS194 清零，令 M_0M_1=10，给 CP 端输入四个正脉冲，并在每次脉冲之间先后令 D_{SR}=1、0、1、1，记录输出结果，填入实验表 9.3（a）。串行输入的信号就会在输出端并行出现即 $Q_0Q_1Q_2Q_3$=1011。

2）并行变串行

先将 74LS194 清零，令 M_0M_1=11，并行输入 $D_1D_2D_3D_4$=1101，则 $Q_0Q_1Q_2Q_3$=1101；令 M_0M_1=10，输入四个正脉冲，Q_3 作为串行输出端，记录输出结果，填入实验表 9.3（b）中。并行输入的信号就会在输出端串行出现，即依次 Q_3=1、1、0、1。

实验表 9.3（a）

CP	D_{SR}	Q_0	Q_1	Q_2	Q_3
0					
1	1				
2	0				
3	1				
4	1				

实验表 9.3（b）

CP	Q_0	Q_1	Q_2	Q_3
0	1	1	0	1
1				
2				
3				
4				

4．用 74LS194 移位寄存器可构成各种计数器。

1）环形计数器

将移位寄存器的输出端反馈至串行输入端（右移时，将 Q_3 与 D_{SR} 连接；左移时，将 Q_0 与 D_{SL} 连接），便可构成环形计数器。四位环形计数器的有效循环包括四个状态，右移时为实验图 9.3 所示。

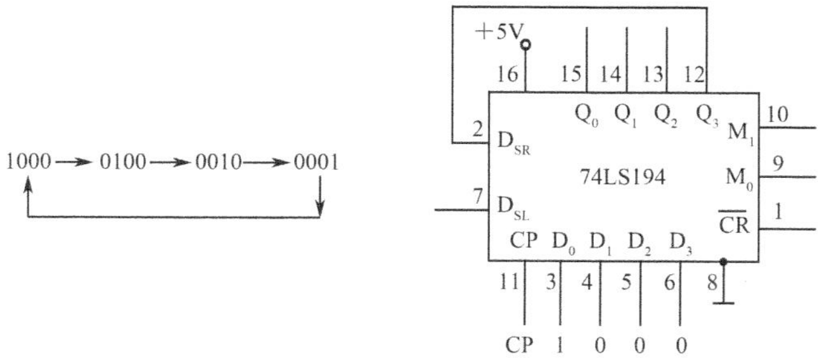

实验图 9.3　环形计数器（N=4　M=4）

2）钮环计数器

将移位寄存器的串行反输出端反馈至串行输入端（右移时，将$\overline{Q_3}$与D_{SR}连接；左移时，将$\overline{Q_0}$与D_{SL}连接），便可构成钮环计数器。四位钮形计数器的有效循环包括八个状态，右移时为：

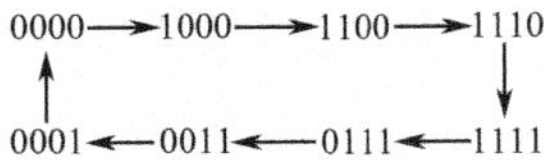

参考实验图9.3，自己画出电路连接图，并验证实验结果。

五、实验报告要求

① 画出有关实验电路图。
② 记录实验数据，并对结果进行分析。

实验10　555定时器及其应用

一、实验目的

① 熟悉555定时器工作原理。
② 熟悉555定时器的典型应用。
③ 掌握定时元件对输出信号周期及脉宽的影响。

二、实验原理

555定时器是一种应用广泛的中规模集成电路，具体内容如课本所述。利用555及其外围增加的阻容元件，可以方便的构成各种脉冲信号产生及变换电路。而且555定时器电路在工业控制、电子乐器等许多方面有广泛的应用。

555定时器包括双极型和CMOS型两种。

三、实验仪器及器材

① 数字电路实验系统。
② 双踪示波器。
③ 直流稳压电源。
④ 万用电表。
⑤ 555定时器，部分电阻、电容。

四、实验内容

① 根据实验图10.1连接线路，测试555定时器电路功能，填入实验表10.1。

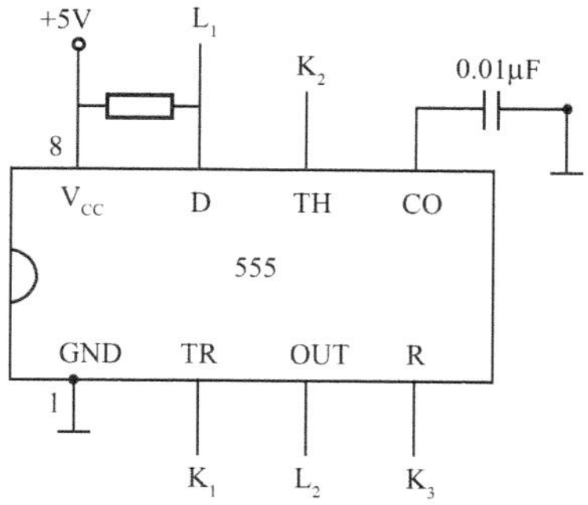

实验图 10.1　555 定时器实验电路

其中，K_1、K_2、K_3 是三位逻辑开关。L_1、L_2 是两位 LED。

实验表 10.1

输入			输出	
TH	$\overline{TR}$	$\overline{R}$	D	OUT
×	×	0		
0	0	1		
0	1	1		
1	0	1		
1	1	1		

② 利用课本中介绍的 555 定时器构成多谐振荡器的方法，连接电路，利用示波器观察波形。其中，R_1=1kΩ，R_2=4.7kΩ，C=0.1μF。

③ 重复第 2 步骤，R_1=R_2=33kΩ，C=0.01μF。

④ 将多谐振荡器电路换成实验图 10.2 所示电路，重复以上步骤。

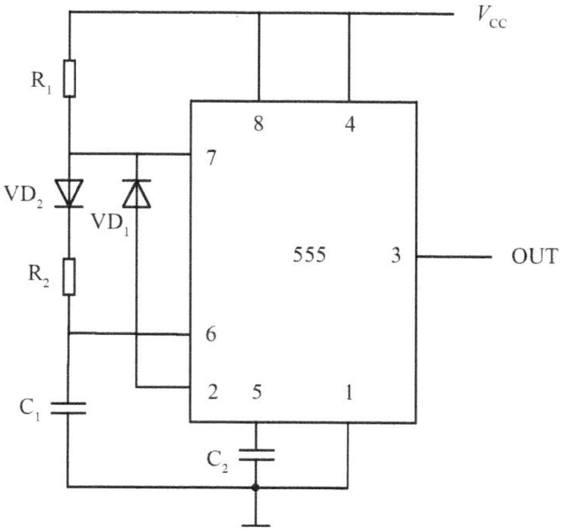

实验图 10.2　多谐振荡器实验电路

⑤ 利用 555 定时器构成单稳态触发器，输入电压信号 v_1 与数字实验系统中单次 CP 脉

冲信号相连，输出接LED。改变电路中阻值大小，观察LED点亮时间。

五、实际报告要求

① 记录得到的波形，从示波器上读出波形的幅度、周期、脉宽，并从理论上加以验证。对存在的误差，试分析原因。

② 对实验内容中，步骤2、3所获得的波形，试分析它们的区别。

综合实验1　简易4人抢答器

自定器件设计一个简易4人抢答器，功能如下：

① 每位参赛者控制一个抢答按钮，按动按钮发出抢答信号；

② 竞赛开始后，先按动按钮者抢答成功，对应发光二极管指示，并使对方的按钮不起作用。

③ 竞赛主持人另有一个复位按钮，用于将电路复位。

要求设计并画出实验图，实验验证。

综合实验2　彩灯循环控制器

用移位寄存器实现彩灯循环控制是很方便的。本实验要求：

① 八路彩灯循环控制，组成两种花型，每种花型循环一次，两种花型轮流交替。

② 花型一：从左到右顺序亮起，全亮后再从左到右顺序灭（右移循环）。

③ 花型二：从右到左顺序亮起，全亮后再从右到左顺序灭（左移循环）。

闪烁节拍频率自定。要求设计并画出实验图，实验验证。

综合实验3　交通灯控制器

依照十字路口的交通常规“红灯停，绿灯行，黄灯亮了停一停”，自定器件设计一套交通灯控制器，功能和要求如下：

① 能显示十字路口东西、南北两个方向的红、黄、绿灯的指示状态。

② 初始态是两个路口的红灯全亮；

③ 之后，东西路口的绿灯亮，南北路口的红灯亮；

④ 东西向通车一段时间（25秒）后，绿灯灭，黄灯亮；

⑤ 黄灯亮5秒后，东西方向红灯亮，同时南北路口的绿灯亮；

⑥ 南北向通车一段时间（25秒）后，绿灯灭，黄灯亮；

⑦ 黄灯亮5秒后，南北方向红灯亮，再切换到东西路口的绿灯亮；

⑧ 重复以上过程。

⑨ 设计符合以上要求的电路，进行模拟仿真、组装调试，写出实验报告。

综合实验 4　报时式数字时钟

在公共场所，如车站、广场，准确的时间指示显得特别重要。本实验要求设计一台数字时钟，具体要求如下：

① 采用 12 小时计时方式；

② 整点时能自动报时，报时频率用 1kHz 推动扬声器，扬声器发声次数应与整点小时数一致。例如，时间是 9 点整，扬声器响 9 次报点；

③ 显示屏能显示时（00～12）、分（00～60）、秒（00～60）；

④ 时、分有校准功能。

仪器原理框图如综合实验图 4.1 所示。

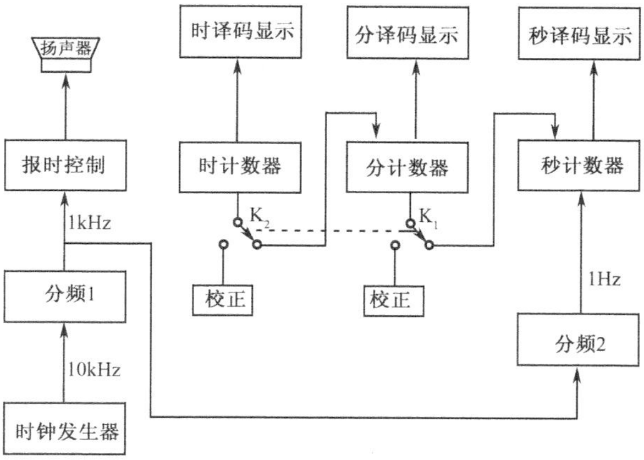

综合实验图 4.1　仪器原理框图

设计符合以上要求的电路，进行模拟仿真、组装调试，写出实验报告。

综合实验 5　生理刺激反应时间测试仪

人体在受到外界声、光等的刺激后，反应时间的快慢对有些职业至关重要，如短跑运动员在听到发令枪响后，是否能及时起跑。本实验用光作为刺激人眼的触发源，测试被测者在受到刺激后，经过多少时间才有反应。

该仪器设计要求如下：

① 测试仪随即发出光刺激信号，用发光二极管亮表示；

② 显示时间单位为 ms，小于 ms 的数值要四舍五入；

③ 最大测试时间 999ms，如大于 999ms 有溢出显示；

④ 要有“违例”指示灯显示。当测试仪未发出测试光之前，被测者提前“反应”的称为“违例”。

仪器原理框图如综合实验图 5.1 所示

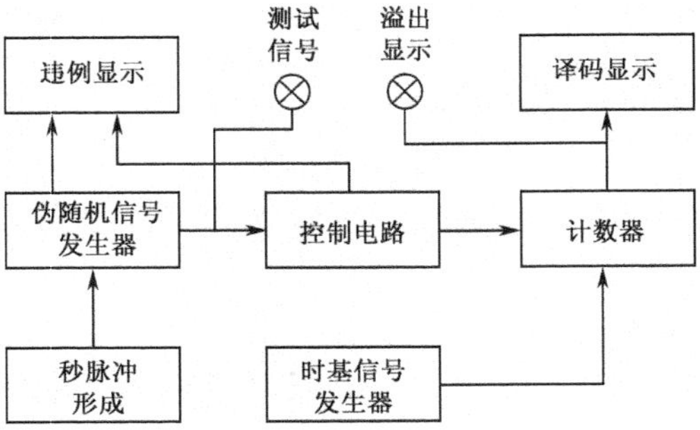

综合实验图 5.1　仪器原理框图

设计符合以上要求的电路，进行模拟仿真、组装调试，写出实验报告。

综合实验 6　汽车尾灯控制电路

汽车尾灯每侧有三盏灯，作为行驶方向的指示标志。具体要求如下：

① 汽车正常往前行驶时，六盏灯全灭。

② 右转弯时，右边三盏灯中亮一盏，依次往右边闪亮，左边三盏全暗。

③ 左转弯时，左边三盏灯中亮一盏，依次往左边闪亮，右边三盏全暗。

④ 紧急刹车时，六盏尾灯全亮。

⑤ 用六个发光二极管模拟六盏尾灯，用三个开关分别控制右转弯、左转弯和紧急刹车三种状态。可用移位寄存器完成。

综合实验 7　电子密码锁电路

设计一个数字密码锁，该锁有规定的 4 位代码输入端和一个开锁密钥信号输入端，锁的代码由使用者自编（如 1011）。在输入正确开锁密码时，输出开锁信号；在规定的时间内没有输入正确代码，则进行声光报警。

电子密码锁原理框图如综合实验图 7.1 所示。

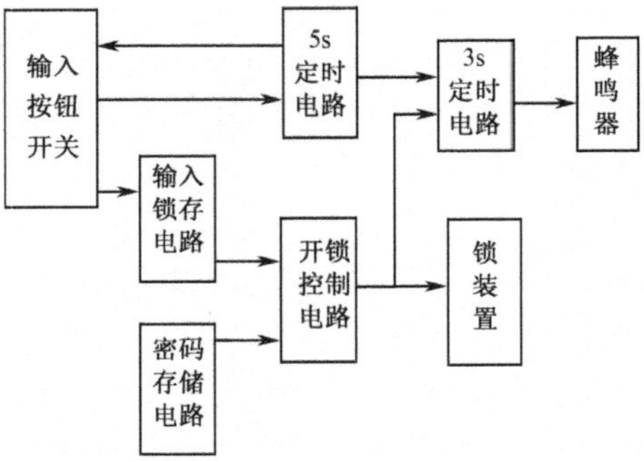

综合实验图 7.1　电子密码锁原理框图

设计符合以上要求的电路，进行模拟仿真、组装调试，写出实验报告。

实训 1　交通灯控制电路

【设计要求】

设计一个十字路口红黄绿三色交通灯的自动控制电路。

a：南北方向绿灯接通；

b：东西方向绿灯接通；

c：南北方向红灯接通；

d：东西方向红灯接通；

e：南北方向黄灯接通；

f：东西方向黄灯接通；

A：a、d 交叉并行；

B：e、d 交叉并行；

C：b、c 交叉并行；

D：f、c 交叉并行；

工作顺序：A→B→C→D→A。

三色交通灯的工作时间如下：

绿灯（25s）→ 黄灯（5s）→ 红灯（30s）

设计符合要求的电路，并进行组装调试，写出设计报告。

实训 2　数字频率计

【设计要求】

数字频率计是用数字显示被测信号频率的一种仪器，原理框图如实训图 2.1 所示。

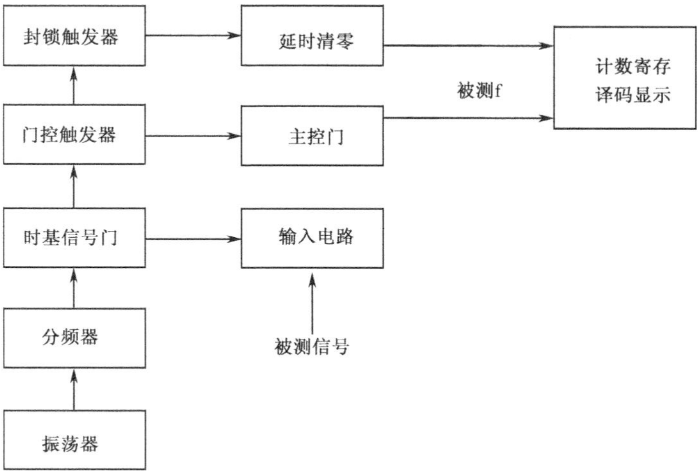

实训图 2.1　数字频率计原理框图

时基单元：由振荡器和多级分频器构成，产生 T=1s 或 6s 的时基信号。

控制单元：通过门电路对时基信号几逆行能够二分频，得到宽度为 1s 或 6s 的闸门信号；取样后封锁主控门和时基信号的输入门，使显示数字停留一段时间，方便观察。

计数单元：将通过主控门的被测信号输入计数器、寄存器、译码器、显示电路，并由显示器显示取样时间接收的脉冲数，即被测频率。

延时单元：取样结束后，计数器中的数经寄存器送入译码显示电路，数据需显示一段时间（由延时电路决定），最终清零、接收新数据。

主控门：控制被测信号通过。取样时间内，主控门打开；清零、显示时间内主控门关闭。

输入单元：将接受的信号整形为脉冲信号。

设计一个数字频率计：

频率范围：10～9999Hz；

输入信号电压：50mV～5V；

输入波形种类：正弦波、方波；

设计符合要求的电路，计算相关参数、选择元器件，并进行组装调试，写出设计报告。

实训 3 数字钟电路

【设计要求】

数字钟电路原理框图如实训图 3.1 所示。

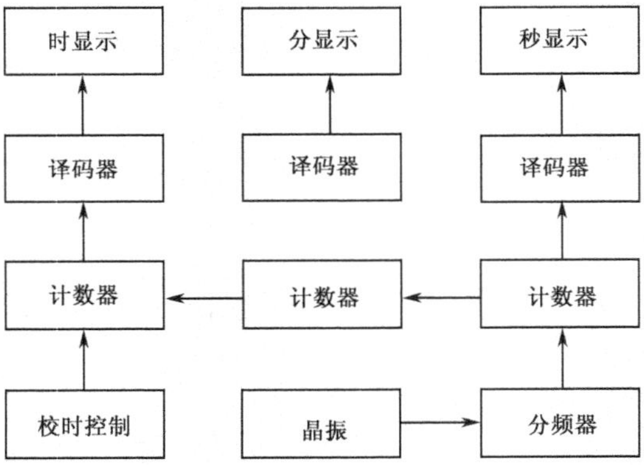

实训图 3.1 数字钟电路原理框图

计数部分：由振荡器、分频器、计数器、译码显示器组成。石英晶体振荡器产生标准信号经分频器产生 T=1s 的方波送入计数器，并将累计结果以时、分、秒的形式显示。

校正电路：对出现的时间误差，进行时间校准。

整点报时：模仿电台整点报时效果，利用分频器输出的 500Hz、1000Hz 的信号加至音响电路中。

设计一个数字钟：

具有时（00～23）、分（00～59）、秒（00～59）显示功能；

具有校准功能；

具有整点报时功能。

设计符合要求的电路，计算相关参数、选择元器件，并进行组装调试，写出设计报告。

实训 4　8 路抢答器的设计

【设计要求】

① 抢答器同时供 8 名选手或 8 个代表队比赛，分别用 8 个按钮 S0～S7 表示。

② 设置一个系统清除和抢答控制开关 S，该开关由主持人控制。

③ 抢答器具有锁存与显示功能。即选手按动按钮，锁存相应的编号，并在 LED 数码管上显示，同时扬声器发出报警声响提示。选手抢答实行优先锁存，优先抢答选手的编号一直保持到主持人将系统清除为止。

④ 抢答器具有定时抢答功能，且一次抢答的时间由主持人设定（如 30 秒）。当主持人启动“开始”键后，定时器进行减计时，同时扬声器发出短暂的声响，声响持续的时间 0.5 秒左右。

⑤ 参赛选手在设定的时间内进行抢答，抢答有效，定时器停止工作，显示器上显示选手的编号和抢答的时间，并保持到主持人将系统清除为止。

⑥ 如果定时时间已到，无人抢答，本次抢答无效，系统报警并禁止抢答，定时显示器上显示 00。

1. 实践内容及原理

（1）数字抢答器基本原理

实训图 4.1 所示为总体方框图。其工作原理为：接通电源后，主持人将开关拨到“清除”状态，抢答器处于禁止状态，编号显示器灭灯，定时器显示设定时间；主持人将开关置“开始”状态，宣布“开始”抢答器工作。定时器倒计时，扬声器给出声响提示。选手在定时时间内抢答时，抢答器完成：优先判断、编号锁存、编号显示、扬声器提示。当一轮抢答之后，定时器停止、禁止二次抢答、定时器显示剩余时间。如果再次抢答必须由主持人再次操作“清除”和“开始”状态开关。

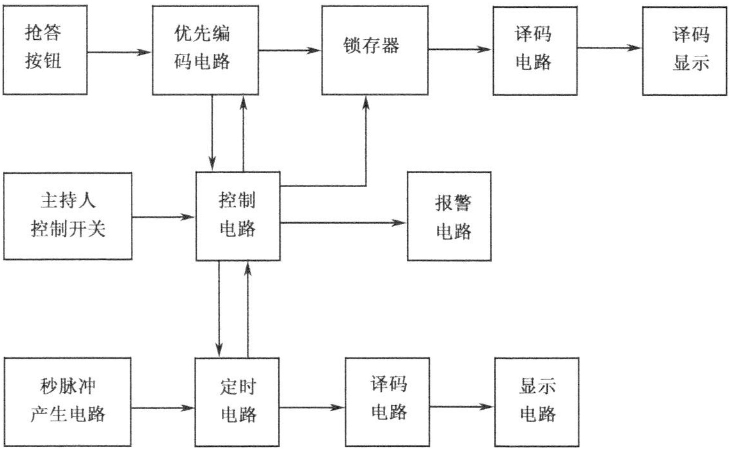

实训图 4.1　数字抢答器原理框图

（2）实践内容。

①抢答器电路设计②定时电路设计③报警电路设计④时序控制电路设计

2. 需用的仪器、元器件

数字实验箱一台，数字集成电路 74LS148、74LS279、74LS48、74LS192、NE555 、74LS00、74LS121，不同阻值电阻、电容若干，三极管、发光二极管等。

3. 实践步骤或环节

① 组装调试抢答器电路。

② 设计可预置时间的定时电路，并进行组装和调试。当输入 1Hz 的时钟脉冲信号时，要求电路能进行减计时，当减计时到零时，能输出低电平有效的定时时间到信号。

③ 组装调试报警电路。

④ 完成定时抢答器的联调，注意各部分电路之间的时序配合关系。然后检查电路各部分的功能，使其满足设计要求。

实训 5　篮球 24 秒倒计时

【设计要求】

① 设计一个 24 秒计时电路，并具有时间显示的功能。

② 设置外部操作开关，控制计时器的直接清零、启动和暂停/连续计时。

③ 要求计时器递减时，每隔 1 秒钟，计时器减 1。

④ 当计时器递减计时到零（即定时时间到）时，显示器上显示 00，同时发出光电报警信号。

1. 实践内容及原理

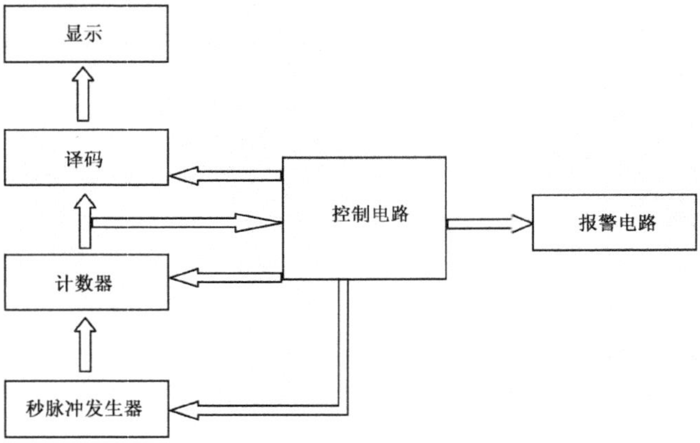

实训图 5.1　原理框图

如实训图 5-1 所示，系统包括秒脉冲发生器、计数器、译码与显示电路、报警电路和控制电路（辅助时序控制电路）等五个部分组成。计时电路递减计时，每隔 1 秒钟，计时器减 1 其中计数器和控制电路是系统的主要部分。计数器完成 24 秒计时功能，而控制电路完成计数器的直接清零、启动计数器、暂停/连续计数、译码显示电路的显示与灭灯、定时时间到报警等功能。当计时器递减计时到零（即定时时间到）时，显示器上显示 00，同时发出光电报警信号。

秒脉冲发生器产生的信号是电路的时钟脉冲和定时标准，但本设计对此信号要求并不太严格，电路可采用 555 集成电路或 TTL 与非门组成的多谐振荡器构成。

译码显示电路用 74LS48 和共阴极七段 LED 显示器组成。报警电路在实验中可用发光二极管来代替。

2. 需用的仪器、元器件

集成电路：74LS192、74LS48、74LS161、74LS00、74LS10、NE555，电阻若干，电容若干，发光二极管等。

3. 实践步骤或环节

① 8421BCD 码递减计数器设计；
② 555 振荡模块设计；
③ 辅助时序控制电路设计；
④ 数码显示器设计。

实训 6　拔河游戏机

【设计要求】
① 学习数字电路中基本 RS 触发器、计数、译码显示等单元电路的综合应用。
② 熟悉拔河游戏机的工作原理。

1. 实践内容或原理

拔河游戏机用 9 个（或 15 个）电平指示灯排列成一行，开机后只有中间一个点亮，以此作为拔河的中心线，游戏双方各持一个按键，迅速地、不断地按动产生脉冲，谁按得快，亮点向谁方向移动，每按一次，亮点移动一次。移到任一方终端指示灯点亮，这一方就得胜，此时双方按键均无作用，输出保持，只有经复位后才使亮点恢复到中心线。最后，显示器显示胜者的盘数。实训图 6.1 为拔河游戏机的电路框图。

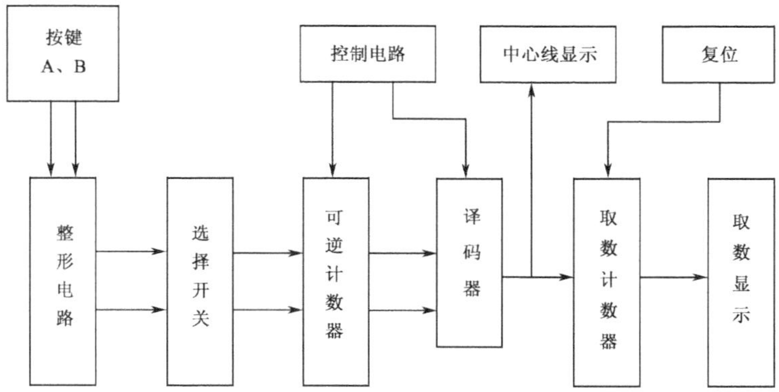

实训图 6.1　拔河游戏机的电路框图

2. 需用的仪器、元器件

数字电路实验箱 1 台、数字万用表 1 块、双踪示波器 1 台；器件：CC4514、CC4518、74LS193、74LS00、74LS08、74LS86、电阻若干。

3. 实践步骤或环节

① 编码电路设计；
② 整形电路设计；
③ 译码电路设计；
④ 控制电路设计；
⑤ 胜负显示设计；
⑥ 复位设计；
⑦ 译码器设计。

参考文献

[1] 阎石. 数字电子技术基础. 北京：高等教育出版社.1997.

[2] 高吉祥. 数字电子技术学习辅导与习题详解. 北京：机械工业出版社，2005.

[3] 刘勇. 数字电路（第 3 版）. 北京：电子工业出版社，2007.

[4] 电子工程手册编委会. TTL、CMOS 电路. 北京：电子工业出版社，1991.

[5] 李国洪，等. 可编程器件 EDA 技术与实践. 北京：机械工业出版社，2004.

读者意见反馈表

书名：数字电路（第 4 版）　　**主编：**刘　勇　栾秋平　　**责任编辑：**杨宏利

> 谢谢您关注本书！烦请填写该表。您的意见对我们出版优秀教材、服务教学，十分重要。如果您认为本书有助于您的教学工作，请您认真地填写表格并寄回。**我们将定期给您发送我社相关教材的出版资讯或目录，或者寄送相关样书。**

个人资料

姓名________年龄____联系电话__________（办）__________（宅）__________（手机）

学校____________________专业________职称/职务__________

通信地址____________________邮编________E-mail__________

您校开设课程的情况为：

本校是否开设相关专业的课程　□是，课程名称为____________________　□否

您所讲授的课程是____________________课时__________

所用教材____________________出版单位____________印刷册数______

本书可否作为您校的教材？

□是，会用于____________________课程教学　□否

影响您选定教材的因素（可复选）：

□内容　□作者　□封面设计　□教材页码　□价格　□出版社

□是否获奖　□上级要求　□广告　□其他____________________

您对本书质量满意的方面有（可复选）：

□内容　□封面设计　□价格　□版式设计　□其他____________

您希望本书在哪些方面加以改进？

□内容　□篇幅结构　□封面设计　□增加配套教材　□价格

可详细填写：______________________________

____

您还希望得到哪些专业方向教材的出版信息？

____

感谢您的配合，可将本表按以下方式反馈给我们：

【方式一】电子邮件：登录华信教育资源网（http://www.hxedu.com.cn/resource/OS/zixun/zz_reader.rar）下载本表格电子版，填写后发至 bain@phei.com.cn

【方式二】邮局邮寄：北京市万寿路 173 信箱华信大厦 1302 室　白楠（邮编：100036）

如果您需要了解更详细的信息或有著作计划，请与我们联系。

电话：010-88254592